刘伟见 著

了凡法

伟见先生讲 《了凡四训》

线装书局

图书在版编目（CIP）数据

了凡法：伟见先生讲《了凡四训》/ 刘伟见著 . --
北京：线装书局, 2016.8（2019.1）
　　ISBN 978-7-5120-2361-1

　　Ⅰ . ①了… Ⅱ . ①刘… Ⅲ . ①家庭道德—中国—明代
②《了凡四训》—研究 Ⅳ . ①B823.1

　　中国版本图书馆 CIP 数据核字（2016）第 186525 号

了凡法：伟见先生讲《了凡四训》

作　　者：刘伟见
责任编辑：赵　鹰
装帧设计：徐　晴
出版发行：**线裝書局**
　　　　　地址：北京市丰台区方庄日月天地大厦 B 座 17 层（100078）
　　　　　电话：010-58077126（发行部）010-58076938（总编室）
　　　　　网址：www.zgxzsj.com
经　　销：新华书店
印　　制：北京温林源印刷有限公司
开　　本：890mm×1240mm　1/16
印　　张：22.125
字　　数：228 千字
版　　次：2019 年 1 月第 1 版第 2 次印刷
印　　数：10001—13000 册

定　　价：39.80 元

线装书局官方微信

目　录

绪论：为什么要学《了凡四训》/1

一、为什么学了凡 / 1

二、《了凡四训》萃取了传统文化精华 / 6

三、《了凡四训》对当下社会的意义 / 9

第一篇　立命之学 / 15

一、来时路 / 16

二、转机 / 39

三、反求诸己 / 73

四、实修实证 / 107

对照清单：回忆与辨别 / 122

课中答问 / 123

第二篇 改过之法 /133

一、改过发三心 / 136

二、改过三法 / 159

三、保持改过的觉照 / 177

对照清单 / 188

第三篇 积善之方 /189

一、十善殊同 / 190

二、为善八辨 / 218

三、为善十法 / 250

对照清单 / 277

第四篇 谦德之效 / 279

一、谦德之光 / 283

二、谦德之应 / 289

三、剖明心地 / 306

结语 / 312

附录:《了凡四训》原文全文 / 317

《了凡四训》专题讲座分享节选 / 340

后 记 / 348

绪论：为什么要学《了凡四训》

中国的经济发展后，文化出现了很多问题。同时经济有时候像一匹野马，如果没有文化对它进行引导的话，就会挣脱缰绳而放任。而文化如果没有传承，就起不到真正的润泽作用，就会退居到边缘和次要地位，更遑论以文化提升经济的质量了。学了凡需要传承什么？我们今天学习《了凡四训》的意义在哪里？让我们开篇先来探讨一下为什么学了凡。

一、为什么学了凡

从大的环境上来讲，现在国学很热。习近平总书记近年来亲自倡导学习传统文化，我在《人民日报》写过很多篇文章，论及习总书记的传统文化观。2014 年习近平到北师大，他说要把中国文化的基因，刻在每个孩子的心上。他反对中小学不学诗词。在2015 年的国际儒学大会上，他第一次以中国最高领导人的身份对儒家文化进行正面肯定。在山东的曲阜、贵州的孔学堂，对孔子的思想、王阳明的心学，他均有相关倡导。

经济高速发展之后，我们整个社会的人文，包括人心，出现了很多问题。大家现在往传统文化上找答案。这是回溯到根上去了。过去有人问毛主席，说你首先是一个共产党员，还是一个中国人？毛主席说，我首先是一个中国人，再是一个中国共产党员。尽管有过大批判与大否定，但中国传统文化是我们思想的根，是不能割断与丢弃的。现在在政府层面有了一个认识上的大转折，你们看现在的宣传说，"弘扬优秀传统文化，是本届政府的责任"，这是新中国成立以来对传统文化的认识所达到的一个前所未有的高度。就是把弘扬优秀传统文化，作为政府的责任来倡导。那么在这样一个大环境下，我们来学《了凡四训》的意义何在？

第一，了凡是传统文人知行合一的典范。

首先，我认为《了凡四训》的作者袁黄是传统文人知行合一的典范。我们过去衡量一个文人是否有价值，会从"立言、立德、立功"所谓"三不朽"来评价。这"三不朽"体现在什么地方？有四个标准：修齐治平，就是修身、齐家、治国、平天下。所谓平天下，对个人来说不一定是要统一或者完全影响整个世界，只要是对当时或者后世的人文教化起到过积极影响，就都可以叫平天下。袁了凡的思想在当时以及后来的几百年可谓流传久远，波及海内外。目前在日本，在东南亚，对了凡的思想都很尊重，也影响过后来的重要历史人物，可谓播泽于后世。比如后来的曾国藩，人们知道他的名号叫作"涤生"，洗涤的涤。据说是曾国藩特别认可《了凡四训》所说的"从前种种，譬如昨日死，以后种种，譬如今日生也"。所以自号"涤生"，有洗涤旧尘、焕发新生命的意思。

那么了凡，实际上是了断了凡缚的文化生命。他原来叫袁黄，字坤仪。一番大悟后，认为自己能了断凡尘，了断凡想，了断世俗的束缚，挣脱过去的枷锁，所以改自己的号为了凡。在我们的课上，如果你真学进去了，学透了，你也许在观念与行为上会有一个革命性的变化。

《了凡四训》的背后有一套思想体系，也有一套方法体系，所以我们整个课程设置包括几个环节。第一个环节，我们早上起来，有一个太极步法，锻炼身体，调畅气血。第二个环节，体验了凡静坐法。了凡先生曾经写过一本《静坐要诀》，这本书在日本影响很大，我们根据其中的主要精神来体验了凡静坐法。第三个环节是《了凡四训》的全程讲解。主要集中在义理的参究上，看看到底怎么了凡，了凡法的步骤和操作是什么？我将了凡法梳理成了三个图表。这是按照我们现代思维能够接受的方式，对了凡法进行的提炼和转化。

我想告诉大家的一个被忽略的秘密，也是一个事实：古往今来成大事者，都有一个生命的觉醒过程，也就是从血肉之身到义理之身的觉悟。大学者朱熹在30多岁的时候，有一次甚至郁闷的要自杀，他把在思想上的这个觉醒描述为"绝后再苏"。王阳明在龙场悟道，后来当官当了大官，做学问做出了一流的学问，打仗成为一流的军事专家，治学上门徒日众。是什么东西使他悟道之后，对天地自然、对外物、对周围的人际关系、对自己的身心有一个大的转折？是什么东西撬动了他？我们要在这个课堂上借了凡而试参。课后我们5个人一个小组，对照了凡法进行一个对自己的剖析，有点像批评与自我批评，但是是结合你自己的实际，实实在在地对自己有一个检点、对照。

第二，从治国来说，了凡的《宝坻政书》和相关实践，是一个治国的典范。

有人称袁了凡是"天下良牧"，用今天的话来说就是天下最好的县委书记。我从头到尾把《袁了凡文集》20卷读了一遍，读到某些地方，我真的是读得热泪盈眶。比如了凡亲自到监狱里给那些犯人讲怎么样去行善，怎么不作恶，弘扬善文化。有一年天津下大雨、发大水，整个监狱都倒了，大家都担心重刑犯、杀人犯桀骜不驯，容易出大事。结果没有一个犯人逃跑，这就是他的教化作用。

他在行刑的时候，因为他学过中医，他认为，一个犯人如果同时被罚打二十大板和夹手指的夹刑，这两个如何匹配大有学问。如果先夹手指，然后打大板，人的经脉都在手指上，一夹手指，手指气血往下贯，到腰以下，再打背上的大板，基本上打完之后，这个人还能够活，过段时间就能康复，没太大问题。但是如果你先打背之后再夹手指，因为打完背后，气血往上涌，都在手指上，再行夹刑，这个人非死即残，而且多数人会死掉。所以行刑的时候，他就根据人的生理特点，设计了一套行刑程序。这是何等的细微，又是多么的仁厚。我看到类似这些东西会掉眼泪。我看见了一份厚重的人心，对谁都有的一份仁心。

有一次我跟助理散步，我说我很惭愧，过去我也是领导干部，做了那么多年一把手，我反省自己身上经常还有很多私心。我看了凡有时候就会惭愧自己 "书生名利浃肌骨"。了凡到宝坻这个地方，任何一条河他都要去考据，他是水利专家，知道当地西北的土质白、东北的土质黑，哪儿是熟土哪儿是生土，哪儿是肥土哪儿是瘦土，各种土质怎么样，他还把南方的种植经验移植到宝坻。对于官员治国来说，真应该从了凡的《宝坻政书》里提炼出一些专题来同领导干部做一些交流。他真是尽心尽力，完全从内心里正心诚意地去做的。

第三，从齐家来说，他成家教子，劝导家人都行善，是齐家的典范。

我们后面要讲到一些因由，包括我们中国的民间俗文化，生辰八字是怎么回事，梅花易数是怎么回事。孔先生算定了凡没有儿子，也算定他去世得比较早。我们过去说"不孝有三，无后为大"，没有孩子，别人会骂他断子绝孙。算他没有儿子，又算他没有寿命，也没有大的官运。他为什么后来会家庭很幸福、儿子也很出息并也做了官员呢？而且，他日行一善，也让妻子跟着这么做。他妻子曾经说，过去在老家好行善，但做了知县太太，随了凡在外地任官，自己接触人不多，行善渠道就窄了。可见了凡不仅是一个人在行善，也发动家人行善。可见他齐家也是个典范。

第四，尤其重要的是他由性立命的修身，以身作则，人中典范。

人到底有没有命？学完《了凡四训》后，我希望诸位，进入我们中国文化最核心的体系里面，去了解人到底有没有命？我们老说"死生有命，富贵在天"，命是前定还是可以后改？天和人到底是什么关系？我会引导大家把这个东西彻底去参究，用了凡法的体系，依此去反检自己的身心，你会突然发现，过去自己好多路走弯了，有些路走得不对。

二、《了凡四训》萃取了传统文化精华

《了凡四训》是一部萃取了传统文化精华的著作，其学理上的来历，我觉得主要来自以下三个方面：

一是儒家的孔孟学说。孔孟学说也是儒家最精华的东西，尤其是袁了凡对孟子的心性学说体系的阐发有独到之处。我看了看其他对了凡的讲解，关于了凡对儒家义理的精微，都没有涉及。其实了凡最核心的东西，就是孟子的以性改命、由性立命。怎么改变命运，是命给你做主，还是你自己做主，你当多大的官，发多大的财，一生休咎如何？到底谁说了算？儒家有一套究竟的学说，就是孟子的性命说。我们在后面讲的时候要为大家讲清楚。

二是了凡涉及佛家的禅宗和净土宗的一些核心的修行方法，这一部分虽然有的人有一些依文说义的解说，但与了凡自身的整体情况契合得不够。尤其是将佛理与儒学之义理进行印契和结合的论证，常为诸家所忽略。这其实也是了凡比较精彩的部分。

三是了凡的道家的东西。主要来自《太上感应篇》和《阴符经》。功过格的雏形实际上是在《太上感应篇》里，所谓"头顶三尺有神灵"，做的好坏事情，上面都有记录。这与西方中世纪的赎罪券有些相似。中世纪的宗教改革，马丁·路德他们当时反对过这一套东西，当时也交税、交钱给教会就可以赎罪，有点像

这个。就是你对教会的贡献有多少，有一个记录，就会累计功德。虽然王夫之对了凡的这个东西有批判，认为功过格"与鬼神交市"，意思是通过行善的量化与鬼神交易福禄。但在中国广大民间，善文化的内涵与此不可能没有交涉。而道家思想在《了凡四训》里有更深层次的结合。如画符的内心专一、佛家的三轮体空、儒家的夭寿不二，这三家通过了凡在道理上贯通了。而更为宝贵的是，了凡侵染三家，学问通透，在《了凡四训》里有很多独特的理论创见。如为善八辩，是我目前见到的关于善恶价值最为精当的伦理考察。所以，偏重于一家，仅仅从知识上去读了凡，会降低了凡的价值。我曾经说过："当今读了凡浅处了了，深处不明；要浅处能实，深处能明，斯不负了凡先生深意。"

上次我专门到宝坻，跟我们袁黄研究会的同志接触之后，遂有点校《袁了凡文集》之思，回去后我给线装书局的领导打了个电话，他们整个社里仅剩一套《袁了凡文集》，一套20本，我把它们都借过来了，并点校了一遍。哎呀，应当说读了凡的过程是一个很幸福的过程，心潮起伏。我跟身边人讲，这真是一个伟人，仅仅读《了凡四训》，对了凡的了解只能说是冰山一角，你会觉得了凡更多偏重佛家。但读了《袁了凡文集》，你会发现，了凡更是一个儒家的君子。

我们此次学了凡，会接触他的学理与修行的一些精华，但了凡还有很多特别好的东西。比如了凡的一些修身法，比如他认为，如果一个人总是怀疑别人，嫌疑、信不过别人，这个人的手脚就会出问题，因为从中医的角度来说，手脚出问题跟你的嫌疑心有关系。如果有害别人、争斗和纠结之心，有去算计别人的心，这个人一般脾胃比较虚。一个人如果存心去陷害别人，老是编织各种各样的谎言去陷害别人，这样的人头发和气色会不好。了凡认为，一个动不动就妒忌别人的人，是跟自己的耳目作对，眼睛容易得白内障，耳朵容易幻听。这些是《了凡四训》里没有讲过的，《袁了凡文集》里讲到的一些修行法门。因为他家世代是中医，自己也是个大医。他认为身和心是一回事，包括他日常的行止坐卧。比如他上卫生间，都觉得是整体排毒，为天下众生疏导垃圾。漱个口、洗个澡，都觉得是沐浴身尘。你到北京颐和园能看到一块匾，悬挂在皇帝洗澡的地方，写着"澡身浴德"。我第一次看见这块匾是刚到北京上大学，那时还很小。当时就觉得古人的修身真是不得了，连洗个澡都叫"澡身浴德"。就是身体需要洗干净肮脏的东西，德行也要每日洗净去污。所以《大学》里讲，"汤之《盘铭》曰：苟日新，日日新，又日新。"意思是汤王的洗澡盆旁边刻写了几个字。"苟日新"，就是假如你一天洗澡，那天就干净；"日日新"，你又坚持洗，又会有一个新的精神状态；"又日新"，还要每天坚持洗澡，每天给你的心灵洗个澡，把你内心的垃圾清除掉，用你的心去爱百姓。

所以商汤王当时得天下，他说："朕躬有罪，无以万方！万方有罪，罪在朕躬。"意思是天下的百姓如果有罪，那就是我有罪，我是源头，是我犯了错没治理好天下，陷民于不义。而如果我自己有罪，"无以万方"，跟你们任何人都没有关系，我自作自当。所以天下大旱大灾时，他自己剪掉指甲、剪掉头发以示惩罚。就像曹操当时割发代首似的，因为骑马践踏了庄稼，就剪掉头发来惩罚自己。这个思想在中国的政治体系里面一直流传下来，后来到了文王的时候，文王"视民如伤"，就是看百姓的痛苦就像自己的伤口一样，就是这样的一种心理。所以整个《了凡四训》里面所渗透的这些东西，反映出来一个传统的士大夫的精神。这是传统文化的精华。

三、《了凡四训》对当下社会的意义

我们今天来学习和挖掘了凡的精神有何积极意义，我用了三个词：可破、可成、可立。学了凡，对生命建设能有一个革命性的变化。

首先，可破什么？可破逐外之现状。我们现在确实出现了很多问题。你们现在打开电视、一上网络，各种各样挑战我们价值观的事情层出不穷。我们过去说"虎毒不食子"，而新闻报道过一个小孩子吃奶时咬了母亲的乳头，母亲拿针在孩子身上扎了一千多针。或者儿子杀父亲等，人心已经残忍、变异到什么状态？！我可以这么讲，这个社会如果不转型、不修身、不真正回到我们的生命上去觉醒的话，更可怕的事情还在后面，会发生各种各样匪夷所思的事情。

所以过去古人有句话：地走人形兽，春开鬼面花。意思是在地面上走的都是人面兽，披着羊皮的狼。有的人是一个人的样子，其实是虎狼之徒，比虎狼更可怕。春天开的花本来是很美的，但是像鬼脸一样，自然景观都变成了人间地狱。社会风气不好，现实生活就是地狱，使正直的人得不到机会，阿谀奉承的人却居高位。而内心有真理、有坚持、有追求的人，如果长年累月得不到机会，就会寒心。偷鸡摸狗、投其所好的人大行其道，就会使人不愿意真正干事。

包括现在的社会教育，也颇有问题。举例说，我闺女，本来家里商量让她初中上一个国际学校，自由一点。她还非得自己去考，还考到某重点中学去了。一入学作业就很多，经常晚上做到10点、11点。整个社会教育体系是为了取悦父母，你看我们最好的生源招来之后，考得最好的，却不知道教育的意义在哪里？教育是我们内在养成，使我们一个人觉醒，使这个人真正的成长、自然成长，能够成为一个主体的人，能够在社会上行走，能够身体健康、心理健康，这才是教育的目的和要求。而我们现在培养了一批虎狼之徒、竞争之徒。小小年纪就会争名逐利，会各种各样的算计。我说我培养我闺女，是用我的家庭国学这套方法，去挤掉体制给她注入的毒，我觉得她在体制里面受了好多的毒。在学校里面我都不让她被评为三好学生，但是很奇怪，越是这样，她年年三好，在班里还老是前几名。我觉得是我们家庭文化的那种内在的滋养，使她能撑得住。

但是恰恰有些孩子，一直很好，在学校各方面表现都很好，但没有家庭的滋养和文化的东西锻炼他内心的那种健康，他撑到高二高三，突然撑不下去了，很优秀的孩子突然就垮了。在北京我见过好多这样的孩子。在北京某大学精神卫生研究所，我发现见他们的主任比见国家领导人还难，竟然找不到他们的电话。他们的地位也非常高，求他们的人太多了。后来我终于见到研究所里的一位教授，他跟我说，中国有十分之一的孩子精神出了问题。他带我去参观了一下，那些孩子好多显得很聪慧，长得很漂亮。有的孩子成绩很优秀，到了五六年级，或者青春期，高二高三，一下子就出现了精神错乱，出现了各种各样问题。这个时候父母那个后悔哟，但已经来不及了。以前想让他特别优秀，各种表现都好，现在反过来祈求这个孩子能成为一个最普通的孩子，"阿弥陀佛，他变成一个最普通的孩子就好了，让他不要再出这种状况就好了。"这是所有逼孩子优秀而孩子精神出问题之后的父母的心态。对不起，已经来不及了，你已经把孩子的程序给搞乱了。

其次，可成什么？可成生命价值的真正认知。

你们现在能安安静静听我的讲座，有机会进入这么一个传统文化的引导体系，这在某种程度上来说是你们的福气，尤其是你们来学了凡。了凡先生，应该说在他那个时代，也不无困惑。但在儒家看来，没有不好的时代，没有不好的环境。"风雨如晦，鸡鸣不已。"天上刮风下雨，鸡就不出来打鸣了吗？它照样出来。所以，如何培养一个正知正见的内在，丰饶充盈，而不是逐外？现在一概是逐外，在外面争，在外面抢，追求各种标签化的东西，我过去也未免如此。说实在的，虽然我从小跟老人读圣贤书，我心里知道这个道理，但是在外面，我跟着社会的大浪，随波逐流在过去也是一个很会经营的人，媒体报道老说我是中国出版史上最年轻的社长。当年29岁就做了社长，对干事情的章法、魄力有一些自己的东西。干一把手干了 11 年,所谓的外面的这些规矩与规则都懂。但是我还有一点内在的东西,没有泯灭的东西,我一直保存在心。前几年,当我有转型的想法的时候,在一次学术交流会上与刘梦溪先生相识。刘先生听完我发言后对我悄悄说,你虽然是个社长,但内心还有很纯净的东西,没有随着环境改变,你其实适合到我这里来做研究。我的转型有些类似于了凡先生的醒梦。所以我们如果能借助了凡的精神,完成对生命价值的真正认知,你就学有所值。

第三,可立什么?可立人生长久快乐法。你真正的快乐,来自于你内心的智慧的打开,这才是长久的快乐法。王阳明也是这样。早年文章写得好,用今天的话来说,父亲是南京兵部尚书、国防部长。他自己从小家庭环境好,方方面面那是不得了的,政治上的一颗新星。但那些的好只是标签化的好。不能真正带来人生的长久快乐。36 岁那年,王阳明被"哐"地一下打到谷底,被人追杀,各种困境逼着他从一贯的眼光往外放,开始往回收。他已经一无所有,家族破败,父亲已被免官。如果用今天的话来说,你们这些在体制里待过的人,如果在政治上受过一点挫折的人,或者是有人诬陷你、偶尔被审查过的人,你就会知道体制有时候是很冰冷的,被抛弃、被边缘化的那种情形,特别可怕。那么当时的王阳明,不仅要被边缘化,那是在政治上要被干掉、要被打入死牢的人。他怎么就能够在那个冰冷的山洞里,一念一转,致良知,成为一代圣人?因为他找到了真正可立的东西,也就是在内心能真正长久快乐起来。这也是了凡最核心的东西。

12

下面我们进入了凡文本的学习。我们将一字一句不放过，把《了凡四训》和佛家、道家、儒家的精神义理做一个文本背后的关联，做一个修行式的解读，我们的晚课就是一个修习和实践上的对照，借了凡跟我们自身的生命发生一个映照。

第一篇　立命之学

　　为什么第一篇名之曰立命之学？就是要把学到的道理与实践做到知行合一。知，要知了，明白，即要知道命到底是怎么回事；立，就是在实践上改变命运，确立自己的命运。

　　过去都说知易行难，知道容易做起来难。朱熹晚年说"知行并重"，即知要顾及行，行要顾及知，不能分裂，要并重。后来王阳明说"不对"，要"知行合一"，实际上强调的是，知因行而知，知中有行，行因知而为，行不离知。两者其实是一回事。之所以分开知行论难易，是为了避免只知不行的空疏，和只行不知的莽撞。到民国时期，中山先生提出了"知难行易"的观点，说要唤醒民众的革命认识很难。他发动辛亥革命，他发现大家都睡着了，叫不醒。所以"知"真正是一个叫醒的学问。经典的力量与意义，就是等待着有些人通过深入认知次第醒来，可能有些人醒来三分，有些人醒来五分，有的人能完全醒来。所以立命之学，就是在理上让你完全醒过来，在行上有个革命性的变化，从此不再移异。这是人生的大学问。所以，我们要先从学上入手，所以叫作"立命之学"。

一、来时路

余童年丧父，老母命弃举业学医，谓可以养生，可以济人，且习一艺以成名，尔父夙心也。

抉微：家世渊源，凡人多拘于此，故祖传多类此，此须省者但凡欲立命，先从家世因由观现得。且了凡成就，一破其拘锁，二得家传益处。观了凡后来为官治囚有方，亦得益学医之家传。

大家看了凡起语第一句："余童年丧父，老母命弃举业学医，谓可以养生，可以济人，且习一艺以成名，尔父夙心也。"作者袁黄起头的这句话，历来讲解的人都会说是对他的出身的一个描述和简单交代。你们要了解，一个伟大的文本，一个传世久远的经典，绝对不是那么简单。过去朱熹说，读经典要一字一句读，放到生活中去读，放到事情上去格。《了凡四训》11000多字，可能是当下民间最大的印行的文本之一。在传统的经典里面，有很多人在公开印行各种文本，比如印光老和尚，被称为印光祖师，他长期倡导印这本书。那么这本书仅仅是讲了一个故事吗？不是那么简单。

就这一段文字该怎么去读？实际上这一段里面暗隐着一种伏笔：家世渊源。大家看"抉微"里我批注了这四个字。"抉微"

的文字,是我读《了凡四训》后用文言文评论解读《了凡四训》的一个小文本,着意于挖掘和阐发《了凡四训》的精微意蕴,作为我们此次讲了凡的参考。"凡人多拘于此,故祖传多类此。"就是从我们一般人身上说来,家庭的因素是第一道锁住你的元素。我们说"龙生龙,凤生凤,老鼠生儿会打洞"。小时候你爸是医生,你就靠医业近一点。所以我们过去讲当官,比如有家里世家几代都是高官的,就是世家大族。包括知识分子,精神传承都有这样的。我们老说家学渊源,就是家庭给我们的东西。

我们回过头来比较,家庭给了我们两种东西,正面的,可能是人生道路,可能是不可替代的一种优势。负面的,可能就是你家庭出身的这条道路把你锁住了。比如你父亲是个农民,你可能一辈子就是农民思想,如果你不学习,就是一个农民。如果你领略了它的正面影响,那么关于农民的那种坚韧、淳朴、踏实,可能是你成功的基础。

袁黄,我们以下称了凡,开端就讲自己身世,交代了凡的来历。就像佛法里讲法会因由,即来路子或者因由是什么?比如《楞严经》,一部经典是有一个源头的。所以"佛说一切法,对治一切心;若无一切心,便无一切法。"就是你有这个心思,有一个认识上的迷障,佛陀针对此而讲,就成为一部经,比如心上的迷障就讲《心经》。《楞严经》是什么迷障?为什么是一部大经?《楞严经》是从破我们色相入手的。男女之欲是天然的,从破性欲入手,这容易让我们理解而悟道。很多人修行,这个欲望是没法解决的。阿难在行游的过程中,一般过去和尚出行都要带两个轨范师跟着,三个人相互监督，在外面不容易冲动干坏事。后来阿难与两轨范师走丢了，结果碰到长得很漂亮的摩登伽女。摩登伽女就勾引他，两个人欲行男女之事。这时，佛陀正在这儿讲经呢，一看阿难没来，到哪儿去了？一提携，把阿难召了回来。佛陀就问他："你当时为什么要出家，非要跟着我修行，你的初心是什么？"阿难说，当时就觉得佛陀长得很好看。佛陀确实长得很好看，三十二种相，白毫发光，相貌慈祥、清净、漂亮。你看，这就是一念色起。色，我们不仅说好女色，一切对于美好的、怦然心动的追求，都是一个"好"字。

所以《楞严经》就从破色欲开始入手，一层层把青葱拨开，所谓八还辨见，七处征心，一层一层找你的心在哪儿，一会儿在里面，一会儿在外面，来回来去地找，逼着你到墙角，彻底让你放开、拨开，面对整个宇宙，觉悟你到底是谁，到底谁做主？禅家行禅，问"我是谁？""谁在走路？"你是谁你知道吗？你真不知道。我们人怎么来的，我们人活着到底是怎么回事？为什么心理上不喜欢吃这个东西，手上偏偏要下筷子，又吃了好多。糖尿病人为什么始终管不住口？《金瓶梅》里描述，西门庆明明知道已经不行了，已经是一轮、二轮、三轮、四轮，一个男人晚上跟了四五个女人，已经快衰朽得不行了，可潘金莲说，你大半夜回来，在外面快活了，你回来不理我，那哪行？！于是将游方和尚弄的春药给西门庆吃，西门庆是同意的，结果脱阳而死。为什么西门庆刹不住欲望的车？

我不知道你们在微信上看没看到一个动画片，好像是一个女人在吱嘎吱嘎用头发织彩锦，头发不断地往前走。头发一直在往前拽，她在本来可以剪断的时候没有剪断，结果整个头都被拽到悬崖边去了。那个微信确实值得一看。就是人的很多欲望，谁在当你的家？其实你不当自己的家，这就不是你的家。不要以为你还在自己的家里。你在欲望、钱财和外在的某些习性上，甚至是个人习惯上绑架了自己。你被财富绑架，被欲望绑架，被各种东西绑架。你认为被这些东西绑架能够带来一些快乐，但是快乐其实是暂时的，它不是究竟的。任何时候你陷入了这种所谓的快乐，就万劫不复，回不来了。

所以，在这部重新确立自己命运的著作中，了凡认为，要观照和重新确立你的命运，首先要把你的眼光回到家族中看一看，正和反两方面的影响，有些人一辈子走不出家族的轨迹。这是了凡起笔的一个因由。关于家庭或家族影响，其实我们认识得未必那么清晰。我有个朋友，一家私企的老总，有一次他把闺女送到我这里来，他说我真没有办法，这么大的产业，老二老三不接班，也是因为小，一个搞艺术，一个搞法律。老大我重点培养，把她送到国外学了 8 年，想把企业交给她，但是她不接。老大说凭什么让我来接？凭什么让我这么受苦受累？后来他家老大对我说，老师，凭什么让我去挣这个钱，让我那么辛苦，让老二老三享受？由此看，家庭里面你处理不好，偌大的产业也是空的。

所以对每个人来说，家既是一个港湾，也是一个束缚。来自父母和家族的传统教育，比如你父亲是中医，你可能就成为中医；你父亲是教授，你可能就成为教授；你父亲是农民，你有可能是农民。那么家族到底能给你什么影响？

我们来看袁黄的家庭因素带给他什么样的影响。袁了凡其实是因为觉悟之后给自己起名叫了凡，他的本名叫袁黄。我这么讲，"先从家世因由观现得"，去觉醒，但凡你要真正立命必须要从家世中观现得，现状。"且了凡成就，一破其拘锁。"袁黄如果听了他妈妈的，"老母命弃举业学医"，就是不要读书，就去学医。过去三教九流，医的地位不是很高。万般皆下品，唯有读书高。家里因为父亲去世早，家境比较困难，他妈就说你去学医吧，一个可以养生，活得长，第二可以济人，帮助别人。过去医生地位虽然不高，但知识分子是很看重的。有的大医的地位也是很高的，像范仲淹说的"不为良相，便为良医"，医人和医国是一回事。这是中国文化内在统一性的显现。

袁黄妈妈所谓"可以养生，可以济人，且习一艺以成名"，认为了凡学好了医，自己受益，也可帮人，也会受到大家的尊重。"尔父夙心也"，你爸也希望你这么做。如果人生的道路就此可以打住的话，民间就多了一个医生，少了一个了凡。当然袁黄也可能成为一个杰出的好医生，但是袁黄就成就不了"了凡思想"，他后面整个思想体系就可能停留在这儿。这是家庭因由。

任何一部能流传的著作，历久弥新，它的一字一句必然是有来历的。经典中的每一个片段，如果轻轻忽忽、随随便便看过，你就无法领略它著作的精髓。过去我们说读《论语》，可以"半部论语治天下"，论语的一字一句读来很简单。"学而时习之，不亦说乎"，包括"温故而知新，可以为师矣"，等等，你如果浅显地去理解它，就得不到什么裨益。比如说"温故而知新，可以为师矣"，温习旧知识，学习新知识，这样的人可以当老师，我们现在的解释都这么讲。这是大错而特错，如果这样，那么每个小学生都可以当老师，他就是温习完旧知识学习新知识。

实际上，"温故而知新"是指，我们要随时回过头来看自己人生中过去经历的"故"，温故，而转换新的视角赋予新的理解。你18岁对于食物的理解，比如说三年自然灾害困难时期，一个包子对你来说就像天堂一般的感觉。而你衣食无忧时，对这个包子就没什么感觉了，吃饱了也没什么特殊感觉。所以温故，是你的心性不断提高了之后，再去看过去的事情，理解视角不一样。也许过去害过你的人你可以原谅他了，你觉得过去其实我自己也有问题，这才叫温故而知新。所以《中庸》说"温故而知新，敦厚以崇礼"。温故与知新，敦厚与崇礼，是有内在关联的。

现在很多人读书，支离破碎，只看它的表面，断章取义。古人的书啊，呕心沥血，精密而深厚，但呈现又似平常。它出来的东西都是从心上出来的，不是见闻之知。只是背点经典啊，学点知识啊，就如庄子所说："人之生也有涯，而知也无涯。以有涯之身求无涯之知，殆乎。"人的生命是有限的，知识是无穷无尽的，以有限的生命求无穷的知识，太累了。但是我们新中国成立后全国的中小学里把这句话作为教室挂画，都是反其意而用之，把后面切掉，留一句"人之生也有涯，而知也无涯"，就剩这么一句。给孩子们呈现的是庄子说的相反的意思。庄子本意是"为道日损，为学日益"。就是你不断地学，好像增加了知识，其实更迷茫了。

但是学道呢是做减法，卸掉包袱，为道是一个做减法的过程。

人到 40 岁之后，其实就要做减法。需要学会做减法，才能聚集精神干大事。人之病在想法太多，想法太多是一个人不能成就的大因由。人们会因为外界的条件、时代的原因，快速获得了一些财富和地位，但是如果不了达生命的智慧的本体，你搞不清楚到底是什么原因使得你今天成为这样的现状。所以要时时回到心上。

所以了凡的这本书，我们进入到这个次第来看，就会发现他的匠心巧构。就像一个写长篇小说的人，没有格局与结构在心，很难成为上品。我发现，通过《袁了凡全集》可以知道，《了凡四训》的这个定本在最后成为一个精准的本子之前，有多个版本，如他的《祈嗣真诠》以及有其他的各个版本，都讲过《了凡四训》的部分观点，散散点点的。他一定是最后晚年的时候为了传给孩子，精心雕琢了一个很好的版本。所以书的次序的安排、故事的讲法，是有来历的，不是那么简单。包括《红楼梦》，我们看红楼梦，为什么这么多人解红楼梦？伟大的作者创作一个伟大的作品是蕴含深意的。包括《论语》的形成，这么多大哲学家、政治家坐在一起，商讨哪句排前哪句排后，都是有讲究的。

又如《诗经》的遴选。孔子选诗经 305 首，一首一首有交代。为什么"周南召南"25 首放在前面，是因为孔子认为，在这个世界上，最基础的关系是男女关系，一个人在社会上不会处理男女关系，这个人基本上不懂得社会。因为女人就是大地，男人就是天，不懂得大地你是无法行走的。所以《周南召南》第一首诗就是《关雎》。《关雎》就是讲男人和女人怎么相敬相爱。你不要霸王硬上弓，不要把女人当玩物。如果这样的话，这个人注定事业走不长。《关雎》里面讲，爱之要敬之，"钟鼓乐之，琴瑟友之"。所以孔子把305首诗中的"周南召南"25首放在前面，告诉你25种处理情绪的方法，从男女关系学会相处，慢慢推开。

袁了凡也专门编注了一本《韩诗外传》，选了100首禅意很浓的诗作解读，暗含了很多禅宗思想。而在了凡自己创作的诗词里，我们能很明显地看到《诗经》的影响。用典很多化自《诗经》，这在古人的诗集里，还是很少见的。《诗经》是古人必学习的常识。所以各种经典著作，它背后必有个精细的安排。就像我们大夫治病，考虑一下病人的问题出在哪儿，他是有的放矢，绝对不会是随便下手。随便下手肯定会出人命的，把人给治坏了。

写作也是这样，写过书的人都知道，一本书是需要布局与安排结构的。过去我在上大学一年级的时候，我跟北大历史系的杨重光教授合著了一部长篇小说，写的是明朝第五个皇帝的传记。我自恃小时候读过很多书，觉得写小说很容易。所以愉快地接受了这个创作项目。结果一到暑假，我才发现要写出一部长篇小说有多难。当时在北大图书馆借阅《明实录》，要压三四个教授的高级职称的借书证，才能借出这部《明实录》。我天天一早起来就在那边看那个《明实录》，并阅读各种明史材料。我30天要写10万字的小说，一天写3000字。而写书的人他要有交代的，今天写什么，明天写什么，情节怎么发展。何况像《了凡四训》这样的经典著作？

所以这次学了凡，我们要把了凡背后真正的学术渊源、现实来历等等因素，掰开来，揉碎了，我们来观察这部著作到底是怎么回事，到底怎么去转命转性。

好，第一层次，我们分析了，它实际上讲的是家族渊源。第二个讲的因素是什么，什么会影响我们的命运？

后余在慈云寺，遇一老者，修髯伟貌，飘飘若仙，余敬礼之。语余曰："子仕路中人也，明年即进学，何不读书？"余告以故，并叩老者姓氏里居。曰："吾姓孔，云南人也。得邵子皇极数正传，数该传汝。"余引之归，告母。母曰："善待之。"试其数，纤悉皆验。余遂启读书之念，谋之表兄沈称，言："郁海谷先生，在沈友夫家开馆，我送汝寄学甚便。"

抉微：善结外缘。凡事有阶梯，从外缘往往是促因。由此观之，则家锁可破，数上易拘。

"后余在慈云寺，遇一老者"，后来我在慈云寺，碰见一个老头。我跟你们讲，生活中啊，什么人在你什么时间出现，都是有因由的。不要认为这个是随随便便遇见的，乃至于你喜欢的人，你讨厌的人的出现都是如此。甚至夫妻聚散都是如此。所以《红楼梦》里也讲"夫妻本是同林鸟，大难来时各自飞"，何况你跟一般人的因缘呢？人是很奇怪的，禅宗认为，你碰见什么人，都是你内心呼应、映照出来的。就像我们这个张书记，一两年没见我了，到这个天津，一看见了凡，他想起我了，我就被推着来这里。

你们也都因缘际会而来。

万事都有因由，这个因由与我们内心的想法和念头是相应的。那么了凡这个人，没成为一个医生，发生了一个角色的转变，与碰见这个老者有关。"修髯伟貌，飘飘若仙，余敬礼之。"修行人或者有一定本事的人，外貌外相是不一样的。我经常说，人群里面走出一个人，一看不一样，可能内涵气质有异。比如将军，就有堂堂威武之相，正气凛然之相。这个相貌和心相是一样的。道貌岸然过去不是一个坏词，出处是在《孟子》里面，是讲得道的人很伟岸，所谓"其生色也睟然，见于面，盎于背，施于四体"。得道之人你看他"气盎于面背"，面部光华，背部你都觉得很伟岸，伟人的背影。

那么这个人呢，一看，"余敬礼之"。大家注意，有道之人，要礼敬他。过去张良遇见黄石老人，老人让他不断地捡鞋，张良忍着做了，老人约他到第二天再来。这个里面处处含着消息和因缘。我们注意，但凡张良遇见老人不理他就过去了，或者不愿意一次又一次给老人捡鞋，可能就错过一大因缘了。造命立命，争取机会，都在你的一念之间。所以立命之学有好多义理藏在里面。你看，张良尊重黄石老人，他就得了一个兵书，此后，运筹帷幄大有长进。所以敬能生和，碰见异人，礼敬之，这是一大因由。

"子仕路中人也，明年即进学，何不读书？"这人一见面即劈头盖脸一句话迎面而击，毫无啰唆。意思是说，你是当官的料，明年就可以进学，你怎么不读书？在今天看来，这个话太厉害了，一句话甩过来就说你是当官的料。"余告以故，并叩老者姓氏里居。"我告知他，我妈让我学医，家里什么什么情况，把第一个因由给他讲了，并问老先生从哪来的。"曰：'吾姓孔，云南人也。得邵子皇极数正传，数该传汝。'"这有点意思，我姓孔，而且我得了邵子皇极数正传。邵康节是宋代易学大家。

古人说要通《易经》，要读三家之易。一先要读朱熹的《周易本义》，这是基本的周易本义，即周易原本的意思是什么样要搞清楚。第二要读《二程易传》，我曾经用5年时间把它批注了一遍，二程是把义理讲得最精透的，其易理可谓千古高峰，现在学易还要学他。第三个就是要学邵康节的《梅花易数》。这个人是实践上不得了的一把好手，通古今之变的人物。

为什么叫"梅花易数"？传说邵康节有一次与人聊天，唰啦，看见梅花上落着一只鸟，往下一飞一跌落，他即刻就根据眼前的数相起卦。算出明天中午有个女孩子在这儿摘梅花，被人一喊一惊吓，把腿摔了。这没发生的事情怎么可能这么逼真地预测？结果第二天有人就专门坐在那儿悄悄地看，果然到12点左右，有个女孩子在那儿摘花，旁边有个仆人大喊了一声，她一惊，"啪"地摔倒，腿给摔了。因梅花起易，后来遂称邵康节的《易经》为"梅花易数"。这种起卦并不难，但断卦方式有大机巧。我们如何看待这种事情？《易经》是天地之道，是人合天道之则。很多人不了解，现在这个学问已经断层了。你如读懂了《二程易传》，了解了《易经》里的道理，你经常会惊叹，怎么《易经》的每一卦每一爻都那么精巧，它完全是能够把事情、道理讲透的，确实有一定的预示作用。所以看事物走势还是其次，它是讲天地道德的蕴化体系。

袁黄遇见这个得《梅花易数》真传的人说，"数该传汝"，这话说的就是冥冥之中有点定数了，话就说得有点吓人。突然蹦出一个老头说"你是我前世的弟子"，这一听有点瘆人，觉得怪怪的，这个该传给你，我的《易经》该传给你不传别人，肯定有什么因由，"数该传汝"这话里面是有玄机的。所有的暗示性话语都有一种很决绝断定的语气，像一根楔子揳入。在没有对宇宙真相、天人大道参透的人看来，这种断语很有力量。

一般人乍一听呢，有些奇怪，但话又说回来，有人免费义务教你，又何乐而不为呢？现在这些被当作封建迷信，过去却是很多老百姓的一般常识。因为历朝历代就没有从官方禁止或断定过占卜八字是迷信。但大知识分子都能参透易理，鄙薄迷信。所以，民间是一种自然存在，而知识阶层，凡过去考过进士以上的人，基本上都学过，记过，甚至日常都实践《易经》的道理。因为国家取士，六经都是考试的内容，要背的。《易经》是六经之首，是个文化常识。所以天下会发生什么大事，明易的人一眼就会看出来。因为易就是变化之道，像诸葛亮这些人，叫"识时务者为俊杰"，一眼就能够看清楚时务走向。

"余引之归，告母。"袁黄就把他带回家面告母亲。这个孩子应该是很孝敬的人，大事与长者商量。《论语》里讲"因不失其亲，亦可宗也"。就是凡事能从整体考虑，而不是只从自己角度考虑。如一个人大事跟父母商量，这样的人是可靠的人。如果他回去不说，悄悄地被他带走了，爸妈也不知道。这就说明家教很失败。很多被拐骗去学道的人，就是因道听途说而跟随的。六祖学道，也专门有一节交代先安顿好母亲。《了凡四训》现在被当作佛家读物，其实袁黄此书，儒家风骨贯穿其中。你看他当时应对此事的态度就是回去先告诉妈妈，"母曰：善待之。"母亲也是一个有见识的人，"你要好好对他。"

"试其数，纤悉皆验。"注意了，"纤悉皆"，任何一点小事，当场算，算他爹哪年死的，算对了。算父母哪年结的婚，也对了。就是里里外外给你算，都符合这个数。《易经》有义理与象数两个传统。象数就能看事物变化之往，变化之来。有一个代数体系推断。其实我告诉你们，通了之后特别简单。因为象和义理是相内在的，它是科学的，对应的。就好像一个成熟的中医"望闻问切"，一看本人，从望上就知道对方肝不好，为什么？他脸上挂着呢，懂我的意思吧？

象也是相，相与性是一如的。就是相上显现的是事物的性质与所处的状态，这个不是迷信。《梅花易数》是通过相来看背后的性，及发生的事实。所以《梅花易数》最高的境界叫作"心易"，就是以心导易。我经常用"心易"来跟人说事，所以每能相契。"心易"这两个字不起卦不算数，就在心上对照一下，就能出来一个答案。就像我们一个高明的医生，他基本上能看出一个人身上病在哪儿，气在哪儿，他完全能看出来，这是科学。你要用现代西医的仪器去检测，各种指标，你又发现上上下下没病，可是你又一天到晚难受得要命，不舒服。

我们继续看，"余遂起读书之念，谋之表兄沈称"，就是通过孔先生的引导，念起转医学文了，想读书了，于是与表兄商量。表兄对他说，"郁海谷先生，在沈友夫家开馆，寄学甚便"，表兄给他推荐了一个老师。我们看，这是由外缘的力量，促使了家里母亲的同意，他转型开始读书了。

你们注意到了吗，就是一个人的人生转折，它是由各种力量轨迹推动的。如果没有这个力量引到家里来，他妈就不会让他去读书，他就会老老实实去学医。这个人一算命，各种命算得都很对，他妈也给说服了，就同意他去读书了。最早的时候他妈是不同意他去读书的，你们注意到这个细节没有？各种命运的转折，无一不暗示着与立命的内在关联。开智立命，原来人自己的作为也是因由，都有自己的参与。我们是通过《了凡四训》的文本，先讲事实后讲理，看他的理路是怎样的。表面是这个路径，而背后它都有逻辑的推动，他就去读书了。

所以底下抉微里我批了："善结外缘，凡事都有阶梯"，外援往往促进内因，是促因。由此观之，"家锁可破，数上易拘"。这就来了，也就是说，从小父母期望你成就什么的样子，比如父母希望你成就读书，读大学找好工作。这是家族对你的期待，像一把锁一样锁住了你。这个锁要破，得有外缘。如二程兄弟出生官宦世家，长大接着当官就是家族模式。但在这个模式启动的过程中，二程兄弟碰到了周敦颐先生，这个家族之锁一下就开始突破了。周敦颐先生认为，为官不是最高境界，"孔颜乐处"才是最高境界。这种外缘就影响了二程兄弟一生。由外缘破锁，但接着呢？"数上易拘"，家里的锁开始破了，又有一把新的更高层次的锁把他锁住了。是什么？梅花易数。数也会把人拘住。为什么"数上易拘"？因为所谓的数，也是不究竟的。胡塞尔说过，数学的基础是心理学。康德认为，知性为自然立法，那些个数的背后的东西你一定得懂。所以学完了凡之后你会发现，要破此一障。破迷信，这个东西必须得破。现在有的人懂得点象数，拿它来赚钱，这就是迷信。到底什么样的东西是真正的无上究竟大道？我们看"家锁可破，数上易拘"之后，袁黄的人生路径怎么走。

余遂礼郁为师。孔为余起数：县考童生，当十四名；府考七十一名，提学考第九名。明年赴考，三处名数皆合。复为卜终身休咎，言：某年考第几名，某年当补廪，某年当贡，贡后某年，当选四川一大尹，在任三年半，即宜告归。五十三岁八月十四日丑时，当终于正寝，惜无子。余备录而谨记之。

抉微：家内继承与学校引导，大抵两层导向也。常人自安之。

"余遂礼郁为师"，我就跟着那个姓郁的开始读书了，有了世俗的老师了。"孔为余起数"，姓孔的那个会梅花易数的老者给他起数，也就是给他算命，说你县考童生考的名次是第十四名。这很牛吧，能考第几名都给你算好了。府考考第七十一名，提学考第九名。"明年赴考，三处名数皆合"，到明年一考，我的那个天啊，每次发榜都与测算的一模一样。你说吓不吓人，对一个普通百姓来说，他心里信不信？样样都合呀。

"复为卜终身休咎"，他一看这么齐全，那你就给我算一辈子的命吧，我这个人到底什么时候死？人性就是这样，一看那么准那就都给算得了吧，我也不操心了。给我算出一辈子，一生就这么样了。结果，孔老师给算出了某年他考第几名，在哪一年补廪，补廪就是吃国家供给的粮食了。有点像我们新中国成立以后所谓商品粮那种性质的，就是国家有一定补助。

"某年当贡，贡后某年，当选四川一大尹"，又算到某年到四川一个地方当大尹，大尹就是县长。当大尹当了三年半，"即宜告归"，就该回家。回去之后呢，"五十三岁八月十四日丑时"，你看，时间算的有丁有卯。八月十四日丑时，凌晨6点，你就死了。够吓人的吧？"当终于正寝，惜无子。"你死在家里，不会死在半道上。过去骂人"路死路埋"，死在家里叫正寝。没有儿子送终。

"余备录而谨记之"，你可以想象他的态度，老老实实备录而谨记之。因为前面的都合了，后面老老实实按照这个道路走吧。你看，这里面隐含一个消息，人一旦被强烈的暗示，这个暗示的结果就会在身上发生。记住我说的话，这里很关键。你们学完我这个课后，就能破所谓命运魔障。讲到后面我要讲怎么破这个东西。

讲到这，文本要给我们一个启发，你们要去参它，进入这个状态去参它。家内的继承和学校的引导，母亲是家内的继承，孔老师和郁老师是学校的引导，人大体都有这两层导向，"常人自安之"，一般人被这两个导向一扣，一辈子老老实实，就在那儿了。你们现在想想你自己，在座的诸位，基本上百分之七八十就被这两个东西，一个是你老爸老妈对你的期待，一个是你上大学时候老师描述社会上种种情况，奋斗出人头地，这两个东西基本上笼罩你一辈子。

我们往下看，看他心态发生了一个什么样的变化？

自此以后，凡遇考校，其名数先后，皆不出孔公所悬定者。独算余食廪米九十一石五斗当出贡；及食米七十一石，屠宗师即批准补贡，余窃疑之。后果为署印杨公所驳，直至丁卯年（西元1567年），殷秋溟宗师见余场中备卷，叹曰："五策，即五篇奏议也，岂可使博洽淹贯之儒，老于窗下乎！"遂依县申文准贡，连前食米计之，实九十一石五斗也。

抉微：此中大秘，积念成实。此实含天命七，人信三，合十分而拘之。反检子信父法，同作偏门而入，良可思也。

"自此以后，凡遇考校，其名数先后，皆不出孔公所悬定者。"从这一天开始，凡是考试啊，包括考第几名啊，一对照孔老师所算，就对了。就比如说这次觉得考得好一点能考前十名，可一看着孔老师给他算定的是二十六名，一发榜就是二十六名。但有一次，发现有一个地方不对。"独算余食廪米九十一石五斗当出贡；及食米七十一石，屠宗师即批准补贡，余窃疑之。"唯独在吃国家发放的廪米的总数上不对。他刚吃了七十一石就补贡了，也就是吃廪米的总数差了二十石。你终于有不对的地方，终于逮到一次不对了。

所以人的这个心特别微妙，他心里是不服的：你说我死那么早干吗啊，还没有儿子，但是算得往往都对。现在终于有个地方算得不对了，他有点怀疑了，有点希望了。其实这个地方也是成为他"破数"的一点点小希望。

但事实是，仍然逃不出如来佛的手掌心。"后果为署印杨公所驳"，此事果然被上级主管驳回。你看，不准补贡。"直至丁卯年，殷秋溟宗师见余场中备卷，叹曰：'五策，即五篇奏议也，岂可使博洽淹贯之儒，老于窗下乎！'"一直到丁卯年，殷秋溟宗师看他的卷子说，"这五策，简直是五篇写给皇上的奏议。"《袁了凡文集》里面我读过这五策。确实篇篇文字简洁、义理精严。策问，是古代知识分子为国家献计策的一种方式。当年汉武帝问天下三策，怎么解决三个问题？当年董仲舒写了《答天人三问》。

"岂可使博洽淹贯之儒，老于窗下乎！"就是说你怎么可以使这么一个学问通达的儒学之士给淹没了呢？"遂依县申文准贡，连前食米计之，实九十一石五斗也。"于是，依照县里申报的文书批准补贡。加上前面发的廪米以及后来补的廪米一共九十一石五斗。又完全符合孔先生算定的数了。

这命，还是在数里面，低头吧，向命运低头吧！种种都是命啊！开始的时候，母亲要他去学中医不许上学，这是他的命。算命的老头好不容易出现了，让他去读书，又给他一个命，却算他死得早，没儿子。倒是还能当一小官，又是个命。无处不是命。所以民间有句话，说"大众的天，个人的命"，怎么办，一般人由此就认命了。袁黄也不免如此。

如果人生就是这么下去的话，人活着有什么意义？你想，你的一切里里外外都给定死了，你不就按照这个轨道走吗？原来我们就是在这个棋盘上，这个棋子落在哪儿，每一步，ABCD 都给预设好了，你就照这个走就完了，一辈子就只能这样，按这个方向走了。多数人事实上是这么走的。过去人信八字，认为人生的八字基本上给人提供了一个框架，只能这么走。八字的算法实际上是个代数体系，从今天来看有点类似科学体系。他根据人出生的年月日时的天干地支的五行属性，来分析生克制化关系。凡是所谓科学，并不是最高的学问。你们要记住，心学才是最高的学问。科学揭示的是一定的规律和数学的，人如果没有觉醒，就会在一定程度上受这个数的影响。回头我们要讲这是怎么回事。所以呢，我底下批的几个字你们要看，这是我以我几十年来的学问与体验，包括我们古往今来的大家们的东西的熏染，用自己的觉知来照这个文本提炼出来的东西。我说"此中大秘"，这里面有大秘密。会听的人，想懂的人，要从里面去参。

这几个字是，"积念成实"，记住这个话，积累的念头不断积累它，暗示他，它就变成一个实际了。西方做过一个实验，让一个死刑犯坐在一边，看另外一个死刑犯被注入毒剂之后，发出惨烈的叫声死了。旁边的死刑犯看见了，下一个就是他了。给他注射的时候是一针白水，还没注射他就大汗淋漓了，惊恐不已。一针注射完后，啊！惨叫着也死了。实际上，人是被自己的念头杀死的。"积念成实"，积攒的念头会变成一个实体。

"此实含天命七，人信三，合十分而拘之。"这是我的话，不是古人的话，是我读了凡，看见的文本中蕴含的东西。这里面实际上含着什么呢？普通百姓，但凡被人算了七分命，再加上自己的三分完全相信这些东西，"合十分而拘之"，就真的把它搞成一个天牢。每个人身上都有个天牢地库，就看你会不会破自己的天牢地库。这个观点了凡里面没有直接讲，他也没有提炼总结，但他的心路历程暗含了这种隐喻。我们很多人读了凡，只是读了一个故事。而了凡凭什么了凡，了断凡缚？一步一步必有所自。

"反检子信父法，同作偏门而入"。这是我自己反省我自己。

我怎么反省我自己？读了这个我突然想起我自己小时候，其实特别有意思，我爸经历的道路和我的成长经历看上去截然不同，我爸是在县里面，我在北京，可以说出很多的不同。但细细一思索我发现，我们有一些心理共性。这是家族模式和家族隐喻。就像一个女儿的命运，看上去和她妈完全不一样，但女儿成家之后她对老公对孩子的种种做法，和她妈的轨迹有惊人的相似。所以今天晚上，你们要对照我们在课前发的"表一"，对照自己成长经历，做一个深入的反思。你走上今天的人生道路，和你家族、和你自己背后的很多因素有怎样的相关？很多人一辈子也走不出父亲的背影。我在三五年前反省过一次自己，我密切地思考我父亲的人生轨迹，包括脾气秉性和我的脾气秉性，这么一比照一对照，我发现这里面有惊人的相似性，只不过在表面上有很多的差异。

比如像我爸，他曾经是"四类分子"的子女，是被排除社会主流体系和体制的，他经过自己的努力到了体制里，成为一名有编制的教师。这在小县城里几乎是不可能的。这成为体制外的人都羡慕的事。而本身在体制里的人呢，又会对他这种出身表示出轻慢。这种轻慢又成为奋斗的动力，会使他成为体制里的优秀分子。我爸的这么一种模式影响过我。你们可能难以理解"四类分子"子女的心态。所谓"四类分子"，有相当一部分过去是社会的精英，然后在新社会里被边缘化。要命的是我妈妈也是"四类分子"子女。我外公首先是地主出身，然后被划成"右派"。在我从小的心态里面，从小就印记了这个逻辑。我不喜欢一本正经按部就班地去学习与工作，我喜欢剑走偏锋。同时，爸爸那种英雄不看出身的模式我喜欢。我不喜欢所谓科班与正规，无论是求学还是工作，我都希望与真本事相联系。所以我从小就有些偏科，对于认为没有价值的知识，从来就拒绝死记硬背。求学与工作都绕了一下弯子。也就是在自己的经历中也像爸爸一样用英雄不看出身的方式来证明自己的价值。人无法外在于自己的家庭，也无法外在于这个时代。后来我有了圣贤经典的指引，才跳脱出这种家族模式。

就像这个时代，社会风气存在很大的问题。"八项规定"出来后，有了很多改变。但是此前很多官员形成的习气还在，有的人一时无法跳脱出来，也不排除现在仍然有很多人还有这个习气。我们看到报道，有的官员很霸道，很爱出风头。比如有个警官，抓住犯人后，他还要恢复一下犯人被抓过程，一脚踏上去，让摄影的给他拍一下，表示他的英雄形象。通过努力奋斗出来的草根阶层，如果没有文化浸染，在形象上和表面上就会有要足面子的感觉。不同的出身和心性，他一定呼应不同的工作作风和习惯。过去，人是通过读四书五经去打掉这些习气，培养内在的一个光明性出来之后，他可以去掉排场，内心可以对这些东西有个好的交代，他内心成长就越来越光明。如果没有这些自我修养作弥补，排场稍微有点缺失或不到位，他就敏感，在尊严上稍微受点伤害他就愤怒或惊恐。一愤怒或惊恐，就暗暗挤压自己的身体。外表看着还行，内在已经满目疮痍。所以通过袁黄的自叙，我们可以看到人是怎么被锁住的。再往下看。

余因此益信进退有命，迟速有时，澹然无求矣。

抉微：认命成一凡夫。然此中有一机缘。故土在土中，真合之，即可启新也。更有一般人，胡乱为之，至于不可教也。故诚为基，诚安之而可无念。有此无念，转变之枢机也。

"余因此益信进退有命，迟速有时，澹然无求矣。"这样一弄完了之后呢，他更加相信进也好、退也好，都有命，命都预设和安排好啦。迟速有时，升得快升得慢都有定时在那儿呢。澹然无求，内心开始平淡，没有什么多余的想法了。也就是他相信进退有命，迟速有时，他才能够澹然无求。说明这个人还是个好人，明白吧？此中另有一段机缘，我把它批作"土在土中，真合之，即可启新也"。也就是像土在土中，安于土，先与土一体而不妄动，才是启动新的机遇的契机。所谓"行到水穷处，坐看云起时"。人生就是这样，在一种状态里充分到底，就会具备转变的可能。如王维这首诗句，行则到水穷处，再任运自然，坐看云起时。一切经历都不会浪费。

"更有一般人，胡乱为之，至于不可教也。"有的人不安命，行险邀幸，像个无头苍蝇一样，撞这个窗户掉下来，又撞另一个窗户掉下来。你们看过瓶子里的苍蝇吧，它来回撞，它其实可以往上飞一下就出去了，但它慌张地来回在瓶壁上撞。好多人，官场也好，生意也好，胡乱为之，不信命，跟命作对，或者用缘木求鱼的方法期待命运改变，然后各种各样的算计。不该这个时候给你的东西你提前拿到了，是要烫手的。出来混是要还的。我过去也曾经遇到一些所谓的大因缘大机会，我幸亏没有接受。

"故诚为基，诚安之而可无念。"这算不错的，他安然在这个地方，由此无念。其实，恰恰只有像袁黄这样的人内心真诚，在被步步算定下，就安于此，不再起念头了。"有此无念"才是"转变之枢机"，原来这种安且无念，非常重要。有的搞企业的老板，开几百万的车，天天就是喝酒、唱歌、泡澡低层次重复。我们应该在任何一种状态，由于熟悉而变得慢慢开始澹然一些，而不是低层次重复，胡乱为之。你叫不醒一个内心没有思索的人，一个完全沉浸在外境里扑腾的人是听不进别人的话的。有些人不到醒的时候，你就怎么敲怎么骂，都没用。就像我们孩子有些时候，偶尔他轴了，你非得往回拽呀，拽不回来的。有些人还没到醒的时候，没到澹然无求的时候，转变就不会发生。下面是袁黄最关键的时候，进入大转折期，我们下一讲再看。

二、转机

贡入燕都，留京一年，终日静坐，不阅文字。己巳（西元1569年）归，游南雍，未入监，先访云谷会禅师于栖霞山中，对坐一室，凡三昼夜不瞑目。

抉微： 因信可息妄，亦是俗世一法，如子承父业，暗喻息妄是转折之机，如人半信不信，妄期而失正也。此亦难得。故凡根即菩提，此处之借喻也。

"贡入燕都，留京一年"，燕都就是我们现在的北京，袁黄因为入贡而到了北京。入贡是过去把优秀的秀才选拔到北京国子监读书的一种制度。袁黄在北京待了一年。"终日静坐，不阅文字。"因为什么呀？进退有命，迟速有时，还读什么书啊，这辈子都算定了，多读一本少读一本，读它有何作用？"终日不阅文字"，甚至一整天不读书。因为命已经定了。"己巳归，游南雍，未入监，先访云谷会禅师于栖霞山中，对坐一室，凡三昼夜不瞑目。"在己巳年（1569年）那一年，袁黄自北京返回，游南雍。南雍是指设在南京的辟雍，因为古代称国子监为辟雍。袁黄在没有去南雍之前，先去栖霞山拜访云谷禅师，在云谷禅师那静坐，一坐坐了三昼夜。

抉微批语曰"因信可息妄"。就是你信了命，你相信一个说法，可以由此熄灭你的胡思乱想。因为头脑的空间不是被这个思想占据就会被另一个思想占据，有时你相信一个东西。恰恰可以排除其他乱七八糟的东西，"亦是俗世一法，如子承父业"，俗世里的人都是这么修的，就像过去子承父业，他就踏踏实实做好父亲的工作，不再做别的了。传统世家大抵如此，尤其是过去农村的传统手艺人家。但这里边"暗喻息妄是转折之机"，不要认为他以前的经历都是没用的，没有浪费的经历。你人生中任何一个经历都不会被浪费，看你会不会用。就像当年乔布斯，在大学里不好好学专业，天天去设计这个美术字，被老师责备，说你这是不务正业。像我小时候，老被老师骂，有时还被我爸骂，我初中考高中的时候，我家一柜子的书被我爸锁上了。因为从小我就是书癖，特别爱读书。小时候我读的书老师都读不懂，也可能跟我爷我舅他们读古书有关系。我老说我读的是"一世之书"，就是一辈子要读的书。我说你们读的都是"一时之书"，因为我那时候看语文课本、历史课本太简单了，背来背去，就这点东西，味同嚼蜡，我还不如去读别的书呢。所以我特别讨厌背和记没有意义的考试答案，不愿意按着教育体制这种死的规范走。就像"息妄是转折之机"一样，我一旦明了了只是死板地背记而考大学不是学习的本质后，我完全放开自己博览群书，反倒打下了很好的人文底子。所以我读书很挑，头脑基本上不装垃圾，一本书拿过来三五分钟一翻，我就能看出是否是垃圾书，垃圾书我就扔一边不读它。如果是好书，我记性很好，到现在为止仍然如此。我40

岁过后，记忆似乎更好，大凡好的诗词经典，马上就能背下来。我不是死记硬背，我用心一照，映照相契我就能背下来。有一年有一位海外的华人领袖来访我，与我会谈后给我写了封信说要拜我为师。他就觉得我这么厉害，能够大段自如地引述各种经典。因为他拜访我那次偶然提起对《阴符经》感兴趣，我就将整部经典边吟诵边讲解给他听。他就觉得特别奇怪。我说这哪用背啊，古人讲的天道就是一个道理，你用你的心觉照一下，发现古人的经典不过是从不同的组合，讲一个道理。就如 ABCD 的组合，只不过这个是讲完 A 讲 B，那个是讲完 A 讲 C，讲完 C 讲 F，中间隔了几个，心里有个对应，哪用刻意背。所以像《了凡四训》这本书，我现在从头到尾，闭上眼睛也能给你讲哪一段大概讲什么。至于你的心性打开之后，他讲的你完全透进去之后，你就知道了精妙所在。

"如人半信不信，妄期而失正也。"但是如果对这个命你半信不信，你就会妄想期待，来回晃动。"此亦难得。故凡根即菩提，此处之借喻也。"其实凡根是菩提，你看他学医这一段也好，学邵康节易数也好，他没有浪费，正好是他能息心的一个基础，这是一个借喻。人生就是这样走啊走啊，很多人走一辈子只走了第一阶段，没有走出家的影响。很多人受了老师和学校的影响，走到第二个阶段，能不能跨出第三步，有一个生命打开、智慧觉悟的转机？我们往下看。

云谷问曰："凡人所以不得作圣者，只为妄念相缠耳。汝坐三日，不见起一妄念，何也？"

挟微：有作圣之基。故信为道德功业母。此印之。

袁黄在这个时候遇见云谷禅师，就是他第三步的契机。禅师也是厉害之人，先问他："凡人所以不得作圣者，只为妄念相缠耳。汝坐三日，不见起一妄念，何也？"和尚是什么人呀，竟然能看见他的念头。我跟你们说，能看见念头的人，那是很厉害的。其实人存在就是一个个念头，起什么念，心静的人一看就能知道。其实每个人身上都有这个观人念头的能力，只不过是因为我们欲望太杂，生活啊、工作啊就把这个性给盖住了，你就看不通看不清楚别人的念头。别说念头，很多人连话都听不明白。我过去听一个朋友说，听领导讲话一定要慎重，不要一听表扬就高兴。领导当面跟你说的话，领导心里想说的话，领导在场面上说你的话，未必是一套话。你能不能听出不同的意思，你能不能从话锋里面听出动机，这都是一个本事。但听话只是一个本事，高境界是看念头，你在想什么、动什么念头，一看就能看出来。

所以云谷禅师一看他打坐三天，居然很能入静，说一般人之所以不能成圣，就是因为妄念太多，你居然三天不起一念，厉害呀。禅师能看出来他的念头能深层次入静，这就说明什么？说明"有作圣之基。故信为道德功业母。此印之"。因为过去他信了命了，"如土在土，同于大土"，他不起一念，这是他红尘中的根基。过去的经历至少带给他一点好处，就是能够息妄，这是一般人做不到的。念头不那么复杂，心思不那么复杂，因为算命而算出来一个心思单纯，也不得了哎。我们很多人心思能单纯吗？单纯不了。古人讲"信为道德功业母"，这里面透出来的一个信息是，"信"的力量非常强大，而能信恰恰是提升的条件。就像《易经》，又称变经，你对同一件事情的解读换个角度与位置吉凶就马上发生变化。古人说《易经》"不可为典要"，就是不是一种常态固化的解译。了凡被数锁住，本来是悲哀之事，但他信力强，是知识分子，由信而能安之。却反倒成就他能静心无欲。

余曰："吾为孔先生算定，荣辱生死，皆有定数，即要妄想，亦无可妄想。"

抉微：注意。信→安，是修行第一入门。

于是袁黄就跟他讲自己的因由，"吾为孔先生算定，荣辱生死，皆有定数，即要妄想，亦无可妄想。"他说，姓孔的先生给我算定数了，富贵腾达，荣辱进退、穷夭生死，都有定数在那儿，我想妄想也没法妄想。你看这个人挺老实的。我发现有一点，他是一个很诚实的人。诚实是成大事的基础。

要注意了，这所有的对话里面都有机锋可看。因为袁黄是通儒家和佛家的修身修行大义的，《了凡四训》名则谈佛，实则借佛谈儒，蕴含着儒家学问的精髓。《袁了凡文集》里，大量的文章他都在谈儒学义理。他身而为官，为民造福，娶妻生子，仕宦曲折而不失名节都是儒家人物的风骨。中国传统社会，佛家在知识阶层和大众层面都有相当的基础，所以他儒佛两参，彼此借喻。

他这还是通透进去的，他话里面都是有安排的，他不会浪费文字。古代人写书，不像今天拿稿费，1000 块钱 1000 字我多写点。

注意：信，你真信了，导致内心的一个安。信其实是修行第一入门，这里面蕴含着这一点。

云谷笑曰："我待汝是豪杰，原来只是凡夫。"

抉微：凡夫自拘。然亦能做大心凡夫。

云谷禅师笑着说："我待汝是豪杰，原来只是凡夫。"这话说得很重，对一个读书人、举人，你这个禅师上来就直说，我以为你是真英雄，其实你就是个凡夫俗子。

凡夫什么意思？凡夫就是自拘，自己把自己锁住。我批了一句："然亦能做大心凡夫。"什么意思呢？就是袁黄被云谷批作凡夫，但袁黄可不是一般的凡夫，一般的凡夫怎么可能做到三日不起念。又怎么可能引起禅师这么大兴趣。所以，袁黄此际虽然还是凡夫，但可以算是个大心凡夫。佛家讲的大心凡夫，是指已经开始修行，但烦恼还没有彻断。

问其故？曰："人未能无心，终为阴阳所缚，安得无数？但惟凡人有数；极善之人，数固拘他不定；极恶之人，数亦拘他不定。汝二十年来，被他算定，不曾转动一毫，岂非是凡夫？"

抉微：大机缘：有心有为即有数。无念无为即无拘。

被云谷禅师这当头这一棒喝，一桶冷水浇下来。袁黄"问其故"，问他为什么这么说？这个云谷禅师说啊，"人未能无心，终为阴阳所缚，安得无数？但惟凡人有数；极善之人，数固拘他不定；极恶之人，数固拘他不定；极恶之人，数亦拘他不定。汝二十年来，被他算定，不曾转动一毫，岂非是凡夫？"注意啦，我后面批了一个"大机缘"，这里面有东西，要把它挖出来，刨出来。这个意思《维摩诘所说经》里面也讲过。

维摩诘是个大居士，佛陀认可的大佛陀，也是个大佛。《维摩诘所说经》里面就讲过相似的道理，说如果无念往那儿一坐，天上地下都找不着你。你一执念，你这个身体就不是你的身体了，一会儿佛来了，一会儿魔来了，一会儿各种各样的东西欲念就穿过你，这个身体不是你能做主的。所以有的人有时候哭，有时候闹，有时候开心，有时候难受，或者念头黑暗，或者气色不好。原来佛家认为身体本为三界共有，真觉未开，就对自己身体没法做主。

禅宗里有个典故，据说明太祖朱元璋曾赐过一个紫金钵给金碧峰禅师，禅师特别喜欢这个紫金钵。有一次他在那儿打坐，像他这些了脱生死的人，阎罗小鬼是不会来找他的。可是这次打坐，两个小鬼拿着铁索来锁他，说他阳寿已尽，要把他锁到阎王殿去。他一想，不对呀，我已经无念无住，天上地下随便走，你们怎么找到我的？那小鬼说，怎么找不到你，根据你的念头一念即摄，因为你喜欢一个紫金钵，存念如此，找到金钵就找到了你。禅师一听把那个金钵拿起来，咣当一摔，人就不见了。小鬼又找不到他了。这是一个比喻，也是佛家的修行法门。

"人未能无心，终为阴阳所缚"，就是凡人不能做到无心，这个无心，也就是无念。但这无念不是断念，不是没有念，而是"于念而无念"。人怎么可能完全没有念头，只是通过修行可以做到于念头不执着，就是无念。于念头执着，就是有心，就容易被阴阳五行锁住。"安得无数"，就有数。注意啦，为什么四柱八字六爻这些算命，也是自成体系的，也是数。阴阳是有规律的，是有数的。这就是为什么那些通算命的人，可以根据人的出生那天的年月日时排出一个基于阴阳五行的推算体系。比如我们随意编一个八字，比如说甲午年出生，甲午战争那一年，哪一月出生也有个天干有个地支，比如丙寅月。再来个甲申日，再有个乙辰时。那么你出生这天的天干甲木就是你的本命属性。民间说的属牛、属马的命那是出生那年的地支，不是主要因素。出生那天的天干最重要。你看此命是甲木，甲木生在辰月，说明这个人的木是大树，不是小草，小草就是乙木了。木生在四月还行，不像二三月那么旺，这是取法自然的对照，并不是臆测。在这个层次上是有数的，阴阳五行八卦根据生克制化的规律可以看出一个基本格局与动势。换个角度来说，比如你父亲是教授，我父亲是农民，我们的命显然起点与基础不一样。你从小到大没饿过肚子，我老在田里耕地还挨饿，下午3点钟我还没吃上午饭，你中午吃完饭还有零食，咱俩的命，怎么可能一样呢？

所以所谓有命的基础，就是按这个生辰八字的阴阳五行的制化规律模拟人事而言的。我十六七岁时就会这一套，当年还真能唬住一般人。上大学的时候，坐火车没有位置，站票累得要命，一看这个人旁边还有点空位，跟他套个近乎给算个命。一算，他吓一跳，太准了，哇，不但把位置让给我一起坐，还给我吃各种好吃的。

我们接着看，"但惟凡人有数"，记住了，原来是凡人有数，百姓男女都有数，都有个生辰八字。过去我听家里老人讲过好多命数奇准的故事。我听我外公说，他父亲在世时的生辰八字给算命先生看，算命先生说某某年五行推不下去了，当卒于某年。后来又找另外一个算命先生也说了同样的话。果然后来某年就是如此大限。我当时听后很惊讶，也好奇。所以就开始思索和研究这些问题。

似乎从民俗来看，确实可以找到很多论据说明人人皆有命数。真有吗？真可信吗？

注意，云谷禅师没下这个结论。他接着说，"极善之人，数固拘他不定。"记住了，这话有信息在里面。特别善良的人，数锁不住他，懂我的意思吧？就是心地善良的人，可以不为阴阳所缚。所以诚心、宅心仁厚特别重要。"极恶之人"，大坏蛋，"数亦拘他不定"，像董卓这些人，一旦得了大军权，数也拘他不定。"汝二十年来，被他算定，不曾转动一毫，岂非是凡夫？"你二十年来，在不善不恶里被数给锁定了。

所以我前面讲的大机缘是什么？我批注了一句，"有心有为即有数，无念无为即无拘。"也就是说过去的一切，你要都把它给捣开，要收拾，要算笔旧账，回过头来仔细看，过去是什么东西锁住了你。人是怎么被赋予生辰八字的数的暗示和拘锁的，人如何才能不被这些暗示或者链条牵引而陷入数的约束中？

余问曰："然则数可逃乎？"

抉微：先开己之慧命眼，再自力求之，诗书可证。儒者为明德，佛经亦验之。

你们看，"然则数可逃乎？"袁黄一听极善极恶之人，数居然拘束不住，也就是数也是可以改变它的控制力的。而袁黄过去的经历造成他不敢突破，老老实实。

你看我批了一句，"先开己之慧命眼，再自力求之，诗书可证。儒者为明德，佛经亦验之。"也就是要打开你的慧命，要让你自己的力量超越这个数，那命就突破了，你就不会陷入所谓的生辰八字的牵引中去了。过去四书五经里面已经把这个意思讲通了。过去大儒者都不信这个生辰八字，更不愿意将自己陷入蒙昧之中。唐朝的哲学家皮日休就写过《相论》，批此命相之学甚准。其实儒者就是讲明明德，每个人都有天命。佛经里面也可验证这一点。就是数固然有，但数也是心相。就像后来西方哲学家胡塞尔说过，"数学的基础是心理学"。西方的现象学的历史有很多很有意思的研究成果。所以，数可逃可改，这是最关键的认识。我们再看，从这一段，到底下这两三段，古往今来，发自于孟子论述，是讲通讲透关于命与性的最核心的论述。这两段文字你们在当下去买书，去找对它的解释，基本上没有真正解透的。这是因为我们文化的中断，使得儒家这一套立命的学说已经没有人懂了。这些最根本的东西丢失了不少。了凡此书，借禅师讲孟子，借孟子讲佛理，将真正的性命之学的精微讲通了。你们借以通此学问，一生不会被各种神奇鬼怪牵着走。

讲到这，我想起了鲁迅写的祥林嫂。在鲁迅笔下，祥林嫂是个低贱的女人，她不做抗争，也不做改变。就是信命，觉得自己命不好。这恐怕是很多人在和命运抗争之后，向命运妥协的一种常态。那么像了凡，在当时由于特殊的机缘，接触到邵康节的梅花易数之后，他也相信了。注意，邵康节的学问连朱熹他们都很佩服，他用《易经》解释天人有一个精细的体系。但后来被流俗窃用，混说阴阳，发展成算命卖卦，则为儒者所不耻。

那么人到底有没有命？人的命到底由谁做主？能改变它吗？我们在现在所接受的教育当中，经常也会讲"你自己要好好努力啊，改变自己的命运啊"，这好像成为我们现在的一个口头禅。但是怎么在你的身心上究竟地认知它，如何说服你自己？一个东西，只有你真正地信了它，你才能去做。

过去孙中山先生在知行问题上，说"知难而行易"，他说你必须知道自己有胃病，你才能把这个胃病治好。知很难，真知后，行反而易，这是中国知行关系中，孙中山先生提出的一个哲学命题。那么在某种意义上来说，王阳明先生讲的知行合一暗含了这个意思，你在认识上不透彻，你在行上就不究竟。所以呢，接下来是《了凡四训》里面最核心的东西，就是到底怎么认识命运，命运到底对人如何宰制？

我们来看云谷禅师的引导，他先从儒家的角度来完成论证。

实际上呢，袁黄是一个读书人，所以云谷禅师更多地顺着儒家的路线，根据袁黄过去读书的记忆，从过去读过的四书五经里面把这个东西讲透，因为四书五经里面已经把这个东西讲得很透了。我们看他是怎么认知的。我们要进入这个状态去看呃。

曰："命由我作，福自己求。诗书所称，的为明训。"
抉微：孟子言福祸无不自己求之者。良贵之说可证。

我教典中说："求富贵得富贵，求男女得男女，求长寿得长寿。夫妄语乃释迦大戒，诸佛菩萨，岂诳语欺人？"
抉微：于性命儒佛不二处。

云谷禅师说，"命由我作，福自己求。诗书所称，的为明训。"说的是原来人的命运完全是由自己做主的，福气完全是自己求来的。注意啊，这句话把命运的主宰和指挥棒交到了你的手里。所以孟子有一句话，这也是儒家的基本观点，即"福祸无不自己求之者"。原来这个话早就说过，孟子曾经讲过这句话。就是福气和灾祸，一切都是你自己找来的，完全和你的内心相关。哎，有时候我们觉得，这个人开车在路上被车撞了，难道是和他自己相关吗？我告诉你，被车撞的人，是被他自己的气带出来的，跟他的心象是相关的。一个气躁的人开车的方式会随时影响自己和周围的行车安全。你一旦进入车流，一动无不动，大家都是原因，大家都受后果。因为显之则言行，藏之则心性。

　　我们很多事情的发生，和自己的心象、和当时的状态有密切关系。所以我经常讲，就是你上一秒的吉祥和安定从容，决定了你下一秒的安全吉祥；当下5分钟的从容安定，当下5分钟的安全，就决定了你长久的安全。因为下一个5分钟过去，又是一个5分钟，以至于恒久。所以吉凶，在《易经》里面有个基本观点，原来并无定数。记住啊，你们听完这个课之后，一定要把我们中国传统哲学里面最核心的东西，在你们脑子里面生根，也就是说吉凶随时在你的心象上有一个组合。那么当下的诸位，你们如果可以把外在的先放一下，在当下往后一看，所有的过去在哪里？看得见摸得着感受得到吗？瞬间把心里的垃圾清除干净，安稳此坐，"座下即是天台路"，这是王阳明的话。你座下就是天台路，当下的一转念，不仅可以把过去的因缘孽障，把当下的东西给它看空看透，当下你的心一起念，你就开启了一个新的未来。古人瞬养息存的这个功夫就是能在一眨眼的工夫回归本来。宇宙中没有别的力量，就是你的心念，相不相信自己，当下能不能这么转过来，这个非常关键。我们接着往下看。

　　这个道理是儒家的"诗书所称，的为明训"，原来我们《诗经》里面、《尚书》里面都已经讲清楚了。那么《诗经》里面讲什么、《尚书》里面讲什么？《尚书》里面讲"天作孽，尤可存，人作孽，不可活"。上天发生大的洪水灾祸，有些人还能够侥幸活下来，但自己造恶，比如我们有些人，就是在自己的精神体系里面安了一个高速加速器，分分秒秒乱动，自己不知道，在大量地消耗心神，这样非常危险。比如有人对所有的人都不相信。袁黄说，对人的

51

不相信，就是对自己眼睛和耳朵的折磨，这些人眼睛就会出问题，语言就会出问题，说出来的话就会有问题。对人有残害之心，就是跟自己的皮肤和头发作对。

过去有个领导，经常皮肤很痒。我就知道，他老惦记着人事问题，惦记自己的待遇与位置。这样人身上就会有纠结和斗气，他的皮肤就会出问题。人的皮肤，包括头发，和人的心里也是完全相应的。《易经》里面讲，和父亲关系不好的人头会出问题，偏头疼，或者是得不到父亲力量支持的人，头脑是不清楚的。因为父亲是天，母亲是地。和母亲关系处理不好的人，腹部不好，女同志尤其是。

因为人在天地之间，人的身上，董仲舒说过人副天数，人有四肢，天有四季；上有天，人有头，腹部像大地，人有血脉，天地有川流，它都是相应的。人和天地之间阴阳都是相应的，比如冬天我们就需要多穿衣服，如果你冬天非得穿很少的衣服，虚邪贼风，不知避之有时，躺着肚子不盖，这个风一进去，那你就得病，所以精神如果能够内守以正，不违时序，病从安来？精神内守，就像门口有个看门的，里外有所应对，对外面的东西有个觉照，邪病在门口就被挡住了，进不来。你们发现没有，往往感冒的时候，感冒的前期，你们心里往往有一点儿虚弱感，就是内心比较脆弱、比较虚弱，哗，邪气就进来了，马上就发烧了，这你就扛不住了。但你的内在有个坚定感的时候呢，就没有这个感觉。你看我最近两年都几乎不感冒，过去我做一把手，逢过年、"五一"、"十一"都特别容易感冒。那是因为特别累，要应对好多人，里外好多事，又没有养己的方法，所以假日一放松就特别容易感冒。现在实际上比过去更忙事更多，因为会养己，所以能以事滋养。了凡先生是主张"养精神以备大用"，这个特别好，未来在讲了凡实践体系的时候再详讲，你们可以好好体会一下。

我们现在有些人工作太忙，靠坚强的意志力在支撑，其实身体已经跟不上了，这叫焚膏继晷，寅吃卯粮，把身体的元气提前支出来用，这么撑着，感觉似乎还行，那是感觉上的侥幸与假象，但身体事实上已经不行了。所以我批注"孟子言福祸无不自之求之者，良贵之说可证"。什么意思呢？孟子讲过，所有的好坏都是自己招引来的。孟子认为，"人之所贵，非良贵也；赵孟能贵之，赵孟能贱之。"孟子在提示我们一种对待环境的方法，你们记住，就是人间最可贵的东西真的不是别人给我们的嘉奖，甚至你不要依赖所谓社会对你的认可，时势一移，很多事都空了。所以"人之所贵，非良贵也"，就是别人对你的肯定和抬高，不是真正的价值认定的高。别人说你的好，也不是真正的好，"赵孟能贵之，赵孟能贱之。"赵孟这个有权势的人能给你官职，能贵之，也能剥夺你的官职，能贱之。因为赵孟给你的荣华富贵和外面的东西，不是真正的良贵。

良贵是什么？不是人之所贵，而是己之所贵，就是你的内在的良知觉醒，就是王阳明说的致良知。致良知者真富贵也，所以什么是真正的富贵？"身安为富，道充为贵"。这是周敦颐讲的，北宋五子之首，宋朝的大哲学家。他说真富贵是什么？身体的健康安宁才是真富贵。好多人刚提职就生病了，身体垮了。我记得有一次在大学给博士们讲课，有个人举例说，有个大央企刚提了个不到 40 岁的正局级干部，大家觉得前途无量。"五一"期间体检一查，肝癌，半年就死了。你说这么年轻提了正局又有什么用啊？有什么意义啊？整个家族为之悲哀。"身安为富"，身体的安宁才是真正的富贵。有篇文章有个说法，说人换个肝几十万，换个什么器官几十万，如果都是好的，那么几千万就在自己身上了。这也是身安为富的一个很好的比喻。

"道充为贵"呢？体内充之以道，浩然之气怡然，那个贵，那个精神的高贵和气质的高贵，才是真正的高贵。我们的古人讲得多好，精神的高贵才高贵，剥离了权势与金钱，地位与名声。一个人往那儿一站，精神气宇不一样。而这种精神气质上的东西，往往使人耳目一新，内生钦仰。过去很多大领导提拔干部也是观察一个人的精神气象，据说当年毛泽东和纪登奎谈话，一听见地、一看精神就很赏识。你说好不容易有个机会在大领导面前说话，你还叽叽苟苟的样子，就不行。所以史书里面记载，周敦颐的气象就不一样，看见的人都有目击道存的感觉。就是精神高洁的人风神隽朗，精神龌龊的人首鼠两端。

为什么呢？人掩盖不住内心富贵与低贱。一个人坐在你的面前，谈吐得体，眼神安定，气质不伪装，你也觉得自然舒服。你们注意啊，现在有个网络词汇叫"假装"，就是假装很怎么样，假装让人讨厌，装出来的东西有点像，但是肯定是让人不舒服的。如古人讲"头容直"，这句话章太炎先生曾经在他的文章或演讲中数度赞叹。认为从一个人的头端不端正就能看出一个人的学养心术。古人从外相显示来看内在的修养，说话与坐姿让人觉得很端正，自然，说明他内心没晃动，内心是坚定、坚强的。当年"傅说举于版筑之间"，就是傅说在干民工的活，武丁一看就不一样，后来举其为相。所以，学问在气质上、形象上、言谈上能显现出来。所以这个东西——良贵，是我们要寻求真正的富贵。真正的富贵在内心谁也夺不走。如果拥有权力，我们则做更大的事情，于天下家国己身皆有利；世不见用，内心很充盈，是古人所谓"达则兼济天下，穷则独善其身"，一天到晚开开心心、快快乐乐，二六时中，悠游自然。我们现在有的人如果没事情可干，不看手机，不上网络，或者不找人说话，就不知道该干什么，如万箭穿心，各种各样的难受，他没有办法自己待，这种人实际上是真正的穷人。他即使有钱也不过是另外一种烦恼形式，穷的只是剩下钱了。

手机、微信的出现，表面掩盖了我们内在的恐慌和焦虑。手机甚至成为我们的第二心脏，甚而言之，成了很多人的第一心脏，身体之心似乎不重要了，手机之心半天没电了，抓耳挠腮的这个难受啊。要是手机的卡掉了，觉得和整个世界失去了联系。

其实你有那么重要吗？你没有那么重要。我们很多的重要是烘托出来的假重要。如果你在一个单位作一把手，在调入另外一个单位的空档期，你就会看到下属的态度会有各种微妙变化。世态炎凉，各种变化，包括你有钱没钱。你今天有钱或有权则门庭若市，你没钱了大家对你的态度就有各种变化，则门可罗雀。所以外在的富贵是假富贵，我们要寻求人生的真富贵。

人生的真富贵怎么求？我们来看怎么求。"我教典中说：'求富贵得富贵，求男女得男女，求长寿得长寿。'"对吗？他说你儒家说了，"诗书所称，的为明训"、"命由我作，福由自求"，这是你儒家自古的观点，完全靠自己。我教典，即云谷禅师说的佛典佛经。佛经里也这么讲，要求富贵就来富贵，要求生男女就生男女，要求长寿就能得长寿。"夫妄语乃释迦大戒，诸佛菩萨，岂诳语欺人？"禅师说胡说八道之妄语乃是佛家释迦牟尼立下的大戒，出家修行人如果妄语是要断舌根的，要入地狱的，两舌也是要打入地牢的。那个妄语是大戒，那释迦牟尼为什么说求富贵得富贵，求男女得男女，求长寿得长寿，人要求自己就会来，诸佛菩萨不会欺负人。我的抉微里批了"于性命儒佛不二处"，儒家、佛家找到一个关键的契合点，即性与命，来启发最精微的奥秘。那么和你们一样，袁黄接着就有疑问了。

余进曰："孟子言：'求则得之，是求在我者也。道德仁义可以力求；功名富贵，如何求得？'"

抉微：初入道者分而论之，凡夫多如此。孟子曰："求则得之，舍则失之；是求有益于得也，求在我者也。求之有道，得之有命，是求无益于得也，求在外者也。"

大家注意，以下是孟子关于性与命的论述精微。了解透了，能够解大惑。你看，袁黄说，"孟子言：'求则得之，是求在我者也。道德仁义可以力求；功名富贵，如何求得？'"袁黄引用孟子的一句话，你要去求这个东西，如果求得来就去求，是所谓

"求则得之"，求它就得到它，这里面省略了一句话，我们把他说全了你就好理解了。过去古人有文化通识，所以语言简略，说半句读者一看就知道想说什么。今人没有经学的通识，所以莫名其妙。省略的话是什么呢？我的抉微里放全了。就是"舍则失之"，你不求你就没有。"是求有益于得也"，你一求它就有，求有效性，能得到，你不求就没有，这说明"求在我者也"。就是求不求主动权在你自己那里。我有一个主动性，我可以控制。比如说我的身体，我刚才讲的内心真富贵，求之者都是在我，我读诗书，修养心性，提高自己。这个东西，求，你就有，你有一天的修行，就有一天的进步，就有一天的智慧。你不求，一灯灭，千年灭。心灯没开，佛家叫无明，儒家叫愚专，都一样的，黑暗。你不去求就没有得，所以是"求有益于得"。

原来在心性上、智慧上、内心的富贵上，求之者在我。但世间还有一种求之不尽在于我的，求要靠外在来支撑的。比如升官、发财、名利等等。孟子描述的是"求之有道，得之有命，是求无益于得也，求在外者也"。求之有道是指你求这个东西呢，有道道、有方法，不掌握呢，你求不来。得之有命呢，你想得到它呢，又不仅仅在你掌握了方法。你即使掌握了获取的方法，可命里没有，也不行。按过去的袁黄被孔先生算定，用今天的话来说最多就是个县长，得之有命。原来每个人到什么级别，在俗世看来似乎是先定的。"求之有道，得之有命"，徒奈其何？你得来的是在你命中有的，命中没有不要强求，对不对？你看，袁黄引用孟子此说，似乎言之凿凿。有圣人之说为证，命中有定呀。

其实孟子此说另有深意，这个论述只是一层。可多数读书人也就只能理解到这一层，包括袁黄当时也是这样。包括我们今天多数的人研究孟子也没有搞清楚。有的著名的学者研究孟子在此处也打住了，可惜了。千古有关性与命的论述孟子讲的是最好最究竟的，但很少有人真正知道。所以，只是知道这层意思就是误读孟子，你不把这层意思背后那深意发抉出来，你就不懂中国传统学问之精髓。你们往下看。

"是求无益于得也，求在外者也。"就是说，求这个外在的荣华富贵有道。比如打仗，要通兵书，但通了兵书不一定打胜仗，还有时代、有现实各种制约。所以，举凡外在之得失，要看你能不能有道道，还要看你命里有没有，所以"求之无益于得"，因为"求在外者也"，求有外部条件，不受你掌控。孟子说的这句话，袁黄过去就理解到这，综合而言就是道德仁义可以求，这没有问题。功名富贵如何求得？是求不来的，靠命。

无数的众生的命运都似乎说明了这一点。有些时候你努力奋斗、你正直、你有学问、你有能耐，甚至天下家国差一点就是入你彀中了，啪，一个大反转，你可能功败垂成。历史上无数的这种例子。因为你命里没有。过去我们有个同事讲到她的公公，刚升了副局级干部就生了一场大病，瘫痪 5 年，没法上班了，只能在家待着。人家就说他命里不该有这个福分，消受不起。有些人就是刚提到一个级别的干部，然后突然出一个车祸，死了，人们就说他命里不该有，德不配位，他享受不了。

这是无数人，普通的百姓的一个看法，但是这不是天地的真正的大道，宇宙的真奥秘不是这个东西，孟子之深意，几人识得？云谷禅师窥得真意了吗？

云谷曰："孟子之言不错，汝自错解耳。汝不见六祖说：一切福田，不离方寸；从心而觅，感无不通。求在我，不独得道德仁义，亦得功名富贵；内外双得，是求有益于得也。"

抉微：孟子云："口之于味也，目之于色也，耳之于声也，鼻之于臭也，四肢之于安佚也，性也，有命焉，君子不谓性也。仁之于父子也，义之于君臣也，礼之于宾主也，知之于贤者也，圣人之于天道也，命也，有性焉，君子不谓命也。"故底基正，则内外双得。能以可求之性立命。徒追外命，内外两失。命失性害。

云谷禅师也是通儒家的道行的，过去佛儒二者皆通才是真大家。唐之后，佛理渐融中国文化而成禅文化。唐代类如王通、韦应物、王维、白居易，其诗文多有融合儒佛理处。如韦应物的"理会是非遣，性达行迹忘"，王维的"中岁颇好道，万事不关心"，其融佛入儒已见自如。但尚以儒语而说佛理，到宋朝理学，诸家更是儒佛双达，用语各成体系。明清之际，就是辟佛很厉害的王船山，也能写出其《相宗络索》这样的佛学素养深厚的著作。近人章太炎、马一浮、熊十力、梁漱溟更是佛儒交治。反过来，佛家很多人物也是通儒家的。《禅林宝训》就主张学习儒家经典无碍学佛，甚至有助于修佛。禅宗二祖道信在出家前就是著名的儒学学者。云谷禅师也是深通儒学，才能对作为儒生的袁黄断言"孟

59

子之言不错，汝自错解耳"。既然孟子说的这个话一点儿都没有错，那肯定就是袁黄理解错了。这话的隐喻是功名富贵是可以求得到的，就是你没理解好怎么去求。想当大官能当大官，想身体好能身体好，想成圣人都可以成圣人。人皆可以为尧舜，就看你自己能不能用正确的方法和正确的认知来认识甚至改变自己的命运。但问题是，袁黄怎么错解孟子，云谷禅师没有直接论述。其实孟子有一个非常通透的论证体系。后面我们要把他讲出来。你自己去想，去读，是很难搞明白的。我们先跟着云谷禅师的论证方式走。

他先举六祖的例子。六祖讲，"一切福田，不离方寸；从心而觅，感无不通。"原来一切的富贵、荣华、圆满，不离方寸，不离此心，没有离开过你的心。从心而觅，一切从心上去求，感无不通，求什么来什么，完全可以求得来。求在我，就是前面讲的"求之在我"，"不独得道德仁义，亦得功名富贵；内外双得，是求有益于得也。"禅师下结论了。原来，求在我，求完全把握在我，那么，无论是道德学问，还是荣华富贵，只要你从心上去求，就不但能够得到道德仁义，还能得到功名富贵。内在得到道德仁义，外在得到功名富贵，内外都能得到，这就是求有益于得。

这个问题就来了。这里面通过语言拆借，把儒佛两家就裹在一起了。虽然殊途以为同归，但毕竟途殊，这最细微的差别也显示出儒佛求道路径的不同。袁黄的学问，包括他的《四书删正》，以及他的《韩诗外传》都大量援引禅理验说儒学。这也是王夫之说"经义之有茅鹿门、汤宾尹、袁了凡，皆画地成牢以陷人者"。类如此处，云谷禅师的话也就是借儒语说佛事，借佛语说儒事。

其中隐约精微处，稍欠明证。我们这里来分析一下，你就明白为什么了。

倘若接着前面的逻辑来看，原来孟子认为我们所谓的事业、功名、富贵，这是求之在外不受己控的东西，孟子用了一个词来概括它，叫人爵。这是从人命上来的，也就是人的爵位，人所尊重的。而把"仁义忠信，乐善不倦"这种内心的道德仁义称为天爵，这是从天性上来的，人自具足，天爵是可以自求的，人爵得来是靠天爵先修。所谓是不可单独求的。所以孟子说"古之人修其天爵，而人爵从之"。孟子说古人先求这个内心的天爵，功名富贵的人爵就来了，

这些道理历朝历代屡验不鲜。在《袁了凡全集》里讲到一个例子，当年范仲淹家里穷得很，家里没有背景，孤儿寡母，母亲带着他，还改嫁。照理说是一个很糟糕的家庭，但是他后来成为大宰相，流芳千古，我们都很景仰这么一个人。据说他有一年读书借住到一个寺庙里。晚上起来走到后院里面，他可能想讨点儿东西吃，或许太饿了。一刨满地的金子，底下都是黄金啊，他赶紧把它埋上了，分文未取。然后对这个禅师说，以后如果有机缘，我帮你把这个庙修起来，然后他就走了。若干年后，他当了大官了，那个禅师来说，你现在掌握权力了，掌握财政了，各个方面都可以，拨点钱给修修庙吧。就如今天去发改委跑跑项目去啊，支持支持，搞个项目建设。然后范仲淹和他说，你们庙里哪里哪里去挖，这里面有黄金。结果一挖出来，四万二千两银子。后来算范仲淹一生的俸禄就是四万二千两银子。

天数不可逃。而天爵有助于人爵。那么如果说这个例子作为一个后世流传的一个故事有点不可信的话，史书上有个正式记载范仲淹的例子。过去有个叫孙复的秀才，家里很穷。曾经有机会拜见范仲淹一次。范仲淹觉得这个小伙子不错，值得培养。所以你们一定要记住啊，《学记》里面也讲过这个，人间最大的事业是培养人才。最成功的天子、领导都是善于培养人才的，江山才可以长久。做企业也是这样，不是你现在有多少钱，而是你要培养一些人才，才能基业长青，你的事业才能真正长久。你儿子也是人才哟。就是一定要把人培养出来，这是最重要的。当时泰山先生说"我就想读书，但是生活困难"。范仲淹刚领的俸禄，便说"把这拿去，好好读书吧"。次年，孙复又来找他，说养不起母亲。范仲淹便给他找了个差事，既能钻研学问，又能赡养母亲。之后他就把这事忘记了，但小伙子没忘。10年之后，天下征召贤士，据说有个泰山先生，是研究《春秋》的大学者，皇帝都请他讲学，他一看到范仲淹就拜。范仲淹说你是谁啊？孙复说，您都忘记我了，当年您给了我资助，才使我坚定了学问的道路。范仲淹说还有这事啊，他自己都忘记了。

范仲淹他自己这么做，他的儿子们也有乃父风骨。有一年范仲淹让他的一个儿子去收租，碰上那年天灾缺粮。他就说，这租肯定收不到家，他知道他的儿子，知子莫若父，沿途收的谷子都被儿子分发给穷人了。所以范氏家族到现在还是大家族，流泽甚广。孔孟家族更不用说，德广族兴。还包括曾国藩，曾氏家族。曾国藩打下这么多城池，在过去要捞钱会富可敌国，那是多少钱啊！你像民国那些军阀，只要打下一个县城，你的钱都多得不得了。但是曾国藩死的时候家中就几千两银子，他没有假公济私，他子子孙孙都很好。

这里讲的意思就是说，这是老祖宗早就讲明白的意思，从这个地方入手，先修天爵，人爵就跟着来了，这是如影随形，你要相信这一点。很多人都过不了眼前这一关，这么多钱在眼前能不动心？有的人觉得眼前直接就是人爵，何必要费劲先修天爵。这不行呀，因为这是天道。"修天爵而人爵从之"。很多人不相信这个东西，将信将疑，觉得做点好事有这么快吗？善恶之彰，如影随形。只是你不会看，看不见。"轻而易举"这个词就来自于诗经，就讲的是道德。"德輶如毛，民鲜克举之。"修行德行这个东西其实很轻，容易做到，顺手就能做，但是一般人不做。身在公门好修行，我们后面要讲，这个东西怎么修天爵得到这个人爵。

但多数人是孟子所说的"今之人修天爵以邀人爵，及得人爵而灭天爵"，修天爵的目的是"以邀人爵"，得了人爵这些荣华富贵后作践，而灭天爵，到后来人爵也必失。所以"修天爵以邀人爵"，就是做点这个好事来等待这个东西，修这个的目的是期待这个东西。

有的人就是这么做的，假装是替人着想，辛辛苦苦多表现一下，把表面的事情做得很好，以邀人爵。既得人爵，到了一定级别，而灭天爵。得了人爵之后，用人爵把天爵给砍掉，灭人爵，不讲信用，流氓本性，各种各样的毛病都来了，没有监督，人在完全自由的环境下，各种坏事都来了。但是他又不知道，在这种没有监督的情况下，一个人如果不修行的话，很快就会要么被色、要么被权、要么被各种机会或者各种权力集团绑架在里面，有时候他死都不知道死在哪里。天道昭昭，这两者就是这么一个关系。

所以，回到这个上面修天爵，有无限的可能性，至少可以保自家身心的安全。大，可以修身治国平天下，范仲淹走的就是这条路。听懂了这个意思吧？我把这个表格画出来了，这个很古拗的古文都在这个里面，实际上就是这个意思。那么，如果你还不懂的话，孟子还有一段话特别形象，就是命和性到底是怎么回事？这是回到根子上说。

我们再看。孟子说"口之于味也"，口想吃好东西；"目之于色也"，眼想看见好看的，比如美女；"耳之于声也"，就是我们耳朵想听好听的，比如想听见夸奖我们的话；"鼻之于臭也"，就是鼻子想闻好闻的，比如香香的味道；"四肢之于安佚也"，身体四肢想放松舒服，比如出门有人给开车，累了有人给按摩；"性也"，这是天性，每个人都想要舒服一点。这个皇帝想，百姓也想。但"有命焉，故君子不谓性也。"记住了，这个性有命在里面，所以君子不把它完全叫作性。关于命和性，千古而下只有孟子讲清楚了，这是最究竟的学问。就是说这些东西看着是天性，吃好吃的，听好听的，包括享受各种好东西，这是人性的基本趋向，但是有命在里面。也就是你没这个命，你吃不到好吃的，你想挑点好吃的吃，没钱。你口袋里有 1000 块钱，你可以吃点儿好吃的；口袋里只有五块钱，就一碗面，吃不到好吃的。看上去性的东西，却由命在主宰。

"故君子不谓性也"，君子不说这个是纯粹的性，因为没这个命，你没这个条件。原来，性中有命，养性有命在里面。

而另一方面，"仁之于父子也"，你碰到一个好爸爸，你爸不去赌博，好好教育你；"义之于君臣也"，路线站对了，出来当官，你一出来碰到秦桧当宰相，这五年你有出头之日吗？但你一出来正好是范仲淹当宰相，你也许就有机会。有的时候人的命没办法。"礼之于宾主也"，好的礼节在宾主之间产生，我对你很尊重。或者你碰见一个礼遇你的人还是疏远你的人这件事；"知之于贤者也"，我很有本事，我能够得到重用。我一身本事，但是得不到重用，不是很郁闷吗？"圣人之于天道也"，像孔子，一身的本事，万代师表，却在他生活的这一辈子里面，充满了各种坎坷，命运多舛。这些东西呢，人都认为是命，像"我爸是李刚"，大家都认为是命，你有个好爸爸，碰到了好的领导，有好的接待礼节，碰到好的机会，你像圣人碰到好的天道，天道昭昭。这个东西在百姓眼中都是命，很多人都信命。但孟子说"有性焉，故君子不谓命也"。君子不认为这纯是命，因为其中有性在。为什么？你去看看，恰恰是那些天性很纯良的人有时候不完全受命的影响，即使没有外人所看见的好命，恰恰是命运多舛，但却内心过得好好的。如孔子，生命艰辛而快乐无限，"不知老之将至"。要从这个地方去参它。

所以，对命，君子不说这是命，因为有性在里面。所以从世俗眼光看，功名富贵是命，道德仁义是性，二者殊途。但从孔孟看，二者互为因果，交相补益。由这个性可以改这个命。命不好，家庭出身不好，碰到的领导不好，有机会得不到升迁，没关系，穷则独善其身，穷而乐。从性上去调理自己，结果发现，这个命居然就变化了，变得更好一些了。所以你自修成佛陀，人人都供养你，你自任成虎狼，人人都躲避你。这是由性立命的根源，儒家讲的，由性来立命，由性来改命。

我们现在很多人是由性来害命。什么叫由性害命？说句最难听的话，你昨天晚上3点钟睡觉，你喝了好多酒，你非得在高速路上开车，这就是由性来害了你的命，被撞死的几率极大，懂我的意思吧？所以"千金之子不立于危墙之下"。你是一个很知道自爱的人，你就不会站在快倒的危墙底下，就是圣人站在一堵快倒的危墙底下，孔子站那儿孔子也会受伤，懂我的意思吧？天道昭昭，无不如此。所以我们现在很多人由性来害命。

反过来，因命也可以害性，这个时代的人很多都这样。因命害性。比如有一个市委书记被抓起来后，找到女性的内裤上百条。由于他有命，得了这个高权位，很多有诉求的女性投怀送抱，他害了自己的性，也残害自己的天性。其外，可能受到国法惩治，蹲守班房；其内，血气衰落，身体完全不行了，这个人的性命也不长。所以过去的皇帝，像明朝的仁宗皇帝一年就死掉了。明朝的仁宗皇帝，他压抑太久，他爹朱棣对他老是打压。本来是要让仁宗他弟老二朱高煦当皇帝的，但是大家都觉得老大朱高炽比较忠厚，比较让人放心，更重要的是老大生了个好儿子。朱棣原先许过传位给老二。当年和建文帝抢天下的时候，朱棣处于危难时，老二一彪兵马杀进来救了他。然后朱棣就拍着他的肩膀说："老二，以后老子把天下打下来后，我百年之后皇位就传给你。"老大因为守城，军功少，一直受到压抑。朱棣夺得天下时，权衡来权衡去，把位置传给老大了。这老大压抑了几十年，爹一死，就各种宫女纳怀。有个叫李时勉的大臣劝他，说他"热孝其间不自治"，他很生气，还把李时勉打入大牢，后来不到一年仁宗皇帝就死了。这就是由命害性。

你们要记住，有充分自由而没培养自控体系的人其实很危险，很可怕，就是你没有准备好，你得了一个位置或者得了一个权力的话，是可怕的，因为你可能把不住方向。比如说突然让你去当一个市委书记，之前没有各种各样的历练，突然有一天晚上给你送来1000万，你此前都没有人给你送个三五万，你内心的各种斗争，没有各种比较和考量的话，你就很危险，这是由命害性导致的。

所以命性之间的关系对我们来说无时不在，要自然而然地让这个天性舒展，才能够带来外面命运的舒展。记住我说的话，这是我们今天学《了凡四训》后，念兹在兹地告诉你们的天道昭昭的话。所以我底下批了一个"故底基正，则内外双得"，内也能得，外也能得；"能以可求之性立命"，可求之性是你自主的，可以来立你的命。"徒追外命，内外两失，命失性害"，如果只求外命，都丢掉了，什么都没有。这在历史上出现过无数个这样的例子，太多了，就是自己把自己害死了。人是自己害死自己的，你要相信这一点，包括我们身上一身的病，都是我们自己造出来的。

　　"若不反躬内省，而徒向外驰求，则求之有道，而得之有命矣，内外双失，故无益。"

　　抉微：双失之法。缘木求鱼。须悟孔孟正则。

　　如果你不向内求，而先去求外面会怎么样？我们改革开放30多年以来，包括近百年以来，我们被教育的，跟这个时代有关，如果民族有难，我们要救国救难，要先解决的都是命的东西。中华民族的这个道路是对的，但是我们今天要完成一个回归，因为只求命的东西，没有解决性的东西，是非常可怕的，这个东西是假的。听懂我的意思没有？就是求这个东西是聚沙成塔。把你的身心放在外面去求，既会受自身的约束，也会受外在条件的约束，求来求去，一片空茫，最终内外俱失。

　　所以《大学》古人讲的明明德和亲民，明德为本，亲民为末，亲民就是命，明德就是性。每个人身上都有最好的天性，最完美的天性就是明德，亲民就是治国齐家平天下。你去当官，把家里弄好，外面有职位，这是命。我们百年以来因为时代因素，先保命存性。这是特殊历史时期必须要走的路子。但一旦解决了一时的外在急难，就要复归正位。不能亲民为本了，要明德为本。我们现在教育孩子，上好大学，买车子、买房子，把亲民体系搞好，没有人去教孩子明德，没有人去教孩子养性。其实养性是有道的。我们了凡法后面也讲了很多养性之道，是我们今后两天要学的各种方法。所以我希望你们一直认真听着，顺着这条路下来，看看怎么去养性立性。

就比如一个没有任何背景的人在单位努力工作，领导提拔他之前，看见的以为是他的"性"，即忠信肯干。其实这个"性"有可能也有伪装，就是在外表上把仁义道德这方面做得很好，领导就特别喜欢，就给了一个位置。因为有了这个位置，有的人就会顾命而忘性，各种胜心客气就出来了。王阳明在龙场悟道，悟到的就是这个东西。王阳明说，我这么多年，家庭出身很好，我身上还有胜心客气。这个东西导致了我丢失性而求命，所谓功名呀，方方面面地从外在的东西去求。那么求了这个东西，丢掉了自己本来的东西，所以导致自己周围的环境对我有压迫。

所以王阳明从龙场走出来的时候说我心里谁都不恨，我如果恨谁的话，我的心还是被过去捆绑住了。这和曼德拉说的那句话一样，曼德拉说，我从监狱里走出来，我如果不遗忘这些敌人的话，我将永远在地狱里生活。就是这样。那么到今天为止，我们当中有多少人还活在一种对过去的纠结中，比如过去有谁陷害过你，你想起这个人就恶心，讨厌他人。还活在这种感觉中。

生命中不应当有这么多的负担。所以我们要清除负担，回过头来看这些东西，包括我们人生奋斗过程中经历的一些艰难与苦楚，你在艰难奋斗的时候在心里留下过垃圾没有清理掉。所以有的人睡觉醒来之后有时会一惊，哎呀，我睡在哪里！一看，噢，这是什么环境？我现在是顺还是逆？赶紧想想我还有多少存款，一想还行，要通过这个来暗示自己一下。而不是醒过来就舒舒服服，就忘记了处境这回事。我们通过睁大眼睛来确认我们有这些

69

东西，然后才放心了、可以了。这是假的一种存在感，一定要借助智慧照破这个体系。

那么若不反躬内省，而徒向外驰求，你就会落入求之有道、得之有命的限制，就会落入孟子讲的这个你求也求不到、得也得不到，所谓"内外双失"，都丢掉了。所以双失之法是缘木求鱼，你从数上去做是做不到的。

我专门批注了一句"须悟孔孟正则"，就是要参透孔孟的正道对于命与性的究竟之论。

从上面我们可以看到，云谷禅师主张抛开性命，直通本心，所谓"汝不见六祖说：一切福田，不离方寸；从心而觅，感无不通。求在我，不独得道德仁义，亦得功名富贵；内外双得，是求有益于得也"。我们要观照这段论证的逻辑递进关系。上面是禅师认为的用心去感通，也就是心是统摄性与命的，主张一切从心上求。接着夹带着儒家的"求在我"，即求之者在我的性，就是在性上修，不在命上求，然后直接结论"求在我，不独得道德仁义，亦得功名富贵；内外双得，是求有益于得也"。

这是袁黄学问的最关键处。我上面还原了孟子对于性与命的究竟之论。结论是论性有命，论命含性。可见性命一体，不作分论。在如何求上，因为往外求"求之在外"显然求无益于得，是孟子反对的。孟子主张求之在我，是有益的。所谓求有益于得。而这个得显然是求什么得什么。而禅师将外在之得所谓功名富贵也纳入在内，是不是孟子真意呢？这些正是要紧处。

从传统儒家看来，恰恰有一个微细的路径区别就是，儒家认为求之在我是基础，在"求之在我"的基础上，则"求之在外"的荣华富贵可能会得到，也可能得不到。但求之在我得到的概率大，安全系数大。求之在外比较危险，肯定是不可取的。并且"求之在我"能够使自己变得愈发坚定坚强，从而穷达可为身外物。所以"君子遁世不见而不闷"。孔子能够"用之则行，舍之则藏"。

但从流俗来看，很容易造成一种外在荣华富贵可以通过内在修养必定获致。王夫之批评这是"与天地鬼神交市"。

这其实也是成为几百年来很多百姓非常期待和信奉了凡的原因。因为对百姓来说，需要一个直接的付出与回报模式。但千古而下，包括袁黄本身，虽然跳出了象数的束缚，其命运之坎坷也俱在。所以从今天来看了凡的意义可从以下几个方面考量其积极意义：其一，如何通过方便法门导入普通人快速入善。要在义理上很明确。就像通过积极暗示的方法把病人领到良医那儿，至少治了比不治好。而且，从医生那里得到的启发或许会使人中断恶习，开启新生。其二，让人确立从自身入手，可以形成更为坚定的内在。从而在事实上形成内在真正的富贵，达到内心的了悟。到这个时候，人间的荣华富贵有则可以添加佐证，没有也不妨其人襟怀坦荡。其三，领会正命，完成人格，通过养性而立命。这个命是内在的义理之新命。从而人道合于天道，不妨人生"多愁多恨亦悠悠"，更能够"不忧，不惑，不惧。"

王夫之与黄宗羲等大儒只是从君子的角度认为人之人格完成不待"内外双得"也须"求之在我"，而且，对于外在所遇恰恰是"风雨如晦，鸡鸣不已"。这是士的使命，所谓"士不可不弘毅，任重而道远"。所以传统儒家注重的不是外在之得，不以外得为标志。所谓"人能弘道，非道弘人"。所以儒者内负正道，知道如何得到外在荣华。所以，天下环境好的时候，要积极争取内外俱华。所谓"邦有道，谷，邦无道，谷，耻也"。所以在天下昏暗的时候，恰恰要躲开荣华。袁黄走的是启发底层大众的路子。至于在更高的层面上，其实二者是相通的。只是修养自己的路子不一样。王夫之等人是天纵之才，自承担天下时命，这是大志大养。袁黄则是百姓之养，日常之养，在日常精细中求吉祥。因为一旦人确立"求之在我"，就是从仁义道德养自己，外在不该的荣华富贵，自然不能视之为"得"。这些细微思辨袁黄并没有展开，所以难怪受到某些诟病。

　　同时，另一个更重要的是，袁黄的《了凡四训》不是一时写成的。其中很多部分来源于其他的著作，有不同时期的了悟。需要完整深入地解读文本才能发现此书的妙处。那些大儒对这部简易的文字很容易轻忽看过。我过去也不免重视不够，后来批注抉微了一遍，才知道它的妙处如散珠处处，而又交相辉映。

三、反求诸己

因问："孔公算汝终身若何？"余以实告。云谷曰："汝自揣应得科第否？应生子否？"

抉微：注意，先省自源。自觉如此是第一层要义。

接着云谷禅师问："孔公算汝终身若何？"云谷禅师先从理上点明了他，让他明白不要认为自己没儿子，不要认为自己没富贵，你的命在自己手里，只要你明白了，你是可以的。为什么还要问他孔公给他算的命呢？这里面有什么玄机？

"余以实告"，袁黄说了，孔先生算他没有儿子，而且短寿，等等。云谷曰，尤其底下这一段，当官的要注意啊，"汝自揣应得科第否？应生子否？"用今天的话来说，就是云谷问他，你自己想一想，你应不应该有功名富贵，你应不应该生个儿子。

注意，我批了一句"先省自源"。原来你明白了道理，但未必能够自己深达问题根子。反求诸己是最基本的。你今天的一切的状态你自己参与了造成，一定要认真负责地看这一点，不要怪你爸爸妈妈，说我爸对我不好，我家出身不好，不要怪过去的领导没有在特殊的时机、最好的时机提拔你，让你错失一个机会。这些都和你自己相关，和别人无关。因为环境虽然是原因，但你服从和接受了环境的暗示。所以，袁黄先让人审查家庭、教育等等环境因素，但更要反省自身因素，所谓先省自源，从自己身上找原因。"自觉如此是第一层要义。"注意了，这是从外部因素往内部因素上引导的第一步。孔子讲，"不怨天"，不怨环境，"不由人"，不去怪爹妈、怪领导，"下学而上达"。孔子就是这样一个人，不断地通过自己的努力，一步一步慢慢走上来的，下学而上达。孔子也曾经摄相事，相当于当过宰相的人，也做过司法部长，周游列国，受到各国君王的重视。他不愿意配合这些君王，他离开各个国家是因为觉得君王太短视。他如果要求功名富贵，像孔子这样的人，太容易了，如俯身拾芥，就像弯下身子来捡东西似的，孔子要取富贵的话。但他更要内心的富贵而已。所以先从自己身上求。你们看啊，所以了凡这个文本啊，一字一句，紧紧密密，观观透亮，一层一层照下去。

余追省良久，曰："不应也。科第中人，有福相，余福薄，又不能积功累行，以基厚福；兼不耐烦剧，不能容人；时或以才智盖人，直心直行，轻言妄谈。凡此皆薄福之相也，岂宜科第哉。

抉微：此处揭科第得之道。亦可观科第之命在性状。

"余追省良久"，了凡的每句话都值得你们去琢磨，他并没有着急地跟云谷禅师说，"我怎么怎么样……"而是追忆自省很久！

"不应也。"说我不应该有，自己说自己不应该有功名，不应该有儿子。为什么不应有？原来自身有因，非止关乎数！内在的觉悟，内照开始打开一点了。他说科第中人，真正当官的人、有功名的人要有以下几个条件：一是要有福相。而我的福气很薄，又不能积功累行，使德行增厚；二是要能容人。我不耐烦，对人特别没有耐心，不能容人。注意啊，这其实都是当官的、当大官的人要具备的。宰相肚里能撑船。过去说宰相能把二两醋从鼻子倒进去，我还真做过实验，就塞了一点点醋就呛得不行。你们弄二两醋从鼻子里倒进去试一下，这是何等的忍耐性。三是时或以才智盖人。有的时候以才智盖人，比如我有这个本事，就是觉得你不行，我就赶紧把这个机会抓住，以才智盖过别人，和别人抢。其实你抢到了这个，可能丢掉了另外一个大的机会，别人一看，这人太聪明了，防范你。加上直心直行，就是批评人太直接，没有修养，要利益直接抓取，毫不掩饰，一点儿都不委婉。轻言妄谈，说话随便。

这个言道，我曾经把孟子的言道，包括儒家的言道讲过几课。孔子说，君子"一言以为智，一言以为不智"。所以你一开口就知道你是聪明还是傻。言道和心相应，所以需要修言道。不可轻言妄谈，夸夸其谈说明这个人福薄无根，只有嘴皮上的功夫。

"凡此皆薄福之相也，岂宜科弟哉。"就是这三个方面都是福薄之行，是不利于科举之道的。我认为，此处揭科第得之道，亦可观科第之命在性状。就是这里说的科举之道所犯的忌讳。也可以看出，其实科第的运气与人的个性的状态是相呼应的。这几条忌讳在官场上一定要注意，想当大官，能够坐长久就要避免这

75

几点。当年范仲淹这些人，能够积功累行，以基厚福，能够很耐烦地听人讲话，宰相肚里能撑船，不以才智盖人，所以能直立庙堂之高。才智盖人是青年才俊易犯的毛病，因为聪明、反应快，就很容易抢先机，招人妒恨。比如，有的单位会让中层干部轮流汇报工作。这个时候切忌才智盖人，就是你显得太聪明了，会让大家感觉你太张扬。

所以古人讲，有的人用数十年打掉自己身上一个"骄"字，让自己显得宽厚、敦厚一些总是好事。上次舞蹈大师陈爱莲见了我对我说，伟见，你的相貌变了。她说你以前有点官相，现在变得柔和了。我心里确实也变得柔和了，就是内心是松松软软，放松的，不去装。装就有个壳，这个壳久了就会硬，撞出去更疼，然后呢更装成毛病了。中医里面讲，越硬越不好，肝硬化了，就完蛋了。所以要软。松软、柔润那才是好的。《道德经》里面也讲了，那个水柔润，所以能穿万物。坚强者死之徒，越硬越死得快。所以不要才智盖人，不要直心直行，不要轻言妄谈，这都是福薄之相。

科第其实指的是功名，所以这些都是有些身份的人所忌讳的。比如在大公司里面，你们想当个副总啊，那里面这些都要注意，要有容人之道，要三思而后行，说话也要慢一点，不要说那么快。

底下举例子，你们来看。

"地之秽者多生物，水之清者常无鱼；余好洁，宜无子者一；和气能育万物，余善怒，宜无子者二；爱为生生之本，忍为不育之根；余矜惜名节，常不能舍己救人，宜无子者三； 多言耗气，宜无子者四；喜饮铄精，宜无子者五； 好彻夜长坐，而不知葆元毓神，宜无子者六。其余过恶尚多，不能悉数。"

抉微：得子之道。

这是自己反省。袁黄这个人智慧也是了得，他自己能够反省到位，自我批评能够批评到位。我们现在的自我批评，听着听着好像自我表扬。比如有人说我这个人有个毛病，就是工作起来不要命，老是工作得太晚，老不爱休息。你觉得这像自我批评吗？这是你的毛病吗？所以这个反省一定要反省到位。

所谓"地之秽者多生物"，这个地方脏，它就会生各种各样的东西。"水至清者常无鱼"，这个水太干净了，一条鱼都没有。"余好洁"，就是他太爱干净。好洁的人，有洁癖，别人穿过的衣服、坐过的地方，来回擦几遍。这有洁癖的人不好相处，有洁癖的人老用道德的武器去批判别人，老是看不起别人，其实他自己也未必能做到。但是他有洁癖，他就忘记了自己，以高标准要求别人。太过洁癖会导致什么呢？"宜无子者一。"这是不能生儿子的第一个原因。

第二个原因呢？"和气能育万物，余善怒，宜无子者二。"我脾气大，和和气气能够生万物，我不和气。

"爱为生生之本，忍为不育之根；余矜惜名节，常不能舍己救人，宜无子者三。"爱人能够生育万物，忍，就是不育的根源。什么叫忍？忍字心头一把刀，就是能对自己苛刻压抑。越压抑自己的人就会压抑自己的阳气，阴气就聚盛，这个身体啊，他的精子就不活，他妻子怀孕就不容易成功，所以忍是不育之根。这种能忍的人一般爱名节，不能舍己救人。

"多言耗气，宜无子者四。"过去俗语说"日发千言，非死即伤"，就是说话说多了，伤气伤身。你看我现在讲课也是多言耗气呵，不过我有些方法边耗边养。我讲课发声一般是从腹部发出，不然这样讲多了是顶不住的。所以静坐的时候一般要用腹式呼吸。我这个声音还比较浑厚，是全身在说话，不是嗓子说话，如果是用嗓子说话，两个小时就受不了了。所以多言耗气。

"喜饮铄精，宜无子者五。"喜欢喝酒，喝酒就铄精血，这样也很难有儿子。

"好彻夜长坐，而不知葆元毓神，宜无子者六。"你们注意啊，彻夜长坐啊，不仅是说你没有儿子可生，还会带来更多的气血衰弱的毛病。袁黄认为一个人生不了儿子是指他阳气不足，彻夜长坐是一大忌，一定不要这样做，哪怕睡不着，闭上眼睛养养神也好。人一定不要认为睡不着是一个了不起的大事，我偶尔也睡不着，睡不着就闭着眼睛养神，一会儿也睡着了，没有你想得那么可怕。我们很多人自我暗示，睡不着了，不得了了，我明天怎么办啊！越吓自己越睡不着，恶性循环。失眠的人像进了黑色地狱一样，一直睡不着的人很耗精神。

"其余过恶尚多，不能悉数。"袁黄说我还有很多毛病，不能一一列举。你们觉得反省到不到位？挺到位的，是吧？自己批判自己能这么鞭辟入里，真不多见。据说宝坻有一年大旱，没有水，袁黄亲自祈雨，他写的《祈雨自责文》对自己的批评是那么的让人惊讶，写了几十条，深入地剖析自己，直到自己念头轻忽处。甚至细到一条就是，出去用了公家的车，然后他用了低一点的价格去补偿，他认为这都是一个过错。这在今天算什么事呢？！那些反省纤细必照，写了数十条，还让老百姓看。你看这样的人，连念头、小事上他都能够公布出来，这样的人能干大坏事吗？

这个人在内心他已经打开了，所以书上记载他写完并公布后，天上马上雷声滚滚，大雨滂沱，赢得了宝坻百姓的纷纷赞颂。这个不是传说，书上有记载的。《王阳明全集》里也有类似的记载。古代官员替民祈雨是一种传统，如有效应，往往会记载。这反映了官员的真诚与品行。过去古代君王派一个官员到一个地方，如果又发旱灾，又有地震，帝王自己要下罪己诏，还要责备地方官德行不够。所以过去认为民意通天动地，气与天地之间相通。一个地方百姓如有怨怼之气，百姓极度压抑，那个地方阴阳就不平衡，就容易发洪涝灾害；如果人事安排极度不公平，就容易发生大地震。这是古人的一个说法，认为天地之气与百姓心气是相应的。

云谷曰："岂惟科第哉。世间享千金之者，定是千金人物；享百金之产者，定是百金人物；应饿死者，定是饿死人物；天不过因材而笃，几曾加纤毫意思。"

抉微：注意。自择自选。暗含性相一如。

79

云谷又在继续点醒他，说"岂惟科第哉"，岂止当官是这样。"世间享千金之产者，定是千金人物；享百金之产者，定是百金人物；应饿死者，定是饿死人物。"原来人世间的现状完全跟人自己的状态相应，富贱穷通与人本身完全相应。

不仅仅是科第、当官、生子，世间能够享千金的人，就是有大成就的人，你不要老去诋毁他。有大成就而没毁灭的人物，就是千金人物。我们现在有许多看着有大成就的人，今年有几十个亿，明年欠几十个亿。今天是省部级干部，明天一看新闻，倒了。那是昙花一现，或者被"倾者覆之"的人物。当然不足论。我有一次在路上看见新闻上突然出现一个领导的名字，我以为他出事了，深觉可惜，仔细一看，原来是升了。这两年以来，突然出现一个人的名字，你不知道出什么事情了，这很可怕。所以呢，是千金人物，既要高位又要长久，那才叫成功。

古人讲盖棺定论，《菜根谭》里面讲，妓女晚年从良，一生之恶行无算；清官晚年受贿，受一点点贿，却一生清明白费。一个清官，59岁收了一笔钱，打入死牢，一生清明都废掉了，也是晚节不保。反倒不如从良的妓女，嫁了一个老头，生活得很好，邻里觉得还不错。你看，盖棺才能定论，死了才知道这个人的名节怎么样。所以一定是要真富贵而且能真长久。

"天不过因材而笃，几曾加纤毫意思。"这句话是《中庸》里面的，儒家的最高文本《中庸》，把天地之道讲透了，所以要通《周易》先通《中庸》。袁黄说的"天不过因材而笃，几曾加纤毫意思"，就来自《中庸》的"天之生物必因其材而笃，故栽者培之，倾者覆之"。就是天地生物，会根据物之材质而相应对待，对该出生成长的会调动天地一切能量帮助成长，对没有用的没有生机的生物是毫不留情地铲除。天道如此，人道亦然。只不过物不能自择，人成为什么样的人却可以"自我求之"。所以你不要做世间的垃圾啊。我们有些人就是垃圾人物，他不知道在群体里面，他一说话一做事，大家已经很讨厌他了，但他自己没觉得。

《诗经》里面的诗歌，很多都是呈现细微的地方，怎么与人对应和调理，特别有意思，就有点"几曾加纤毫意思"的感觉。所以孔子说："诗三百，一言以蔽之，曰思无邪。"所以大家注意了，一切都是自择自选，一切都在你自己的选择，暗含"性相一如"的意思。性和相，你现在的状态和你背后的东西，天匹配给你的东西，是一个来源。所以，我过去碰见很多人，包括你们在座的也有一些弟子，要去反省，不要怪妈妈不好，不要怪你过去的经历，你们经历过多少磨难，其实很多东西和我们内在的心相是相如的，要有一个转念，有一个改变，在内心完成一个对自己的选择与确立。

当年的二程，包括王阳明，都是在青少年时期完成了对为官与学问价值的认定，这使得他们都成为中国历史上一等一的人物。外在的阴晴变化，不过如孔子所说的如云富贵。我们选择成为什么，这是最重要的。

即如生子，有百世之德者，定有百世子孙保之；有十世之德者，定有十世子孙保之；有三世二世之德者，定有三世二世子孙保之；其斩焉无后者，德至薄也。

抉微：德本主义。

这里讲的是生儿子。就是生儿子呢，有百世之德者，就有百世子孙保之。你像孔子，孔孟之道，他的子子孙孙现在还很繁盛。你有十世的德行，你就有十世子孙保之。你有三世二世的德行，就只有三世二世子孙保之。"其斩焉无后者"，就是那些断子绝孙的人，"德至薄也"，就是干了各种坏事，没有儿子，有时候是满门灭斩，一家一个根都不留，就是德太薄了。

在抉微的文字里我批注为"德本主义"。我们回到我们中国文化的本来面目上来，其实如果读懂了孔子的文本，在四书五经里，你就会发现，孔子就是一个"德本主义"者。德者，得也，内在的德，内在得了以后修真富贵，修你的精气神，明白我的意思吧？道充、身安、讲精神，这是真富贵。这个真富贵有了基础，外面的富贵它就自然来了。如果没有外面的富贵，这个内在的富贵也足以保你。如果没有里面的那个底基，只求外面，死得快，产业也丢得快，你地位也失去得快。就是这个意思。

汝今既知非。将向来不发科第，及不生子之相，尽情改刷；务要积德，务要包荒，务要和爱，务要惜精神。从前种种，譬如昨日死；从后种种，譬如今日生；此义理再生之身。

抉微：新立一念，借旧之信与诚也。觉非即照，照即无此，此须自得之力。义理之身于此醒也。

最关键的啊，来看这句话，"汝今既知非"，你既然知道自己错了，你刚才自己反省那么多。"将向来不发科第，及不生子之相，尽情改刷"，你就针对你不发科第，不能容人啊，这些毛病改掉。"务要积德"，开始积累德行。"务要包荒，务要和爱，务要惜精神。"这些话是袁黄学问的精华。尤其是"要惜精神"，要爱惜自己的精神。这个"精神"二字是你活下去，是你生活价值的基础。如果你要是没有了精神的话，是非常可怕的。其实很多时候人不能自治就是人自己精神不足，无法控制和驾驭自己的心性。所以我以为克己原在养己，要爱惜自己的精神。所以千金人物就有千金精神，大丈夫独立于天地之间，才能干大事。你如果是孱孱病体，又有什么用。

尤其是这句话，"从前种种，譬如昨日死；从后种种，譬如今日生；此义理再生之身。"这句话值得把它背下来。曾国藩当年就是把这句话写在书案上，天天看它。就是过去的一切的一切都要放空它；今后的一切的一切都看成新生。这是《大学》的日新之德。也是"咸与维新"的意思。这里面其实有大机妙。我以为，人在多大程度上认知和实践这句话，就能让自己的新生命长得多苗壮。我们总是对一切有一个成见与习气，我们附着在旧的认识和观念上。原来人除了血气之身，还有个"义理再生之身"。原来人有个义理的生命，就像王阳明的新生命，就像袁黄的新生命，袁黄改自己的号为了凡，就是能自新而了断过去之凡缚。

袁了凡所挖掘的儒家了凡的路径就是这样，在红尘大浪里面养精神，养和气，从自己开始做起，从天爵开始调理，人爵从之，有了人爵之后还保天爵。而不是像现在有些人一样，表面上做好天爵去获得人爵，有了人爵之后把天爵丢掉。那你只能是暂时的富贵。儒家讲的真性的真富贵，是"身安为富，道充为贵"，这是儒家的路径。所以义理之身，也是宋儒的说法，是天地之性所生。而血气之身，是气禀之身。所以抉微文字为"新立一念，借旧之信与诚也。"意思是要新立一念，在袁黄过去的信与诚的基础上。虽然过去种种死，但信与诚是袁黄悟道之根源，不能弃之，前面言之甚详。

在云谷禅师的启发下，袁黄先在理上破了障，然后又在禅师的引导下，反求诸己，以照见一切无由己。所以袁黄"觉非即照"，觉得错误了，能自见过去的不对就打开觉照了。"照即无此"，一照，过去的就过去了。种种能死种种能生，"此须自得之力"，这都需要自己得证此理。所以才能"义理之身于此醒也"。

觉悟此义理之身，对一个人来说会有革命性的变化。孔子讲："朝闻道，夕死可矣。"实际上呢，你们在人生的经历中也有过这种体会。我们最大的快乐真的不在于外在的得到过什么。就像一辆好车，过一段时间，觉得也不过如此。一个高的职位，过段时间也觉得不过如此，又生出更多的想法。而真正的是你的智慧和你的心性打开了，这个东西是最重要的！所谓人生要求道，孔子为什么说早晨得了道，晚上都可以死去。是因为得了道之后，内心里那种通透、明了，那个放松、从容，那个保养精神、元气浩然，那个状态是最幸福的。我们求的就是这个状态。只有求到了这个状态，底基很正，内在饱满、元气浩然，天下何事不可为？我们自己内心瘪瘪的，怯怯的，就像孟子讲的"行有不慊于心，则馁矣"。就是心里总有一块瘪瘪的冲不起来的东西。我们内心那个正气和元气，按理来说跟天地相似，却有很多时候，为什么总感觉很疲倦？为什么很纠结？为什么容易瘪下去，跟一个气球一样瘪下去？是因为没有义理之身。

所以，云谷这句话，是义理再生之身。我们这次了凡讲座，如果能够成就那么两三个人，真正能在义理上有个再生之身，通透进去，从此一转。不管你多大年龄，不管你什么职位，也不管你目前什么现状，你就会有不可思议的变化。有了这个变化你才知道，人活着是有滋有味的，人活着原来是可以很开心快乐的。人活着原来为人付出也是可以非常坦荡而且开心的。

我在我的实名博客里曾经写过一个观点，即"半天如半世"，就是一个半天就如半个人生，半个人世。我们很多人半天都过不去，遂至半世荒唐。如果没有手机，如果没有工作，没有别的东西，清清静静让他待半天他待不下去，他过不了这半天。

所以怎么去求道，人生求道才至为可贵。帝王得了天下，秦皇汉武也好，唐宗宋祖也好，他们最后都要去文化上求。唐太宗也喜欢写书法写诗，在文化上求得一个东西。所以人如果在义理上生命上文化上有一个交代，这也是对自己的生命的一个交代，那人生就不太一样了。说实在的，我们活这一辈子，忽忽百年，很快就死掉了。今天我们看都在这，好像是可以永恒的，人世间真是无常，我们有什么样的力量去对抗这种无常？如果你只看到自己眼前没有能耐、没有道路，职位上没有突破，只看到眼前自己家庭的现状，包括两口子待了这么多年，看都看厌烦了，有时候想有艳遇，又担心有安全问题……这种种的你看见的事的纠结，不是别人出了问题，而是你自己的状态，你的义理再生之身，到这个年龄该形成的时候没形成。

所以人活着，一定要有一个义理再生之身。哪怕他是一个扫大街的，他由此会明白他此生没有白活。人多不明白，纵享高位和财富，如无义理之身，他仍然是一个不怎么样的人。这种人在现在尤其多，有的是职位相当之高，财富相当之大，因为内在，我刚才讲的天爵，即内在的智慧的这个东西没有打开，而痛苦不已。有些人已经步到这个路上，能够去看这种义理层面上的东西，去照着这个做，就会发生很大的变化。这就是人生真正宝贵的机会，这就是真正的希望。别的其实都是假的。你掌握好了这个义理层面的东西，外在的荣华富贵就可以要，可以不要。如符合义，不妨要，不符合义，于我如浮云。

所以，袁黄的性命说，最终落到义理之身，说明他对儒家的学问是了透的。只不过说从我而求，内外可以求而得之。这个外，是已经在内变化的基础上的外了，而非世俗所言的纯粹荣华富贵。这就是古人所言"经义既明，取富贵如俯身拾芥"。就是通了儒家的义理，取人间富贵是容易的。但是君子有所不为。就我的经历而论，对此深有体会。说实在的，万物都有规律，在体系里面掌握一些基本点，职位并不是你想象那么难，只是记住，君子要有所不为。包括儒家有"四辟"，就是四种回避。辟时、辟地、辟人、辟色，即回避这个时代、地方、领导、待遇。比如这个时代，我们的文化百年中断，现在都是一些文化的游魂，找不到根。所以显现各种各样的规则不好适应，或者不愿适应，又或人各有使命。所以我更愿意在人心上重新发掘中华人文的价值。

我们往下看，继续把这个道理往上推。

　　夫血肉之身，尚然有数；义理之身，岂不能格天。太甲曰："天作孽，犹可违；自作孽，不可活。"诗云："永言配命，自求多福。"孔先生算汝不登科第，不生子者，此天作之孽，犹可得而违；汝今扩充德性，力行善事，多积阴德，此自己所作之福也，安得而不受享乎？

　　抉微：注意新生以义，新日常照。

　　原来都有天数，包括血肉之躯的生住行灭，我们的身体，到八九十岁，这血肉之身肯定有一天要死掉。血肉之身尚有数，你这个"义理之身岂不能格天"？这里面又有一些细微处要辨明。古人语序接陈，逻辑怎么推演的，我们自己要清楚。不然说也蒙蒙，学也蒙蒙。云谷禅师此处先说人的血肉之身生死有数。那义理之身恰是顺天而生，更符合天数，所以就更容易去感格天道。这在《诗经·大雅》里言之凿凿。这一派儒理，云谷禅师对此可谓通透。他进一步引用《尚书》的"太甲"曰："天作孽，犹可违。"比如地震，总有震不死的人。"自作孽，不可活。"人找死，死得快。诗云："永言配命，自求多福。"这是《诗经·大雅》篇讲文王

87

时论述的。文王的祖先有什么凭借？原来文王的祖先几代积了那么多阴德，但是文王始终把自己清零，他老是兢兢业业，自立其命，由自求福。

永言配命是一种什么样的状态呢？就是要长期看自己配不配得上这个职位和天命，不要让天命在我身上断掉。我要自求多福。福气是我自己求来的。所以，"周公吐哺"、"周公握发"，都是克己奉公、自求多福的表现。什么叫周公吐哺？就是正吃着饭，有人来汇报工作，嚼着东西，有时嚼着菜还没嚼完他就先吐出来，去处理工作。洗个澡，还没洗完，有人来汇报工作，他把这头发束起来，听完工作再接着洗澡，叫周公握发。所以曹操说"周公吐哺，天下归心"，百姓对周公心悦诚服。过去周太公那么好，移居的时候"从之者如归市"，跟从他一起移居的人非常多。周朝素来重德，"三分天下有其二，尤事服殷。"当年周作为一个地方政权，整个商朝的天下，周已经占了三分之二了，他仍然不去叛逆，仍然服从商朝。所以在文王手里，他可以但是没有把天下夺下来，到武王手里，商朝已经实在不像话了，武王才把它给灭掉了。你们看，这说明周朝的人心很淳朴。"三分天下有其二"，他还不去灭。可到孔子那个时代的时候，十分天下都没有其一，那些家臣们在祭祀、宴乐时，都要僭越礼数，炫耀十分。

儒家说，"素富贵行乎富贵，素贫贱行乎贫贱"。有钱就是有钱的样子，该享受享受。你有个几千万，坐好车，住大房子，这是你该享受的，别装穷。这是真诚实。没钱，就有没钱的做法。你没钱，还非得打肿脸充胖子；你有钱，你非得穿双布鞋到处装穷，这都是不诚实。你老装穷吧，天就让你穷，一场大水，把你家的房子给毁了，你就损失了。你装穷嘛，装。我告诉你，装也是有影响力的。记住我说的这句话。比如说，有的干部下乡，不想去，又非得表现出积极，就得装病。这一装病，到医院去找个理由，一查还真能查出病。

我的一个弟子给我讲过一个真实的例子。就是在边疆，政府号召干部下基层。不去吧，没响应党的号召，以后影响提拔，所以他报名了。下去吧，又怕在底下遇到什么事。在这两者之间怎么产生一个既响应了党的号召，又不用去乡下，就只有生病。他自己暗示自己，找到了一个很好的方法，生病了，你总不能让我去下乡吧。我又响应了党的号召，又去医院里住了。这一住查出了一个病。没有智慧的，查出一个病就害怕了。这个矛盾就转移了，主要矛盾就是病的问题了。他智慧不够，内生惊恐，据说后来三个半月就死了。

当时听完这个故事，我就知道他的心理机制在哪儿，背后的原因在哪儿。如果没有这事，没这个装，他可能现在还活着呢，高兴着呢。所以解铃系铃，这个病是心之浮象，去心病，身病就能消。万病皆与心通，找到心源就能彻治。可是对心源的判断是否正确很关键。有的大夫给病人治病，病情总反复，就是未能深入到对方的心源。这个病人的心源在哪？一是这类人算计太过，阳气严重不足，各处都能出症状；二是身体是最听人自己的暗示的。没有病都能自造表象。所以这个病很快显现。他对病的惊恐强化与做实了这个病。前面讲过，天是最公正的。"倾者覆之"。

89

你本来就歪歪扭扭，顺势就让你走了。

我听一个协和医院的大夫说过，癌症最初的起因有的就是心情郁闷。别人骂了他几句，说：这家伙，是拍马屁上来的。他正在喝水呢——"嗝"，一口水没咽下去，就瘀在了喉咙处。回去就和老婆说，特别郁闷，火气又集在胸口处，还没下去。过段时间，慢慢地这个水泡还在那儿，柔柔的，形成囊肿，看它是良性的。再过段时间，慢慢就硬化了，然后就得癌症了。据说癌症相当一部分就是这么来的。我相信这个说法。身上很多的淤塞气阻，都与这有关。

"孔先生算汝不登科第，不生子者，此天作之孽。"孔先生之所以能算定你没有科第，不能生子，是因为你先天精神不足，又不知道保任。这是天作之孽呀。看看，又进一步看到了其中的玄机吧。一切皆与自己相关。数象不过是一种描绘手段，生辰八字也不过就是借物象在四时运化说事。诸位，要完成儒家君子之心的建设，需要在细部上一点一点反求诸己。

云谷禅师说你的身体太弱了，先天不良。有些人生出来就弱弱的。小时候我看到有个邻居，一直感到她很虚弱命薄，后来她果然中年死了。一个人天生元气有厚薄。这是天作之孽。从云谷这句话，你想象一下袁黄这个人，如果他在座的话，肯定长得不会太强壮，会长得特别瘦瘦小小，偏弱的样子。"此天作之孽，犹可得而违。汝今扩充德性，力行善事，多积阴德，此自己所作之福也，安得而不受享乎？"你现在扩充你的德性，好好做好事，多积些阴德，自己就能造福，你就能享受这个天命。这说明后天的"养"更重要。你看毛泽东这个人，本体很好，先天很好，一生折腾但活到80多岁。但像陈云这样的，先天较弱，经常生病，但后天却很会养，活到95岁。所以陈云说自己的养生是，"我在力争一点：小事不做，只拿住决定命运的工作。我的口号是力争不倒，倒而可起。"所以先天本体好，如果自己作践则容易自我毁灭，先天不好，能自我养护恰能更好。

所以注意"新生以义"，用义气来养；"新日常照"，你的心像东升的新的太阳似的，或者把你心中的太阳升起来。每个人心中都有个太阳，而且不管你过去有什么样的经历和财富，你心中都有个太阳。我们要把心中的太阳升起来，新日常照。怎么来常照呢？我们接下来看。

易为君子谋，趋吉避凶；若言天命有常，吉何可趋，凶何可避？开章第一义，便说："积善之家，必有余庆。汝信得及否？"

抉微：知上开正见。先从理上明。

就像《易经》说的，"易为君子谋，趋吉避凶。"《易经》是为君子提供参考谋略的，可以趋向于吉祥，回避凶恶，回避不好的。"若言天命有常，吉何可趋，凶何可避？"如果说天地有常，那天数早就定了，吉怎么去营造，凶怎么去回避，不是白费劲吗？俗语说，"阎王要你三更死，谁敢留你到五更？"如果说这个人注定要死，趋吉避凶就没有意义了。后面我们有大量的例子来证明，吉凶的根源其实在自己。《易经》的开章第一篇说："积善之家，必有余庆。汝信得及否？"所以《易经》里讲，不断地积累善行，就有更多的吉庆。其实你们现在所享受的福气，无论是财富还是地位，与先前祖上的阴德和自己的心念，在儒家看来是有关系的。比如父亲做人正直，或者帮助过人。我曾经听我爸给我讲过一件事，他十八九岁时救过一个人，这个人在河里快淹死了，我爸就下去救他。后来这个人就娶妻生子，有了两个儿子。我的运气一直算比较好，我想是不是跟我爸也有关系。所以我认为，知上先要开正知正见，这需要"先从理上明"。注意啦，讲的这些东西你要相信，如果只是我使劲给你们讲，你们只是听了一个小故事，哈哈一笑，就过去了，就很容易忽略。这样是打不开心性的。

余信其言，拜而受教。因将往日之罪，佛前尽情发露（抉微：自涤其意。注意了旧才能立新），为疏一通，先求登科；誓行善事三千条，以报天地祖宗之德。

云谷出功过格示余，令所行之事，逐日登记；善则记数，恶则退除，且教持准提咒，以期必验。

抉微：心理学机制：自明是非得失是日常法，亦可以记日记。或对日子有交代无含糊而已。日标记如今之计步器。恶不免则记之可少，善可积则积之必多。

所以你看袁黄听了云谷禅师说的这番话，"余信其言，拜而受教。"我刚才讲了这么多话，你们心里要升起一个信善的信念才好，要相信这个说法，"拜而受教"。这厢有礼了，愿意这么去做，那才是转念、转命的枢机。你听后要是不信，你可以来跟我辩论，我们留出时间半个小时讨论。有疑问也可以问，就是要破疑解惑。

"因将往日之罪，佛前尽情发露。"注意，我批了一个："自涤其意。注意了旧才能立新。"懂我的意思吧？我们如果去对照做，了旧才能够立新。

禅宗里面讲了一个典故，一个老和尚，一个小和尚，小和尚说看书也看不进去，念经也念不进。请问如何能静？老和尚打开一个杯子往里面倒水，水满了他还接着倒。小和尚突然明白了，明白了什么？对，我们的头脑就像那杯子，水已经满到这了，最多只能倒这么点。全满了，没有空间，倒也进不去。如果是空的，就可以倒进很多。

现在很多人头脑里面塞满了东西，往外倒还费劲，自己也不清理，何况往里头加新东西。今天讲的这些东西只能达到有些人的表皮表层。他心里头这个又干又硬又冷的东西，自己不愿把它开放和柔软开来。你就是借力把它拉开了，看见了这些僵硬阴冷的东西，又能怎么样呢？你老觉得你的秘密不能跟人说，你老觉得周围不安全。其实人世间，人跟人之间，人同此心，心同此理。比如说你们现在都是一个单位的，一个处室的，共同来听这个课，如果两人之间升职有竞争关系，你不肯说真话，我也不说。这地方你们有竞争关系吗？没有。所以要放开心胸，与了凡义理做对照。

"为疏一通，先求登科。"看见没有？他先验证一件事，看这件事在了达此理后去践行，看能否登科。条件是："誓行善事三千条，以报天地祖宗之德。"

"云谷出功过格示余"，云谷就给了他一个功过格。功过格，其实很简单，就是一个功德和过错的记录本。"令所行之事，逐日登记；善则记数，恶则退除。"好了，记上一笔，恶了就除去一笔。"且教持准提咒，以期必验。"这个准提咒啊，是佛家的咒语，是一个小的持咒法门。实际上是通过一个简单的咒语，把心收在一个念头上，就是静心。集在一个念头上之后呢，就是打成一片，让自己来获得一个内在静定坚持的力量。人一旦有这种力量就不一样。

用今天的心理学的机制讲就是，"自明是非得失之日常"，就是每天的对与错，其实你心里都知道。在座的诸位，如果你对孩子这一掌打下去，或者你跟你老婆说话，这一句骂出口，你自己提前已经知道了它的后果，只是我们已经放任自己了。还有就是自己行善不坚定，找别人做借口。比如说，某件可行之善你可以做主，但有些犹豫，你于是跟老婆商量一下。你心里有点私心，不想捐这么多。老婆也有私心，你借老婆的梯子你就不捐了。老婆说，咱也没钱，捐那么多钱咱上哪儿过去？我们往往容易如此。轻轻忽忽就把自己给含糊过去了。

这种是非得失是日常。日常法，一可以记日记，或对日子有所交代，无含糊而已。就是通过这个东西，形成每天的一个觉照。功过格其实不神秘，就是提醒自己别忘了做点好事。这有什么神秘的？我觉得这个我们今天完全可以借鉴这么做。我们到年底工作总结不就是个全年功过格吗？只不过这个是每天的事，有个数量而已。所以对官员来说，这也是个好事情，让你实际上记一本账，算一算你对百姓干了什么事。功过格就像今天的计步器一样，记你走了多少步。啊，是这个目的。

我以为，恶不免则记之可少，善可积则积之必多。各种错误自然免不了，但记了，自然而然就不会重蹈覆辙，至少简单的错误不会反复犯。你天天做点好事，日久积之必多。功过格的原理最早在《太上感应篇》里有过雏形。说的是每个人头顶有神灵，定期记载一个人一段时间的善恶上天庭汇报。所以注意啊，儒、佛、道皆可了凡。袁黄所讲，在《了凡四训》里无论从篇幅还是比例来看，是以儒为主，次第佛和道。并无高低轩轾，只是这本书后来佛家人物推荐较多，而儒家人物不以为重，使得很多人以为这只是一本佛家通俗读物。你们听我这么讲解，就知道，袁黄此书，儒家的义理是主要。包括袁黄一生行履，无论是功名为官，还是生子得寿，都是一个儒者的常态。《了凡四训》在论道时旁征博引，将儒、佛、道的精华融汇在一起。

语余曰："符箓家有云：不会书符，被鬼神笑。此有秘传，只是不动念也。执笔书符，先把万缘放下，一尘不起。从此念头不动处，下一点，谓之混沌开基。由此而一笔挥成，更无思虑，此符便灵。凡祈天立命，都要从无思无虑处感格。

抉微：此是一种生信法。仿天法天无私虑，顺自然也。秘在自新自立，无思无虑，一新于始。

95

云谷禅师接着给他讲了一个道家的方法。可见，云谷禅师也是三家俱通。云谷说，"符箓家有云"，过去道家人物喜欢画符，你看葛洪在《抱朴子》里有好多符，据说画某些符往家里一贴，有些鬼鬼怪怪的东西就进不来。农村里孩子晚上哭呀，会被认为有些脏东西进来了。你比如说到山里头，带个符，野兽山精就不会伤害你。但画符有秘诀，不是照着画就行了。所以"不会书符，被鬼神笑"。不会书符，鬼神都会笑话画符的人。

画符的秘诀在哪儿呢？"此有秘传，只是不动念也。"画符的秘诀原来在不动念。不动念，怎不动念？看啊，这是个修行方法，实际上，后来佛家的法，儒家的法，还是道家的法，多有相似。"执笔书符，先把万缘放下，一尘不起。"执笔书符的时候，什么事也别想，眼中空无一物。"从此念头不动处"，在什么都不想的时候。"下一点，谓之混沌开基。"无思无虑无念的时候，这一笔下去，就是重开了一个天地。

其实你们每个人都可以做到，但是我们遭受过生活的苦难，心里的曲折太多，做不到无思无虑，笔这一下去，在无思无虑中重造了一个新世界。记住我说的话：在无思无虑中可以重造一个新世界，在无思无虑中重造一个新世界。听懂了吗？这是在唤醒，这句话：在无思无虑中重造一个新世界，你也可以。中国文化一个奇怪的现象就是，道家有时候总能充当一个做出来了的实践模式。《阴符经》讲，"天人合发，万化定基"，其实讲的就是这个意思。就是人一旦认识到人就是天，不假思索，无思无虑，与天同体，则天合发，就是重塑一个新的世界，就是一切变化的新基。所以我说，无思无虑中下一笔，混沌开基，从此开启你人生的新路向。"由此而一笔挥成，更无思虑，此符便灵。"此符便是你念，此符便是天人合处。其实我们大画家，包括书法家，为什么有的画和书法能够直接契入我们的心灵？王羲之的《兰亭集序》，酒后一挥而就，都是无思无虑、浑然天成的一个东西，它是活的。无思无虑，你像那个飘雪，好雪片片不落他处。你看那个雪，在庭院里面，落到哪儿都是美。要从这个地方去参去。

所以，"凡祈天立命，都要从无思无虑处感格。"感格，出自《尚书》里面，是古老的中华民族的与天相应之道，叫感格之道。所以呢，我认为"此是一种生信法。仿天法天无私虑，顺自然也。"它的秘密在于自新自立，无思无虑，一新于始。给自己一个新的开始。你们有的人如果现在还听不懂，明年某个时候想起我，觉得时机到了，再到北京来找我。我们要学会给自己一个新的开始的机会。要掌握这个无思无虑的方法，实际上，这就是让你回到天地之间，回到天地的怀抱，发现自己的明德无欠无余，无须私虑。

在这里，作者又把儒家的修行法，来自《尚书》的感格之道，结合刚才道家的方法，进一步做了验证。这个验证通了，从此在人世间行走，你会有大勇，有大勇者的气概。儒家主张在红尘大浪里锻造修行，下面就给出了一个了凡法的真正秘诀。你们要认真听我讲下面这段话啊。

孟子论立命之学，而曰：天寿不贰。夫天寿，至贰者也。当其不动念时，孰为夭，孰为寿？细分之，丰歉不贰，然后可立贫富之命；穷通不贰，然后可立贵贱之命；夭寿不贰，然后可立生死之命。人生世间，惟死生为重，曰夭寿，则一切顺逆皆该之矣。

抉微：立一可剖为二也，立一为先也。自醒而取法也。妙甚。又自于念上能一，则于行上可行。张英云，于得失超越乃能为大丈夫。

读到这一段的时候我曾经想，云谷禅师对儒家经义如此精熟，对袁黄启发除了几句佛家语言，几处道家做法外，几乎纯以孟子义理为旨归来阐述大道，以开启袁黄大慧，了断凡缚。我想这与袁黄是儒家的读书人有关，同为云谷禅师弟子的憨山大师，在其撰写的对云谷禅师的行状中，我们能看到的对话就是纯粹的佛家话语。从另外一个方面看，也许云谷禅师认为儒家义理与佛理相通，更希望袁黄不离世间修行。所以才有了后来袁黄为官时能"案牍纷纷，无非妙境"、"一切世法不离实理"的立论，也使得后来数百年《了凡四训》能够成为儒佛两宜的经典读本。

在这段论立命之学的关键点上，云谷禅师引用孟子的"夭寿不贰"进一步论证。注意这四个字。用今天的大白话说什么意思呢？就是短命跟长寿是一个东西。注意了，看起来是个悖论啊。看孟子原话是怎么说的？"夭寿不贰，修身以俟之。"意思是长寿与短命要作同观，要用修身去坦然接受与面对。夭寿怎么可能作同观，它们是一个东西吗？从世俗的眼光来看，它怎么可能是一个东西呢？那个人活了八九十岁，这个人活了

20多岁，这两个东西怎么是一个东西呢？再看这句话里面为什么蕴含着了凡法。

要注意啊！云谷说，"夫夭寿，至贰者也。当其不动念时，孰为夭，孰为寿？"夭折和长寿，本来是两个东西啊，明明白白两个东西，一个长寿一个短命。"当其不动念时，孰为夭，孰为寿？"仔细听啊。当你们没动念头的时候，什么是长寿啊？什么是短命啊？不动念头的时候，这是100块钱，这是1000块钱，那你不动念头的时候，1000块钱是多吗？100块钱是少吗？都是钱啊。仔细听啊，这个要有一定的慧根、悟性，才能听懂。有的人听到这里就懂了。如果还不明了，接着看。

"细分之，丰歉不贰，然后可立贫富之命。"细分来看，丰歉，比如今年挣了很多钱可谓丰，今年亏了很多钱谓之歉，这两者也是不贰的东西，也要同观。只有不贰，才能从根本上参透和超越财富对生命的意义。对丰歉做一体同观能使你自如。一自如，财富反倒唾手可得。这就奇怪了，原来你有钱，你越认为这点钱是钱，你越没钱。你越贫富不贰，能够达到没钱和有钱是一个状态，这个人才真正是有钱人。听懂这个话啊，越求越求不来，越不动念越来。听着啊，这是关键的时候，就是贫富观念，丰歉观念不贰，一层一层破我们这个执念为贰。只有在取消了丰收和歉收，就是取消了亏损和丰收这个东西，把它归二为一，你才可以立贫富之命。注意，可以立贫富之命。学金融的要学这个呀，这里面有非常好的破缚法。做股票、期货的人懂这个才能做好。

接着"穷通不贰，然后可以立贵贱之命"。穷通怎么是不贰呢？穷，没钱，困顿；通，富贵，通达。倒霉蛋和幸运星，也不贰，也是一个东西。通了这个，然后可立贵贱之命。也就是说你取消了穷和通的区别，在你的意识里取消了当大官和当小官的区别，你只有取消了这个，你才能真正做大官、做大事。历朝历代成大事者都要通此道。不然的话，你今天得到一个位置，很高兴，明天失去了一个位置，很悲伤，这两件终究都得不到，都难受。现在的人多是如此。古人是，这两件是一件，最终这两件都得到了。

据说当年蒋介石任命将军的时候，他让部下坐在外面的办公桌后，谈话后，让外面的部下悄悄记录每一个被任命的将军的表情和反应。比如前面谈了一位，一出去之后，他嘴中吹着口哨，特别高兴。接着这位谈完后如有所思，如有重负，那么后面这位可能被任命到重要职位上，前面那位最初可能要任命重要职务，现在却可能就给个虚职，甚至不给他职务。人在富贵面前，精神容易变态，这样的人是浅富贵的人，不是真富贵的人。听懂我的意思了吗？

我是努力用我的肢体语言、眉目语言，还有实际的语言，让你去参这个东西，你们一定要参透这个。参透了这个才有大作为。财富也是一样，只有取消了有钱和没钱的这种感觉，那大钱才会真正开始找你，才能长进。就像我们爬山似的，如果我们胸中能够跟山接近，有登天下一切山的襟怀，我们才能登上最高点。如果我们心中只有一点点高度，登一会儿歇一会儿喝一会儿茶，然后就老算那山还剩多少距离，那就很难登高望远。

所以有一个教练游戏，教练让一个人背着另一个人爬行，教练让爬行者蒙上眼睛，但凡每一个没有被蒙眼睛的人，盯着目标爬，也就能爬很短的距离就坚持不住了。结果蒙上眼睛的人，教练不断地告诉他，你行！你能！不断地按照这个想法强化他，忘掉这个距离，忘掉目标，没有目的地。被蒙眼睛的人在问，前方还有几米啊？教练不回答！只是说，你行，你就能！结果呢，蒙眼睛的人都突破了他的极限，有的业余选手能超越专业队员。为什么呢？原来没有出发与到达的直接两分，最大的潜能就能发露。

所谓"夭寿不贰，然后可立生死之命"。人生世间，惟死生为重，对不对？我们最大的事情是不是死生？如果告诉你明天早上9点半你就死了，然后又告诉你9点可以让你当个省长，你要哪一个？第一个选择，让你当省长，前提是你明天就得死。另外一个选择就是不死，当然也没省长当。你选哪个？是个傻子他也选活下来。当半小时省长有什么意思啊？但是我告诉你，很多人就是为了这半小时省长，他把这半小时想成了30年。人生的虚妄就在这。不能理解人的价值和天命的意义在哪里，这很可怕。只有能够超越人的夭折与长寿这一对立观，才能"朝闻道，夕死可矣"。因为"人生世间，惟死生为重，曰夭寿，则一切顺逆皆该之矣"。原来，人生天地间，死生是第一大事，而死生两端，夭者短，寿者长，五十步与百步有何高低远近，顺也好，逆也罢，都是长与短中间的过程，如万里长空，一朝风云而已。难道有人能不死，难道早死者中间就没有杰出者？在人生途中，来来往往，各自道路各自轨迹。所以参透了夭寿，"一切顺逆皆该之"，你就能够顺逆自如。因为在这时，顺是顺，逆是方向相反的顺。都是顺，哪有逆？"该"就是能够提摄它，也就是你能够掌握或者随顺它。在这个丰歉、贫富、夭寿上，只有取消了对立区别，才能够真正得到大安稳。因为，一正一反，在正反转化的区间，通常正接着正，就不会有链接中断，正之后是反或者负，就会有链接中断，只有等观，把负或反的视作与正同体，或者一体两面，则可以为转回这个正提供正向暗示和基础校正。如在舞台上舞者手中的扇子不小心滑落了，按情节安排没有捡扇一节，如果马上生硬地去捡就会让人突兀。这突兀就显现出亏与负面了。高明的舞蹈家会把这个意外变成自然而然的一个正向安排的情节，自然接近，自然抄起，丰歉不贰、顺逆不贰，没有谁会觉得突兀。对人生的舞台来说，何尝不是如此。

所以，立贫富之命，立贵贱之命，立死生之命，都是告诉你能达到自由而且能确立好的一面，也就是前面讲过的"求之在我，内外双得"之意。万物只是往来，你能不能看开？能看开，负不过是正的一个驿站，反又何尝不是正的另名。自由自在，得失自操。所以，儒家不是不讲求富贵，儒家向来主张有本事的人就要当大官。所以仁者寿，仁者尊，有本事的人，就要选贤与仁，就这意思。有本事你就享富贵，一点都不含糊，就该你。时代里就要选这样的人。天下选尧舜也是这样。孟子说，"人皆可以为尧舜"，下层民众里不妨有英雄豪杰。所以，智慧打开了就可以毫不含糊地享受这些东西。所以要想长寿，是我们该争取的。要有钱，要有位，要活得好好的。素富贵就行乎富贵。

所以我批的抉微为："立一可剖为二也，立一为先也。"立，夭寿不贰，把它合并为一，所以立一呢，你就可以把它分成两个二，但要立一为先。就是在心上不起分别，对贫富不起分别，你才是真富贵。你对贫富有区别，阿谀奉承有钱的人，看不起没钱的人，你眼前附着有钱人，也是挣点钱。但是你是个贱命，从长久看你会没钱。因为你不是真富贵，你只是看到表面这点儿钱。表面这点钱不是真钱。

钱是什么？很多时候，比如你存多少万放在银行里不动它，你一辈子也花不了多少钱。所以接着看，"要自醒而取法也"，要醒过来。我批了两个字，"妙甚。"你们觉得妙吗？通了这个，说明现在你进去了。"又自于念上能一，则于行上可行。"这与王阳明知行合一同义。清朝的宰相张英，前段时间我给弟子们讲过张英的读书法，记得吧？张英跟他的儿子张廷玉同是清朝重臣，张廷玉还是唯一一个配享太庙的汉臣。有关张英的一个著名的典故就是"六尺巷"。当年张英在北京，家里头为盖房子争几尺地，给他写了封信。他回了一封信："千里修书只为墙，让他三尺又何妨？万里长城今犹在，不见当年秦始皇。"所以他主动退让了三尺，对方觉得不好意思也退让了三尺，所以叫六尺巷。就是这个张英，他讲过一句话，大意是于得失超越乃能为大丈夫。所以啊，在得失上，超越以前的得失而能够由这个分别的二回到一，于不思不虑中重新立一个新的世界。

至修身以俟之，乃积德祈天之事（抉微：前念一也，后念乃行也）。日修，则身有过恶，皆当治而去之；日俟，则一毫觊觎，一毫将迎，皆当斩绝之矣。到此地位，直造先天之境，即此便是实学。

抉微：修俟二字是方法。此是日常回性法。

"至修身以俟之"，这是孟子讲的"夭寿不贰，修身以俟之，所以立命也"。就是修身去面对所谓的长寿和夭折的分别，不要去管他。不要去管活得了多久，自然而然其实你活得更长。就是这个意思。有的人一天到晚，念叨还能够活多久啊？然后天天去吃药打针，这个人死得特别快。过分关注自己健康的人，养生的人，就养死自己，有时候过分养生和不知养生的人都死得快。

"乃积德祈天之事"。我批了一句："前念一也，后念乃行也。"何谓前念一，前念把两个分别统一为一，就不要去分别。后念在行上就显出来了，这个就是修，就是修行。"曰修，则身有过恶，皆当治而去之。"所以身体有过错有恶行，就治理它。

"曰俟，则一毫觊觎，一毫将迎，皆当斩绝之矣。到此地位，直造先天之境，即此便是实学。"为什么说"俟"呢？俟就是等待，就是修身以待之，就等着。如此，则一点点窥探，一点点对待，都停息了。不需要多想和应对任何东西。就等着，这个时候，恰恰是等待着上帝的给予。结果上帝就给了你最好的东西。这句话太好了。你如果把丰歉、夭寿、生死、富贵、穷通的分别这个东西，日常计算的这个东西，合二为一，不起分别。这个时候，你就获得大安然。

到此地位，我们来体会和设想一下。无论我们过去经历过什么，我们失去过什么，很多的种种不平，都让它走。它有不平，你就有平。消灭对待，合二为一。至此内心安然，天地泰然，内心清净，不起得失，不起穷通，不起丰歉，等等种种分别，持此一念，天地安然。这是实学的功夫，你能不能合二为一，当下一念，就坐稳了，这才是真功夫。这才是真正的立命。所以，天生此身，让此身回到与天一样无思无虑的境地，就是给这个血肉之身恢复义理的天命。

所以，修俟的方法，我把它形容为"日常回性法"。就是当你有一个大的纠结和分别的时候，你要很快回到"一"上，取消它的分别，这就是回性法。回性即立命。所以只有通过回性来立命，才能生出新命。

汝未能无心，但能持准提咒，无记无数，不令间断，持得纯熟，于持中不持，于不持中持。到得念头不动，则灵验矣。

抉微：吾教人动功亦用无计无算法，念头打成一片，回性一之天也。

"汝未能无心"，其实儒家的做法就够了，但入道有多门，每个人的基础不一样，用佛家的话说法缘也不一样。云谷禅师对袁黄说，你不能做到反二归一，那你就借用准提咒吧。"无记无数"，注意啊，要注意这个方法，叫无记无数法，就是做任何功法不要去数数，你一数数就丢掉了。我有一套健身的动功，就是教人动作时以自然舒服为起止，绝不计数。

"不令间断，持得纯熟，于持中不持，于不持中持。到得念头不动，则灵验矣。"讲的什么呢？就是把你的"念头打成一片，回性一之天也"。也就是在持咒的过程中，实际上是通过持咒纯熟后，念头纯一成片而在心念上拓出了一片片开阔简洁的心地。这样最后达到"性一之天"，就是在日常生活中的简易、大易，清清明明。就是孔子讲的颜回："回也其心三月不违仁，其余则日月至焉而已矣。"别人今天做得好、明天做不好，只有颜回能够三个月仁而合一，回到这个仁上不动，清清静静，什么功名呀、得失呀，在他心里根本不产生概念，不去难受。我们现在总是各种心事泛滥，有的人生活在精神世界的地狱里面，这是很难受的啊。怎么回性天，这是佛家的方法，持准提咒。其本质是主净法，儒家的方法是主敬法，道家的方法是主静法。殊途而同归。

四、实修实证

余初号学海，是日改号了凡；盖悟立命之说，而不欲落凡夫窠臼也。从此而后，终日兢兢，便觉与前不同。前日只是悠悠放任，到此自有战兢惕厉景象，在暗室屋漏中，常恐得罪天地鬼神；遇人憎我毁我，自能恬然容受。

抉微：化顺逆为能善。

袁黄本来基础就不错，经过云谷禅师这一番引导究彻，言下大悟生命本质。所以将其初号学海当天改号为"了凡"。后世了凡声名远扬，其本名人们倒是知之甚少。我们从这个地方起也可以称袁黄为了凡了。

那么在了凡来说，他回顾了自己整个思想与经历的转变过程，以改名字为界点。后来曾国藩也是学了凡而改号"涤生"，有洗净自新之意。你们如果觉得自己由此深达心源，也可以由此改名。我给我女儿开《诗经》小班，我就让孩子们自己在诗经里取一个能更好地诠释自己姓名的字，我女儿就取一个"维则"作字。来自诗经的"柔嘉维则，令仪令色"。我觉得这是过去文化的一种形式，如果你哪天觉得自己真是有一个新生命的产生，不妨给自己一个有文化的有纪念意义的字或者号。我们今天绝大多数人只有姓与名，没有字与号。取一个字、号，可以用来砥砺自己。所以了凡说自己取新号，是因为"盖悟立命之说，而不欲落凡夫窠臼也"。我们很多人都在凡夫窠臼里面，就是旧日的老巢里面。"从此而后，终日兢兢，便觉与前不同。"哎，这就有点意思了啊，你们来看啊。了凡悟了道之后，反倒战战兢兢，跟以前气象不一样。以前是悠悠放任，什么东西都无所谓，自由自在，好像挺好的，其实越是貌似自由自在，越可能是一个傻子。

这个兢兢业业，就是《易经》里讲的，与天地相仿佛。《易经》里讲，"夕惕若厉，无咎"，就是战战兢兢，没有太大的过错。"到此自有战兢惕厉景象，在暗室屋漏中，常恐得罪天地鬼神；遇人憎我毁我，自能恬然容受。"你看到没有？平时反倒警惕，当陷入灾难、困难的时候呢，反倒能开心。我过去曾经写过两个字叫"喜难"，就是喜欢灾难。40岁之后，我生活中但凡出现不顺的时候，我反倒开心，我想它在给我什么启发？我会问怎么回事？激起我的好奇心，转变观念去面对它。结果发现解决这个事你又上了一个层次。但是我们多数人遇到不顺会痛苦害怕逃避。所以了凡通道后，平时反倒惕厉紧张，遇事困难反倒开心。我们要从这里面去参啊。所以，我批注了一句，"化顺逆为能善"，也就是顺也好，逆也好，都能有正面效用，关键看你会不会看。

你们再来看他的实际的经历。

到明年（西元1570年）礼部考科举，孔先生算该第三（抉微：自作主也。原来皆暗示），忽考第一；其言不验，而秋闱中式矣。

然行义未纯，检身多误；或见善而行之不勇，或救人而心常自疑；或身勉为善，而口有过言；或醒时操持，而醉后放逸；以过折功，日常虚度。自己巳岁（西元 1569 年）发愿，直至己卯岁（西元 1579 年），历十余年，而三千善行始完。

抉微：注意。习气不改，未完全自信也。有晃动。

很有意思的是，他自从发完愿之后，孔先生算该考第三，他考了个第一。你们注意了，了凡曾经数度对孔先生所算有疑，虽然处处在在，毫厘不爽。像孙悟空跳不出如来佛的手掌心。刚不信，就把你拽回来，再不信，刚刚有点希望，又把你拽回来，始终在这里面。从此他不再动念，你们还记得这个说法吧？这个时候突然发现算命先生不灵了。

诸位，算命先生不灵了，算命先生居然不灵了。

算命先生为什么不灵了？是因为你醒过来了。如果你没醒过来，算命先生仍然很灵。记住我说的：如果你自己不做主，算命先生会很灵，这是命运替你做主。如果你自己一做主，会怎样？算命先生不灵了！所以这个算命先生啊，孔先生算很厉害的吧，可是过去算他该考到第三，现在忽考第一。了凡第一次说他"其言不验，而秋闱中式矣"。自己开始做主，什么事情最后都是自己做主。我批注："原来皆暗示"。看见没有，有些人不去算命也是对的，你被他暗示了，就像咒语一样，你被暗示而配合了所谓命运。

就好像这个人本来身体挺好的，或者有一点小毛病，或者就稍有一点小事。你到医院按照西方的新的检测仪器的细分标准一查，查出这个指标那个指标不对，而且这个指标还是很陌生的指标，从此你就各大医院各种检查各种吃药，好好的身体被他给糟蹋了。因为从中医来看，就是气血和神气，气血好了精神就好了，是吧？这个是基本。据说现在很多心脏搭桥的老人反倒死得很快。你比如说化疗，有的老人到了癌症晚期，要调好他的气血，还有可能让他多活几年。但好多人崇拜医院，给虚弱的身体扔炸弹，动刀子。我们正常人打个针都感觉到冰冷，何况你这个身体交给他们用刀叉斧钺去砍你？

我有一次赶一个急活，持续战斗，身体一时觉得很疲倦虚弱。就能明显感觉到你自己本体弱，坐着风都会欺负你似的，走路下雨都能打击你。所以重要的是自身要强健，自身要做主。所以我由此写过一首五律：

坐地风欺冷，行程雨打身。

始知本体漏，难却客尘分。

懒散原存道，精明终竞奔。

不如顺物性，直养是乾坤。

但人要自己做主，谈何容易。你看，了凡说自己，"然行义未纯，检身多误。"这是个习气，大家注意啊，理上悟了，习气还在，不纯呀。你别以为今天即使你们似乎懂了了凡了，很受启发，但是明天习气又回来了。唉，怎么让它不回来？你们看，了凡反省自己悟后毛病仍然在，"或见善而行之不勇，或救人而心常自疑。"有时明明这是善事，却不想付出太多，有时救了别人之后，又自我怀疑这值得吗？我家存款才30万，那是养家的钱，捐给他5万，能改我的运气吗？给他1万吧，先看看怎么样。都是这种东西。"或身勉为善，而口有过言。"或者是以身行善，嘴上说话却胡说八道。"或醒时操持，而醉后放逸。"有时醒的时候认认真真去做，喝了酒了，却放任自是，各种乱性，所谓醉后放逸，我们很多人醉后都是打人啊，寻色啊，种种放任，了凡觉照到自己醉后这毛病。"以过折功，日常虚度。自己巳岁（西元1569年）发愿，直至己卯岁（西元1579年），历十余年，而三千善行始完。"

习气不改，是没有完全自信，有晃动。晃动是正常的，很多人都容易有晃动，自力不够。

时方从李渐庵入关，未及回向。庚辰（西元1580年）南还。始请性空、慧空诸上人，就东塔禅堂回向。遂起求子愿，亦许行三千善事。辛巳（西元1581年），生男天启。

抉微：回向即安心。合上也。

那个时候，了凡跟着李渐庵入关去了，他没来得及回向。佛家讲回向就是做好事后将此功德转向法界众生共享。庚辰（西元1580年），了凡回到南方。开始请性空、慧空诸上人在东塔禅堂回向。当时了凡起了求子之愿，又许了行三千善事。很快，辛巳（西元1581年），后三千善事未完，就生了个儿子。了凡给他命名为天启，是不是认为这是他行善上天额外送了个儿子给他呢？因为过去算命他命里无子。其实，了凡之心经过云谷禅师启发已非旧日。这个名字更多地表示了天启道心，人能生义理之身，则天必助之也。

那么，做好事必须回向吗？回向之理有多种说法，我以为回向就是安心，让自己的善心应合上佛家所谓的法界真如，使众生同益，而己身了了无计，不以为功而已。

余行一事，随以笔记；汝母不能书，每行一事，辄用鹅毛管，印一朱圈于历日之上。或施食贫人，或放生命，一日有多至十余者。至癸未（西元 1583 年）八月，三千之数已满。复请性空辈，就家庭回向。九月十三日，复起求中进士愿，许行善事一万条，丙戌（西元 1586 年）登第，授宝坻知县。

抉微：注意有子尚是足已。科第则合新民，发动妻子则有功名。新民在他化中。

这个时候了凡回到了一个他跟孩子对话的口气，这是个家训书。大家注意啊。前面讲了一大堆道理，都是讲自己的故事、经历和自己修行的法门。因为对自己的孩子不会讲假话的，你们注意，家训里面有真东西，你不会把自己不好的东西传给孩子。就像我现在发因于自己女儿而做了一块少儿国学教育，一些家长把自己的孩子交给我。我的孩子也在里面，我可能诲淫诲盗吗？可能让她去学不好的东西吗？可能去折磨她吗？只会用最好的文化营养去调养他们。这个家训也是这样，用最好的营养给自己孩子。他说："余行一事，随以笔记；汝母不能书，每行一事，辄用鹅毛管，印一朱圈于历日之上。或施食贫人，或放生命，一日有多至十余者。"了凡每做一件好事，就以笔记之，了凡之妻不会写字，每做一件好事就用鹅毛管，在历日上画个红圈。善事或施人饭食，或者放生，有时候一天多达十几件好事。你看，了凡发动家人也行善。所以，真正行善，不止个人，整个家庭都有善举。

"至癸未（西元 1583 年）八月，三千之数已满。"你们看，从 1581 年到 1583 年，两年就行了三千个善事，比过去十年行三千善事加快速度了。为什么？验证了好心好报，心情更愉快了。

"复请性空辈，就家庭回向。九月十三日，复起求中进士愿，许行善事一万条，丙戌（西元 1586 年）登第，授宝坻知县。"又请性空禅师等，在家里举行回向仪式。到回向后的当年九月十三日又开始许愿行善，这次是一万条。你看，这个三年之内，刚回完向就许愿善行三千想生儿子，次年马上就生儿子。三千完了再起这个进士愿，许行善事一万条，丙戌（西元 1586 年）登第，从 1583 到 1586 年，三年时间就中了进士了。过去登第，对一般人来说那可是不得了的大事。范进中举，都兴奋而疯。登第是登进士，那一辈子在外人看来就已经成为皇家人物了。如果不犯大的错误，所谓的尘世的荣华富贵基本上就有保障了。了凡许的进士愿，结果不但登第，还接着当了宝坻知县。可见回报之大。

我以为，"有子尚是足已"，即有儿子只是解决了自己的事。"科第则合新民"，科第就不只是自己的事了，就是古人所说的新民了。

你看，了凡都能发动妻子做此事，这正是儒家讲的"欲治国者先齐其家"。所以，"新民在他化中"，就是想为官，在明德的基础上，还要齐家人，化他人。所谓"已欲立而立人，已欲达而达人"。

余置空格一册，名曰治心篇。晨起坐堂，家人携付门役，置案上，所行善恶，纤悉必记。夜则设桌于庭，效赵阅道焚香告帝。

抉微：日日清晰有上传。

了凡弄了个画了空格的册子，自己名之为《治心篇》。晨起到县衙坐堂，让家人嘱咐门役携带，放在自己的官案上，"所行善恶，纤悉必记。"就是所做的好事坏事都记上，纤悉必记噢，就是特别细小的小事也要作全面记录。比如门口捡到一分钱，交给警察叔叔手里面，也记，不看善的大小，"勿以善小而不为"。"夜则设桌于庭，效赵阅道焚香告帝。"到晚上效法赵阅道点香火将自己善恶向上天奉告。赵阅道是宋朝的一个高官，也是笃修佛法的人。他就每晚如此。从今天的意义来看，这可以看成是对自己的一个交代和勉励。古人修身有多门，很多礼仪或者形式实际上直指身心。有这么一个形式，就像每天记日记，只不过是善恶日记，到晚上再检点一遍。我把这种做法叫作"日日清晰有上传"，就是不辜负岁月，此心清晰，明亮可鉴。

在行善的过程中，由于许诺有数，所以有时候会碰到整日无事，善行累加缓慢，那该怎么办？

114

汝母见所行不多，辄颦蹙曰："我前在家，相助为善，故三千之数得完；今许一万，衙中无事可行，何时得圆满乎？"

抉微：但以行善为主导，无机会，慢亦可。操之过切，亦有贪心。

了凡之妻就碰到行善难以累积的问题。她有时候见善行不多，就会颦蹙，就会皱着眉头抱怨说，"以前在家里的时候，邻里乡亲多，相助为善，三千善行好完成。现在我跟你到宝坻来，我谁都不认识，你许了一万件，而衙里无事可行，什么时候能得圆满呢？"

实际上，任何的讲述背后都有因由，他在提示：行善，但以行善为主导，无机会，慢亦可，不要操之过切。操之过切去行善，亦有贪心。所以后来王夫之对了凡这个功过格有批评，说有些画地为牢，跟鬼神作计算，似乎为了得功名而行善。从了凡一生来看，其行履高洁中正，应当足鉴此心。实际上，这种承诺只是个提示，能经常提醒自己。

夜间偶梦见一神人，余言善事难完之故。神曰："只减粮一节，万行俱完矣。"盖宝坻之田，每亩二分三厘七毫。余为区处，减至一分四厘六毫，委有此事，心颇惊疑。适幻余禅师自五台来，余以梦告之，且问此事宜信否？

抉微：此又一因缘，新民在公门更得力也。

日有所思，夜有所梦。有此心结，必有所喻。结果了凡晚上梦见一神人，就对神人说了善事很难完成之故。神说："只减粮一节，万行俱完矣。"就是你现在在宝坻当知县，你曾经为百姓减少一点粮食税，就这个就抵得上一万善事了。"盖宝坻之田，每亩二分三厘七毫，余为区处，减至一分四厘六毫，委有此事，心颇惊疑。"他想起自己确实做过减粮这个事情，但心里还不觉得踏实。"适幻余禅师自五台来"，后来有个幻余禅师来。"余以梦告之，且问此事宜信否？"他就把这事告诉他，问这个事情可信不可信？

这又是一个因缘，你们大家注意啊，为百姓做事，做一分一厘受益万人，一点点受益就是极大的受益。所以我批了一句："新民在公门更得力也。"所谓身在公门好修行。尤其我们的领导干部，掌握政策的人，一点点政策就惠及大众呀。比如这次发改委几个司长被抓，大快人心，因为一点点政策杠杆就关系民生大事，关系百姓生死。这个真是修德积德无数啊！

师曰："善心真切，即一行可当万善，况合县减粮，万民受福乎？"吾即捐俸银，请其就五台山斋僧一万而回向之。

抉微：善如量子纠缠。舍自利而无私。则正上正。

幻余禅师说："真有善心，而且恳切，就这一个善行足可以抵得上一万个善行。"西方的量子纠缠里面讲过这个，就是一个量子和所有量子之间是相互的含容关系，一和多的关系。佛家的

116

《华严经》里也讲过。这是华严的一个大法。比如在屋里头点一千根蜡烛，一根蜡烛的光跟一千根的光是含在一起的。光光相映，烛烛相辉。量子纠缠认为，我们在此地坐，离这个宇宙多少个光年之外，我们在这个地方一动念，一起一个善念，那个地方也跟着在动。我们跟宇宙是完全合二为一的。所以幻余禅师讲"一行可当万善"，况且全县减粮，所有老百姓都得到了这个福受。了凡一听更来劲了，"吾即捐俸银"，接着他就捐俸银，你看他把工资都捐出来了，"在五台山斋僧一万而回向"。了凡懂得这个一与多的关系后，并没有觉得一万善行完成了。而是进一步捐出俸禄，奉斋礼僧。所以我认为，舍自利而无私，则正上正。能够抛弃自利，纯粹无私，是正上加正。

孔公算予五十三岁有厄，余未尝祈寿，是岁竟无恙，今六十九矣。书曰："天难谌，命靡常。"又云："惟命不于常"，皆非诳语。吾于是而知，凡称祸福自己求之者，乃圣贤之言。若谓祸福惟天所命，则世俗之论矣。

抉微：凡圣之别，圣人之验。

孔公算他53岁这年要死掉，这恐怖心理在了凡之前一直未解除，在他内心是一个阴影。你想想有人告诉你在53岁那年要死，你到了53岁那年会是什么感受？从过了大年初一开始，心里就不安，说实在的，因为过去他被算中的太多了。但从他遇到云谷禅师之后呢，"余未尝祈寿"，他并没有去祈祷长寿。注意，他本来被算无子，包括功名有限，无寿，前两个已经解决。后一个了凡自己就没怎么放在心上。为什么？了凡了嘛。前面孟子讲的"夭寿不贰"，就是君子不去祈寿，夭寿不是两途，了凡已经把这个融进去了。结果"是岁竟无恙"，没事，"今六十九矣"。写这书时他69岁，比孔先生算的已经多活了16年。《尚书》说，"天难谌，命靡常。"天命啊，难以确定，存在各种变化，命运呢，也没有常态，充满各种无常。"又云：'惟命不于常'"《尚书》又说，唯有天命啊，不断在变化。无常，不是后来佛家传到中国才有的观念，中国古代就有，这是《尚书》里讲的。这些观点，都不是假话。

"吾于是而知，凡称祸福自己求之者，乃圣贤之言。"注意了，孟子说的，"祸福无为自己求之者"，这些让人反求诸己的话都是圣贤之言。而"若谓祸福惟天所命，则世俗之论矣"。世俗看不清祸福所在，老是说祸福在天，不可预测。从今天开始，你们学完之后，如果还是相信算命，相信福祸是有老天在控制，不从自己身上找福祸之源，那你就白学了。了凡立命之学是特别干净、究竟的东西，没有神神鬼鬼的东西。也没有奇奇怪怪之论，就是在心上行善，自己就是上帝，自己自新就能够成就。如果你们过后说，我的福祸完全是有人操持，就是"祸福惟天所命"，有鬼神和天在操持我的运气，那就是"世俗之论"。

所以，我以为，凡圣之别正在于此，了凡引用圣人之言已验证了。

汝之命，未知若何？即命当荣显，常作落寞想；即时当顺利，常作拂逆想；即眼前足食，常作贫窭想；即人相爱敬，常作恐惧想；即家世望重，常作卑下想；即学问颇优，常作浅陋想。

抉微：此借二回一之法。

如果你说，我的命我也不知道怎么去应对呀。了凡告诉你，"即命当荣显，常作落寞想。"你现在荣华富贵很好时，不要老想着好事。因为你有一个荣显，你要想着落魄时，一个正号一个负号，一对就是什么？就是零，是吧？你懂了吗？要这么去想。

"即时当顺利"，碰上好时候特别顺，人得意便骄狂，要"常作拂逆想"，想一下不顺该怎么办。有时常想无时，这正负号一对，又是什么？又消弭了，就如夭寿不贰。"即眼前足食，常作贫窭想。"当眼前丰衣足食时，要想到穷时怎么样。"即人相爱敬，常作恐惧想。"这两人的关系很好，你就大意了，结果不在乎，互相伤害。和了又好，好了又打。在两人爱敬的时候，也要常作恐惧想，要尊重他，爱之敬之。"即家世望重"，当家世名望重的时候，像当时袁绍，四世三公，很厉害，常作卑下想。要把正负号一对，回到无。"即学问颇优，常作浅陋想。"这是对我这样的人说的，觉得自己也有点学问时，要常作自己还很浅陋之想。很多人说刘先生很厉害，媒体、网上各种封称大师，称了好多年了，我都说我不是大师，不要叫我大师。古人讲"极高明而道中庸，尊德性而道问学"。越读书越发现自己读书少，修行路上无尽期。所以这些都是借二回一之法。与了凡听云谷禅师总结的立命法一样。

远思扬德，近思盖父母之愆；上思报国之恩，下思造家之福；外思济人之急，内思闲己之邪。

务要日日知非，日日改过；一日不知非，即一日安于自是；一日无过可改，即一日无步可进；天下聪明俊秀不少，所以德不加修，业不加广者，只为因循二字，耽搁一生。

抉微：日日觉照而已。

人呀，要学会用平时功夫保任，了凡提出日常有六种做法。分别是：远的呢？"远思扬德"，就是做事情要把事情做好，这事能站得住，这事别人一听能弘扬德性。日后都可以传谈。近的呢？"近思盖父母之愆。"要替父母掩盖毛病，家丑不可外传。在我们成长的经历中，受过父母大恩，有的虽也受过父母不当的伤害。我们不要记住那些伤害，要盖住父母的错误。就是不要老记父母这些毛病，要盖，不去说出来，不去计较。

对上呢？"上思报国之恩"，上要报国家之恩，今天这个已经很少提倡。对下呢？"下思造家之福"，在下面要把家搞好。对外呢？"外思济人之急"，对外帮助别人，尤其是要雪中送炭。对内呢？"内思闲己之邪"，闲己之邪就是防闲着自己的邪恶与放纵。比如有的人老是逛荡没事，一上网就六七个小时，容易放荡自己。

"务要日日知非，日日改过；一日不知非，即一日安于自是；

一日无过可改,即一日无步可进。"每天要觉照自己的错失,觉照后更重要的是要改。你一天不觉照自己有错失,你就会觉得自己挺好的。所谓"安于自是",你思而不改,也就没有进步。所以,"天下聪明俊秀不少,所以德不加修,业不加广者,只为因循二字,耽搁一生。"所以诸位要警醒啊!天下很多英才就是毁在老是因循,老是放过自己,此生无常,光阴迅速,很快就过去。所以要日日觉照。

云谷禅师所授立命之说,乃至精至邃,至真至正之理,其熟玩而勉行之,毋自旷也。

抉微:精髓真实之论。熟而玩之,成日常也。得保任也。

所以,云谷禅师所授这个立命之说,是至为精当深邃的。我们前面也能感觉到,云谷禅师所授的这个方法,既有儒家的丰富义理,也有道家的操作方法,还有佛家的心印。"乃至真至正之理",大家注意了,至真至正,精髓真实之论。你要熟而玩之,成日常方法,保住它。不要自己放过自己!

最后的一小段,我有一个对照清单,叫作:回忆与辨别。这个对照清单,是了凡立命之学的基本架构。供大家参考。

对照清单：回忆与辨别

1. 人生有四种人或者四种因素，你看了凡母亲让他学医，包括他的家族，父亲学医，父母与家族；朋友与老师，他遇见的孔老师，还有师父或圣人，圣人之学。那么父母与家族是一伦，朋友是一伦，老师是一伦，圣人是一伦。

2. 两种命：血气与义理。过去我们没有通了凡之前，我们有血气之命，怎么悟到和践行义理之命？

3. 两种了命法：一种是世俗法，子息与科第，当官呀生孩子呀，这是世俗法。圣人法是等观自控。什么叫等观自控？就是回二为一，体用一如，内外等观。两失两得法。

所以在儒家或佛家的行处，将儒理融入佛法，加以道家的操作。如此你就能够获得，"好尘世，好方法。"在座的诸位，现实其实就是天堂。我曾经写过一首诗，描绘"时光是花丛"。真真了悟之后，这个时光就像花一样自己打开，日日觉照。我还有另一个说法，是"觉照如花开"。我们一定是在当下的生活中，每一天，甚至每件事情都可以变成滋养你的东西。我有一首诗的结尾就是"一切无二，事事如灯"。每件事情都是一个灯，都可以成为照亮你的契机。我们有时怕事、躲事、避事、烦事，其实每个事它都是一个灯，看你怎么去对待它，它能照亮你的。

课中答问

学生：请问老师，了凡法中的立命法是不是有儒家、佛家两种。

老师：好。你说两种立命法，如果这么说，实际上是三种立命法，是袁了凡从儒释道三种经典里总结出来的方法。儒家是以孟子心性学说为主。佛家是禅宗和净土宗的方法，云谷禅师是禅宗。道家是《太上感应篇》讲的功过计算法，道家的方法。实际三种也就是一种，他把三家经典做了印契和印证立命学的来源。

种种了凡法的立命学方式不一样，殊途同归。儒家的孟子我把他概括为正负对冲法，合二为一。"夭寿不贰，修身以俟之"，这是儒家在红尘大浪中面对富贵、贫穷、得失，要有超然的态度去面对，才能真正得到它。得富贵是大丈夫的事，在天下有道时该得就得，没什么可含糊的。我经常讲，包括在座的弟子们，你们有能力就去当大官发大财是好事，我们心性好的人当大官发大财对天下是好事，为什么不？该挣的钱就得去挣，该有的位置就要去争取，这没有关系。所以儒家是入世的东西。很真很诚，也很实用。

佛家的方法在立命学里提到两条：一是禅宗的从心而觅，感无不通；二是持准提咒。前者未展开论述，但却是总纲。后面改过之法，积善之方，谦德之效其实都贯彻了这一点。后者是持准提咒。让念头万念归于一念。各种复杂的念头集中到这一念，一念串成一片，达到无思无虑、悟道的开悟状态，一片光明。所以"于持中不持，于不持中持"。持咒的时候不数数，不持咒的时候好像又在持咒，打成一片。所以人说佛家悟道就是桶底脱落，形容人心一片漆黑，桶底一脱落，亮就照进去了。所以有些人泪流满面，一下就通透了。

道家的方法，立命学里面提到画符的方法，感应画符。只此一点混沌未开，无思无虑下去，符就灵了。这也同样是由二归一法，破除两边的分别。不起分别心，是纯粹的一个心念。由天地精神感格下着一笔，符就特别灵。功过格也是来源于道家的方法。

学生：老师，以前读立命之学感觉前面就是一个故事，后面道理也看不懂。今天老师讲的背后的东西令人震撼，我们该怎样借助文本与自己发生对照，并启动自己的了凡呢？

老师：我有一个了凡法的方法体系表已经发到诸位手中。今天晚上我们要用"表一"。如果你们今天听我讲课，有一个更为深刻的感觉已经触动到你，你也可以抛开这个表谈你的感受。如果你觉得还需要次第地梳理，就可以借助表中了凡的方法，因为此法是次第法，它分析了了凡立命的操作体系。

如果借助这个表来讲，那你就来分析立命之学。我做了正反两个方面的启发，一是父母或家族，既可能是你成道的基础，也可能是捆缚你的枷锁，就像了凡的母亲，当年不让了凡读书。目前国内对这个文本的解释，从来没人像我从这个角度讲过，所以我把"了凡法"体系梳理出来了，你要谈正反两方面的认识。比如家庭与家族的影响，对了凡来说，从正面来说，他学医，包括后来在宝坻做知县，他做得很好，跟他学医的经验有关，他也救过很多人。中医的思维对于他的成长和智慧的打开都有作用。但是家族的规定性路线对他起反面的作用，差点把他这样一个哲学家、学问家局限在一个单向的职业和道路上。如果那样的话，世间多了一个医生，却可能少了一个教化民众的思想家。所以家庭的作用既有正也有反。

老师的作用也有正和反。小时候碰见一个糊涂的老师，误你一辈子。当年王安石为他的小儿子王元泽，挑的都是最好的老师。当时有人说，你教个小孩子，教一加一等于二，犯得着选这么好的老师吗？王安石说："先入者为之主。"这是成语"先入为主"的来源。一块干净的布，你先画上别的，其余的东西便画不进去了。

所以老师也有反面的，三毛当年就是这样。她数学没考好，老师对她有侮辱性的惩罚，在她脸上画了个圈，她后来就退学了。三毛最后死了，与她受教育的不完整性和早年受到的伤害不无关联。2012年10月左右，全球华文女作家大会在中国召开，由致公党中央主办。当时我作为中国致公出版社的社长主持了其中的一些环节。大会后，全球100多位女作家开始采风，从武汉坐轮船逆流而上至重庆。在这个游轮上有个70多岁的老太太特别喜欢我，请我喝咖啡，送我小礼物。她是美国一所大学的数学教授，也是一个诗人。有一次她跟我说，"我手中有三毛给我写的秘密的信30多封，没有公开发表过，她真正的死因也在里面，包括她的痛苦。"三毛被认为是解决了当时年轻人困惑的导师。她解决了很多别人的问题，却无法解决自己的问题，包括她与荷西的爱。她成为当时年轻人、女知识分子的精神领袖，是因为大家需要这么一个人，她也扮演了那样一个角色。她用争取自由的方式自我疗伤，可自由这一方式又无法达到疗伤的效果，公众又把她托举得很高，她心里很痛苦。三毛的这些信从来没有公开发表过，在这位老教授手里头。我当时做致公出版社社长，谋划想把这本书推出来，后来不当社长了，这个事就放下了。

所以，无论文学或艺术上的造就有多高，如果没有道，仍然是游魂。古人认为艺非道，古人说的"六艺"也不是"道"。"艺"是辅助来悟道的。"道"通了之后，"艺"一定是好的。"道"不通则"艺"有时好有时不好。前段时间北京有个老音乐家的明星演唱会，我与女儿一起去听。我一听有些名家唱歌就知道他没在道上，好多人只是现场唱一下而已，倒是张也的歌声一上来那个感觉，就像游龙戏凤一样婉转灵动。我说这个人不得了，她也许不知道她在道的状态，她至少靠近了道。"艺"的背后是"道"，一定要通"道"，否则就只是"术"。

"术"，我经常形容是人用来躲藏的工具。比如弹钢琴，孩子不听话就揍他，练几个小时几百遍。他最后学会了，不用想闭着眼睛也能弹出来，但就是不美。我们现在的艺术教育训练出来的大量孩子都是这样的，就是在潜意识里已经形成这种习惯性的表演了。很多歌舞院校培养不出人才，倒是"中国好声音"节目中有农民、非专业的人能跨界跳脱出来，哇，这么好！为什么？

因为这些东西背后有"道",生命之道跟他一印契,他就起来了,他才是真通"道"的。所以老师有反有正,凡是以"术"来引导的,会害了你的慧命。正面引导才是真正的老师。

朋友也有反有正。《了凡四训》里讲,朋友开馆,他到那个地方去学举业。《袁了凡文集》里面专门有了凡的《睦僚书》。朋友之道在中国古代是五伦之一。孔子曰:"益者三友,损者三友。友直,友谅,友多闻,益矣。友便辟,友善柔,友便佞,损矣。"说话顺着你说,说话阴柔,一味凭着口上的功夫让你舒服,这样的人是损害你的。所以朋友有正反。

师父或者圣人也有正反。为什么说"师父或圣人"有正反?《礼记·学记》里说"圣人为师"。师父是传播圣人之道的。不仅是举业为师,不仅教你文化知识,"一日为师,终身为父",包括圣人的经典都是你的老师。师父也有正有邪。当年王安石手下门生跟着他倒了一片,因为王安石的经学不究竟。现在也有很多讲国学的。我在北京见过那么多专家,都不太懂或没读过经典却居然敢讲,懂个只言片章居然敢讲。学了点表面的东西在那里说一说。这是不真诚的。所以一定要下实际的功夫。

所以这四个因素,家庭、朋友、老师、师父,它曾经是作为一条道路成就了你,还是成为一条绳索捆住了你,你可以去反省。

还有了凡之破,怎么破?我觉得首先要一念回诚,去照见自己的真实,并确立今后的真实。

学生:涉及过去,每个人都有隐私,结合谈有困难怎么办?

老师：我给大家讲个典故。当年六祖得了五祖的法之后，有些人要追杀他，夺他的衣钵。有个叫慧明的将军，为求法而追赶六祖。衣钵是成佛做主的标志，衣钵为信，整个丛林，老大在这儿呀。看慧明追到跟前了，六祖说，你不是要这个吗？你拿吧。六祖把衣钵扔到地上，让慧明去拿。衣钵是很轻的，可慧明怎么拽也拽不动，慧明便知道这不是属于他的东西。当时就跪下来求。慧能就跟他说："不思善，不思恶，正是明上座本来面目。"就是我们今天讲的这个，把善与恶的正负号一对接，就是无思无虑，就是一个新世界的开始。

慧明一听明白了，觉得自己这么多年跟随五祖没弄明白，慧能一句话就把自己点醒了。但是值得注意的是后面这一句话，慧明问："尚有秘否？"还有什么秘密吗？六祖说了一句话："秘在汝边。"

秘在汝边，这句话很重要，我看到很多版本解释这句话，但没能解释清楚。你们谁能说说"秘在汝边"什么意思？今天参透这个，今后你们将对"秘密"会有极大的转变，这也是你们能够了旧的一个大的枢纽。

学生：与道一样，说的是秘，是一直陪伴你的。

学生：我感觉这个与楞严经有些像。佛对阿难说，佛是你的兄弟。阿难说，你是我哥，你给我一点法就行了。佛说，我帮不了你，你自己解脱生死。秘在汝边，就是你要自己了悟自性。因为自性本自具足，每个人都有，我跟你说的，与你自己悟的又不太一样。悟，一个理悟，还有一个证悟。今天我听老师讲了课，我从道理上知道了，但我自己能不能打开这个结，就是证悟，我自己能不能证到自性。假如我证到了自性，法就在我身上。这是我的体会。

老师：你讲的这个也很好，但不是六祖对慧明说这话的究竟意思。我们有时会习惯于从整体佛理去谈一个具体情境，细细一想都对。就像一个人感冒了，你动用所有仪器从头到脚去排查，当然也可以查出来，也不是错。但就一点感冒，在老医生那儿可能直接一眼就能判断。所以六祖这句话的泉眼在哪里？

学生：是不是这个意思，你问我还有什么秘密，"秘在汝边"就是，你认为有秘密的话那就有秘密，你认为没秘密的话那就没秘密。

老师：这个接近百分之六十了。

学生：你认为的那个秘密，是你认为的，其实根本就不是秘密。

老师：这个接近百分之七十了。

学生：其实什么都没秘密。

老师：你这个说法到最高处了，很好。但你是否真正理解了。对于证悟，我们不要从最高处说，我们要从底下一个脚印一个脚印地爬，你弄个飞机放到最高的地方，那佛理都是通的。要回到生活，回到自己的生命里面。你们如何看待你们的秘密，我来举个例子给你们听，你们再来悟这句话。

我们读佛经，有个文字般若，在文字上打开智慧。"秘在汝边"这四个字用大白话来讲，就是秘密在你那儿。每个人的秘密不一样。我举个例子，也许在家里你妈妈出门了，你把妈妈的花瓶打碎了，你没说，假装不知道。妈妈回来也没说你，这成了你心里的一个秘密。这是个秘密吗？其实妈妈已经知道了，但是你埋藏了很多年，这个秘密可能成为折磨你的一个源头，你一直惦记它。

再往里深入一步，我们的人生往往被自己划定的一个秘密所管住。孔子讲"事无不可对人言"，也许所有的事情都可以说。

我讲一个我的例子。我初二时非常喜欢一个女孩子，那一个美丽呀，莲花县本来就是出美女的地方。我父亲是音乐老师，所以家乡要考音乐学院的女孩都要到我家来培训，所以小时见过美女无数。在我们那时几乎公认的长得很漂亮的一个女同学，是我的同班同学。我是班长，我们彼此写过小字条，都是些小诗小感受。到学期末，有人就向老师告发，老师就找我谈话。这个成为我很多年的一个秘密并让我想起来就内疚。我认为的秘密来自于给我们传过字条的一个女孩给我说的。就是老师因为那个女孩死活不说她跟我有交往的事，保护了我，而把她开除了。后来她确实到乡下中学去了，后来也没考上好的学校。

这是很多年前留在我心里的秘密，我想起来就觉得内疚。而且我觉得这个女孩一直在我心中形象很高大，太讲义气了。若干年后我们同学聚会，我问起她这个事情时，她哈哈大笑，说有这事儿，这跟你有关系吗？我爸到乡下当党委书记了，所以我跟去了。我那美好的秘密啊，我的青春，我的记忆，我的青涩爱情，居然20多年一文不值！

这就是"秘在汝边"，要从这上面去参。佛法的秘密也在这里面。秘密在你身上，是你认为的秘密。你怀揣着它，它就是秘密。

人生中没有这么多秘密。所以今天打开你的秘密，可能有一个你认为不能跟任何人说的秘密，说了，就会有无数人讽刺你，不能让任何人知道，你一直盖着它捂着它，它不断在发酵，一直在折磨你。但可能这不是一个东西。打开了，这是个什么东西呀？

为什么修行路上无极限？就是儒家有一个特别好的东西：让物回到物。在任何一个时段出现的事物让它回到它本身，就像吃饭吃饱了消化了就过去了，我们有理由深刻地记住你前天中午被招待的那顿虾吗？那虾如果被惦记，一定是与你的某些秘密和尊严关联起来了。所以让物回到物，在物理状态世界里，一切法一切物，只有这么点空间。就像这个杯子，它只有这么大，可是这物与事放在我们心里，那可能就被无限扩大。秘密与此类似。17岁你的初吻，甚至有些人勉勉强强对你有点点小胁迫，造成了你对男人的极端厌恶，这一直是个秘密在心里发酵。如果没有老师没有人指导，这个伤害就一直存在，一直到老到死。

所以丢掉你的秘密。我们都是人，大家都能理解。当然还有一个情形，就是所谓的极度隐私。在我们通常的人看起来说出来有风险，比如我收了一笔贿赂，或者女孩子小时候受到过性侵犯，或者父亲不是自己的亲生父亲，在公开场合下不该分享就不要分享，你可以找个类似的纠结的事情来谈。因为别人听了有可能眼光会发生变化。有这种可能。跟我讨论是因为想把你的心结打开，把心灯点亮，照在那阴暗潮湿的地方，我们来看看这个事情到底应不应该这么折磨我们。我们在心里必须过这个关，"秘在汝边"，刚才有个同学还行，她一下子捅了个洞。没有秘密，秘在汝边。

我们经常受秘密折磨，我们认为我们的存款是秘密，我们的小伤是秘密，我们内心爱谁是秘密，其实都不是秘密。有一个念头，有一个感情，这太正常了，要放松、放开。

第二篇 改过之法

我们昨天用一整天时间讲完了《了凡四训》的立命之学。晚上大家还作了分享。

今天早晨起来，我让大家体会了一下"食不语"。后来禅宗和道家的一些修行方法也借鉴了儒家的这个方法。"食不语，寝不言"，最早是孔子讲的。孔子讲，在吃饭的时候不要说话，不要交谈，因为它会影响你的消化和吸收。所以今天吃饭我们都不说话，你可以在自己的世界里安然地吃东西。当你慢慢地咀嚼食物的时候，你会发现，这个食物是那么的好吃。很多人可能从来没有体会过这个，你可能第一次体会吃东西是那么的轻松，是一种享受。我们有的时候是吃给别人看的，照顾别人，想着各种事，琢磨着周围的场合。吃饭的时候只有三分精力在吃饭，这样胃没有不出毛病的。

今天中午，我们继续"食不语"，同时做到吃饭时细嚼慢咽。道家曾经主张，吃东西要嚼 36 下。百病生于胃，你吃饭囫囵吞枣，不论什么东西胡吃海塞。你想想，如果你是个胃的话，你看到上面各种各样的东西倒下来，冰的凉的热的一起下来，你会不会很痛苦？但是我们就是这么对我们的胃的，不会爱惜自己。所以我们食不语，吃饭的时候，安静地享受美味。吃米饭也好，吃菜也好，多嚼几下，大体上现在的人要嚼 16 下就行了。古人的食物没有我们现在做得精细，包括米面比较精细，现在我主张嚼 16 下。我的一些弟子们，包括一些跟着我学国学的孩子，我记得有一个家里条件特别好的孩子，有一次在道家宾馆里吃饭，那天米饭比较糙，不是特别鲜嫩的细米饭，她按规矩嚼了 16 下。吃完之后她说，老师，我从来不觉得米饭这么好吃。因为从来没有这么细嚼慢咽过，嚼了 16 下之后把那个麦芽糖嚼出来了，这个时候就特别好吃。所以今天中午吃饭，慢一点吃，细嚼慢咽。百病生于胃，胃气不足，各个器官就受影响，所以要"食不语"。

晚上呢，"寝不言"，躺下就不说话了，一说话容易睡不着。尤其两口子睡觉，或者两个学员对床睡觉，在这里分享完了，回去容易接着讨论，再兴奋也要先压抑一下，不然越谈越兴奋，半夜睡不着。在北京我的国学师门，有的两口子一起跟我学习，觉得特别开心，往往回去一交流到夜里两三点，这样对身体不好。

"寝不言"，特殊情况除外，睡觉时不要多说话，躺着一说话一调动气血，神经兴奋，不好睡着。在所有的古今中外的文献里面，最早关于"食不语、寝不言"的源头是在孔子。

昨天我们学习了立命之学，那是一个大学问。儒家的"夭寿不二，修身以俟之"，讲的是把两个对待性的东西，比如你有 A，我就用 B 对待你，你有 B 我就用 A 对待你，有一个动态平衡的东西。当他出现一个东西的时候，就像"阳"来了，你就得用"阴"对待他，阴阳相济就好了。比如我以前当社长，发现一个部下火气冲冲的来了，"阳"来了，我就要以"阴"对他，理性而温和地问他原因。如果他这个"阳"来了，你的"阳"也上去了，嘣啦嘣啦火就起来了。两口子也是这样，她跟你吵架的时候，你就别对吵，你这样她就更这样，那就吵个没完。高下相随，阴阳相济。她"阴"来了，她不跟你说话不理你，背道而驰，你也"阴"，不理她，时间久了也就离散了。两阴两阳就是孤阴孤阳，孤阴不生，孤阳不长。这是阴阳的关系。

昨天讲的这个也是阴阳的道理，在了凡的修行法上，借阴补阳，借阳补阴，来达到一个"阴阳平衡、冲气为和"这么一个中和状态，回到无思无虑。当你阴阳一对冲一平衡，回到"一"的时候，就是一个新的开始。因为天地万物生于一，《道德经》也这么讲。一生二，二生三，三生万物，你回到了"一"就好办了，又可重生。我们的问题是回不到"一"，老是陷在过去里面，或者老是被眼前的一个东西抓住。怎么办？我们理上明了，实际上该怎么做呢？我们今天来看改过之法。为什么立命之学理上明了之后，首先要改过？我们来看。

一、改过发三心

春秋诸大夫，见人言动，亿而谈其祸福，靡不验者，左国诸记可观也。

抉微：自天子以至于庶人，壹是皆以修身为本。改过纠偏，儒学大义。首言春秋，孔子之教大局须明。

了凡认为，在春秋时期那些大夫能够从别人的说话、动作，"亿而谈其祸福"。就是心里头感知一下，就知道这个人是福是祸，或者有喜事，或者要被杀，或者知道这个人以后要出什么事。这个"亿"与"臆"是同一个字，就是一感知就知道了。"靡不验者"，就完全如他所说的呈现了。

《左氏春秋》里有好多这样的例子。比如说，通过一个人的言辞就知道他想干什么。《左传》里谈到晋献公想去灭掉虢国，派手下大臣荀息"借道虞国"，借虞国之道去打虢国。说我就借你的道过去，因为那个国家与我有仇，我要把虢国灭掉。虞国的忠臣宫之奇一听荀息这话，他就明白了。见人言动，就一句话他就听出来里面有玄机。你借我的道去灭那个国家，你小子包藏祸心，其实是想灭我们，一石双鸟。我们老家农村有一句话叫"抬腿就知道狗撒尿"，那狗一抬腿，你就知道它要撒尿。所以福祸都在你的相上，都在你的语言里面。

《易经》里面讲"将叛者其辞惭"。上下属之间，底下人说话躲躲藏藏的，似乎有点惭愧，那可能是他要被别人挖走了，他要离开你了，或者他要背叛你了。情人之间有天晚上说话恍恍惚惚的，没准第二天她有可能要离开你了，她对你失望了。"辞穷者其理屈"，说话时理上说不过去，说话就找不到词来表达。所以我要求我的弟子要修言道，言语里藏着大枢机。

《易经》里面讲，"言语者，君子之枢机也。"也就是说，话里面蕴含着往吉的方向好的方向转变，也蕴含着招来灾祸的可能性。言语是转换器。过去一个人说错一句话，会引来杀身之祸，引来国家之间的动乱，这种事多得很。所以你要从别人的话语里面看出苗头，一看就知道他心里想什么。言为心声。所以当时宫之奇就说这个道千万不能借，可那个晋献公把垂棘之璧、屈产之乘送给了虞公。垂棘之璧是祖传宝玉，屈产之乘是他的坐骑。千里马，古人这个马特别好，比今天我们的奔驰还好。古人有一匹爱马不得了。《三国演义》中，董卓收买吕布也是用赤兔马，一下就把吕布的心给收了。马与将匹配起来，就所向披靡。

晋献公当时还有点舍不得，这玉是祖传的，那马是我的坐骑，怎么送给虞公呢？荀息说你想想，如果他收了你的礼物，他就一定借地给你。他收了你的马，只不过是把马换个马厩，暂时寄在他那里，咱们把两个国家一灭，这不又是你的了吗？献公一想很开心，同意了。宫之奇是很睿智的人，当时就从这个话里面看出有猫腻。可是虞公呢，一看见玉看见那马，他就受不了了，太棒了，借个路算什么呀，就把路借给他了。

人就这样，受眼前的利益驱动，短视，眼前一吸引他，他就觉得这么好的马这么好的玉就归我了，借个路算什么呀，就答应了。宫之奇当时给他讲唇亡齿寒之论，就是嘴唇都没了，牙齿肯定就冻坏了。虞公不听，傻，没多久国家就给灭掉了。

所以，从言从动里面都能看出趋向。《左氏春秋传》里面讲"郑伯克段于鄢"的故事。弟弟共叔段向哥哥庄公要城池。庄公想给，大夫祭仲就看出来了，说不行呀不能给呀，给了他就会出大事。因为他要这个地方，就是为了叛乱用的。所以行为里蕴含着一个人的私心，你要能看出来。《大学》里讲，"自天子以至于庶人，壹是皆以修身为本"，每个人都会有过错，都要修身。你要善于从言语里面看出来可能存在的过错。儒家的文化就是改过纠偏，中正之道。儒学大义里面，首言《春秋》。孔子之教大局须明，离不开《春秋》。春秋三传要通了，这个人做大事做大官绝对会有大格局。

什么叫春秋三传？包括《左氏春秋传》、《春秋公羊传》和《春秋谷梁传》，里面讲的是历史上大开大合的治理教训，孔子的春秋精神就蕴含在里面，看你会读不会读。

大都吉凶之兆，萌乎心而动乎四体，其过于厚者常获福，过于薄者常近祸，俗眼多翳，谓有未定而不可测者。

抉微：处处有法眼。此处揭出福祸原在平时。原在存心，原在当下之现，过去之基。凡人以为未定，以为不测。

了凡认为，大抵上吉凶的兆头，"萌乎心而动乎四体"，就是心一动念，身体就能显现出来。这个讲得太对了。所以过去有人会算命，一看他的眉毛眼睛，举止动作，就说这人很快就会有危险。因为他说话的浪荡劲，走路没根的那个感觉。就像中医，一摸这个脉上没根，没根就容易出问题。没根是什么？在街上乱闯红灯就是没根，守规矩的该停停该走走，他就是有根了。有节律有节奏这叫有根。没根的鹘突鹘突，一会儿东一会儿西，一会儿南一会儿北，被撞死的就是你，就容易出危险。

为什么孟子说君子"四体不言而喻"？因为君子道义充沛乎四体，君子往那儿一站，吉祥。与君子在一起，"如坐春风之中，仰沾时雨之化"，就像土地里面下了春雨一样，润泽你，和他待在一起你觉得很开心。老想和他说说话，因为他滋润你。所以"不言而喻"，就是人不用说话，身体就显示出吉祥的动向了。小人则不然，举动里透露出不自然，不吉祥。人的精气神的状态特别重要。人跟人的区别，其实不在于财富和地位，就在精气神的综合状态。

我小时候听我爷爷讲过一个故事。说有个看相的人，很厉害。他在乡村里看见有个女的，长相里外看都是个贵妃的命，富态。他不明白从面相从方方面面看，那是个贵妃娘娘的命，怎么就在乡村里做个女老板，干粗活呢？他就老观察她。这个人有点坏，他偷偷地看她睡觉，一看看出来了，她睡觉没个样，把自己的气场给破坏了。所以吃饭、睡觉，乃至于上厕所，心上自然，动乎四体，不言而喻。没个样，你就破坏了身体上的结构和"风水"。

现在有各种风水先生，很多是骗人的。我以为，"风水"在每个人身体上都有显现，五官上也都有风水。你说你现在两眼晦暗，印堂乌黑，没精神，你想升职，恐怕很难。你身体上的风水都通不过，你没这个阳气，没这个场。阳气充沛，正气浩然，领导一看，就感觉这机会该给你了，你就吸引他。我们人哪，大体上眼睛也是这样，喜欢看好看的，一看这人正气凛然的话，就愿意多看两眼。一看，这人虽然长得好看，却寡着个脸，惨兮兮的。头两次看还行，一会儿看就烦了，寡淡寡淡的谁都不爱看。其实好多人都是这样，在脸上先把自己的风水给破了。我们有些人五官长得不错的，就是因为内心的纠结破了相。两个眼睛如日月清明，五官的大小比例搭配得当，这就很好。你说你惨兮兮的，非得要老皱眉头，或者老噘嘴，老是英雄气短，胸中算计，把个好好的五官变了形。天地万物都是一个场，你要扮演垃圾场还是要扮演一个宫殿，这都是你自己的选择。所以"萌乎心而动乎四体"。

了凡认为，"其过于厚者常获福，过于薄者常近祸，俗眼多翳，谓有未定而不可不测者。"注意了，方方面面待人处事显得敦厚的，常常敦厚本身就会获得福气。对人刻薄的人常常就靠近祸，这里面含着一个很深的道理。宅心仁厚就是吉祥，不必问前程，不必问级别，不必问未来，当下的宅心仁厚就是福，就是吉祥。当下说话刻薄，做事情没分寸，眼前就是灾祸。一般人的眼睛，"多翳"，眼睛遮盖住了。"谓有未定而不可测者"。俗世之人的眼光，老说吉凶不可确定，未来发生什么好事坏事，哪里说得定呀？认为吉凶有神秘性，谁说得定呀？了凡不这么认为，他觉得只是你是俗眼，盖住了眼睛，才觉得"未定而不可测"。其实天地皆可测，也就是吉祥之智，在座的诸位，你当下的吉祥状态就是未来的吉祥状态，你当下的心念，各种各样的苦，各种各样的纠结，就是下一步的不吉祥。

我们收第四批国学弟子的时候，我最后有一个讲话，后来弟子们编辑成了一个"见语十三则"。其中我谈道：上一秒的吉祥就是下一秒的吉祥，上一秒你的心慌意乱，就是下一秒的灾祸。我讲过这个道理。这其实是给你信心的，让你超越我命运好不好，让你超越我现在有没有文凭，人脉环境厚不厚，在官场上我还有没有支持，让你超越这些东西。而当下基于一个宅心仁厚，你就会吸引正向的力量来支持你。就比如一个大领导来视察，这满屋的人他一看，他会跟谁说话呢？他一眼看下去，冥冥之中，哪个人身上有中和之气，就是比较舒服的气息，他就容易被吸引到这个人身上去，他就容易问这个人问题。如果答得很有条理，并且气定神闲，这就是一个机遇。他凭什么不问别人而就问这个人问题呢？因为那个地方的中和之气足。因为厚道的人是有吉祥之气的。人心在这个场合里面，冥冥之中，会迅速相互影响和组合，各种场合各种气息会有交集，所以如果是个真正的人才，是压抑不住的。

据说当年有个大领导还是个基层小苗子的时候，就是这样被发现的。当时中央有个领导到地方视察，问了个统计数字，周围谁都不知道。当时那个大领导还是个小伙子，坐在犄角。大领导一打眼，看出来他好像知道，便说"你说说"。这小伙子"啪啪啪"

一说，条理清楚，层次分明，有理有据，而且内敛沉稳，一看即是可造之才。"小伙子不错呀！"领导当场表扬。开启了这个小伙子后来的新的道路。我当年大学毕业后，也曾经因此而得到领导赏识。很多人认为我有什么背景，其实啥也没有。当年，也就是领导看你头脑清楚，气质比一般人显得沉稳。又让你去办两件事，一办办得很到位，马上就用你。所以，人的视听言动完全暴露了一个人的内在，只是你没有觉察到。我过去提拔底下干部，也是从事上看人的品行与气质。如果有人往这儿一坐，脸惨兮兮的，一看就是八九天没睡觉。你是忙工作还是跟人去搓麻或者干别的消耗得差不多了，我都不知道。但人都不愿看见一团晦气，跟长得好不好看没必然关系。这个人呀，内在浩然之气一充塞，他就生动、正向，他就吸引你。

所以，万事万物没有错的，天地安排得井然有序。包括我在课堂上随便一打眼让谁回答问题，那是因为和他那团气有一种呼应。场合里面，哪个地方是个泉眼？你能不能感应到？我们说泉有泉眼，诗有诗眼，找到了就吸引你过去了。我以前在出版社当社长，那时我们老家推荐一个孩子到我这里来实习，本科毕业的根本不太可能留我们那里，在北京你没有个硕士学位、博士学位，本科生留国家机关，一般很难。我们那个社也是属于中央部委的出版社，我在那里任社长。我也没动这个念头，避这个嫌疑，我的关系推荐过来到我这里实习，我也没打算要留他帮他，除非他特别优秀，让我觉得他确实是可造之才。

结果那个大领导每次吃完饭，经过我们那桌，看见那个小伙子，有时候会多看一眼，问一句话，有时甚至拍他一下肩，跟他说两句话。有一天大领导突然跟我说，我看这小伙子不错，可以考虑留下。当时我很惊讶为什么让留下他？有一点是肯定的，这绝对没有背后运作，因为他们不可能有其他交集。后来我想，那小伙子长得端端正正的，而且很和气。我们那个领导我知道，老北大毕业的，老共产党员，心思上比较干净，他不是那种老官僚，他是还有知识分子情结的领导，他比较喜欢干净一点的人。包括当时他用我，没有任何背景，再加上他试过几次，感觉我办事还行。我的性格里也有点偏，不喜欢那种污污杂杂的东西。其实后来我有好多机会，陪更大领导去干吗干吗，陪了几次我就不愿意去了，我宁愿回家读读书。气质上我与这个大领导有相近的地方，他用我也有这个原因。

所以，每个人的身上都有气场，"萌乎心而动乎四体"。这里面处处有法眼，我批了一句："此处揭出福祸原在平时，原在存心。"平时的存心，就是你的福祸。"原在当下之现，过去之基。凡人以为未定，以为不测。"一般人觉得福祸好像没有根，谁知道三天之后会发生车祸？其实车祸在发生之前就已经预兆了，三天之后显的相。找死的人一直在作死，只不过是那次没碰到他。你说那个被服务员阿娇捅死的邓贵大，他要不被那个阿娇用刀捅死，他开车也会被撞死。因为他满是"胜心客气"。他喝酒了，拿钞票抽阿娇的脸，要阿娇陪睡，这种骄狂已经是死穴。

当年王阳明致良知，从阳明洞里一出来说了一句话，他说：我心里有胜心客气，所以我不恨谁。胜心客气，就是跟人有高下之意。所以王阳明那时候没考上进士。当时相当于宰相的内阁首辅李东阳让他写篇文章，说"明年你要争取考上个状元"。王阳明立马提笔就写出《状元赋》，大家一看不得了，写得特别棒。那个李东阳心里就合计，这小子太锋芒毕露了，过于英气勃勃，得压压他。

程子说过，有英气的人，便有圭角。有圭角的人，有个性。有个性，他容易戳伤别人，就是显现得太优秀。"木秀于林，风必摧之。"我过去也有这个毛病。我过去任一把手的时候，我上面的领导知道有更大的领导来，就悄悄跟我说，伟见，你今天发言悠着点儿啊，装点傻啊。因为他知道我一发言，就容易众星丽天，容易吸引大领导，上面好多次想借调我，可是没人可以接替我，他不想让我走，所以不希望我显山露水。还有这也容易犯忌。因为你一说话星光闪闪，领导一说四平八稳的，一比较领导没光华了。在官场体系里面容得下你这一套？所以我上面的领导会提醒我，我就知道要装傻了，我就老老实实装傻。我干十几年一把手也不是白干的，要顾全大局。

所以有时候太聪明地显现也不好。王阳明说他有"胜心客气"，自己反思到这一点，他受人打压也不是没道理的。过去皇帝流放这些个大臣们，像流放苏东坡他们。中国历史上有这个传统，通过贬谪来锻炼干部。过去年轻官员仅仅靠读书而出来做官，有好多这个那个的习气，"啪——"地把他扔到地下，扔到旁边让他反省几年，再用，好用。

所以，古人讲，"谪而能良国之宝器，进能思退天予喆人"。

144

贬了官之后还能保持优良作风，这样的人是国之宝器，可以大用。正当得意高歌的时候能进而思退，那就是"天予喆人"，就是老天都会保这样的人吉祥。

进而思退，你们看这又是正号负号吧？正号负号就在这里，进不就是正号吗？一个负号在这儿，两个一对就是零。又是一个"一"，又一个重新开始，就不会被进的习气所沾染。比如我们有钱的时候，被有钱的习气所沾染，我们没钱的时候，被没钱的习气所沾染。或者过去我们有所挥霍，就被挥霍所沾染，就容易正负号不平衡。进而思退呢，就是"天予喆人"，天给吉祥。

当年唐太宗去世之前，他知道手下大臣徐懋功能力很强，如果他死后这个人领人造反，太子李治是压服不了的。他就要试一试他的忠心，同时帮助太子储备人才。他于是把徐懋功贬到一个偏僻的地方去。太子来求情，唐太宗说你别求情。他如果谪而能良，我把他打倒，你把他扶起来，他定会对你感恩戴德，你得了一个国之重臣，帮你辅佐天下。"谪而能良，国之宝器也。"你可以让他做宰相。这样你重用他，他会对你更忠诚。如果我贬了他，他造反了，趁我现在还在，可以杀了他。有时候人受点委屈而能坚持正道，才是真正的好同志。就像自己家里一样，父母打孩子，打一顿打不跑，他自己跑回来了，这是个好孩子。如果这一顿打他跑了，找不到这个孩子了，就流浪去了，你说这孩子要他干吗？包括部下也是这样。批评几句，受不了就给你造反，那这个人用不了，没常性。所以受委屈而能保持正道，这样的人可大造。

结果徐懋功不但没反，反而做得更好，后来恩宠更高。所以

人的好，本身就是吉祥。这就是孔子说的"人之生也直，罔之生也幸而免"，吉人天相，坏人不受罚只是侥幸。

至诚合天，福之将至，观而必先知之矣。祸之将至，观其不善而必先知之矣。今欲获福而远祸，未论行善，先须改过。

抉微："至诚之道可以前知。"此圣人凡人观素行。下手处在改过，以去不善也。

"至诚合天，福之将至，观而必先知之矣。"内心很诚实，比较厚道，福气就来了，这样的人一看就知道。你如果会看，你看别人，一看气色，二看说话，三看动作形态。如果是一个厚道吉祥的人，他的面部表情是安然的，他问你什么，他的话语也是平和的，你就知道这样的人，老天都要保护他，这叫"天予喆人"。这个人到处伤害人，飞扬跋扈的，你不灭他天都要灭他。说白了，实在没的可灭，走在冰面上一滑，后脑一摔，摔个脑出血死掉了。没办法，天都要灭他。所以不要做天谴之人，就是天要杀你，那你是没办法跑的。一个雷要劈死你，虽然概率很低，但成千上万的人，一个闪电下来，劈中的就是你。因为你逆天而动。

所以"祸之将至，观其不善而必先知之矣"。祸呢？看他眼前所做的事情，马上就知道。"今欲获福而远祸，未论行善，先须改过。"所以要获得福气而远离祸害，你且先不要说你行善，你先不要做天谴之人，先把过改了。

《大学》里讲，"至诚之道，可以前知"。内心真诚，福祸

146

就先可以知道。无论是圣人还是凡人都要观素行。素行就是平时的行为，"下手处在改过，以去不善也。"要做吉祥人，先须改过，改习气，不作恶，才能说到积善。

所以人啊，先通过改过把你生活中的不吉祥去掉。今天我们这一章其实很重要，就是你生活中的种种不吉祥，会导致毁掉你的这些东西，你要像挤毒似的一点点挤出来。我们来看看改过要有什么样的心理准备。

但改过者，第一，要发耻心。思古之圣贤，与我同为丈夫，彼何以百世可师？我何以一身瓦裂？耽染尘情，私行不义，谓人不知，傲然无愧，将日沦于禽兽而不自知矣；世之可羞可耻者，莫大乎此。孟子曰：耻之于人大矣。以其得之则圣贤，失之则禽兽耳。此改过之要机也。

抉微：生耻心起，改念。又是孟子法。知耻近勇也。

改过呀还要有决心，要发三个心。你不要认为，说改个过很简单。我跟你说，有些人打死也改不了。你说那个西门庆没有了女人，他自己说比死了还难受。说过去有一个人想长寿，去问那个90多岁的老头长寿秘诀。老头说，其实长寿简单呀，戒酒就不会伤肝。戒色，就不会伤肾。肝肾好身体就好呀。那人说酒色一戒，倒是不伤肝伤肾了，但我伤心呀，我还不如不活这么长呢，这样活有啥意思呢？所以，改过没那么简单呀。

了凡说改过先要发三心，一是要发耻心，要有羞耻心。孟子说，

"无耻之耻，无耻也。"我们今天的问题是羞耻观的消匿，女的如果没有羞耻，就随便跟人乱上床，非常可怕。官员如果没有羞耻心，见钱就收。所以了凡在《睦僚书》里面讲，官员受贿就像妓女接客一样。他认为到处收人钱的官，跟妓女是一个等级的。我们的传统认为，官员是"日月两轮天地眼，诗书万卷圣贤心"，治国平天下，堂堂正正父母官。如果官员把自己做成一个鸡鸡狗狗，尽为自己私利考虑的人，还谈什么羞耻？

"思古之圣贤，与我同为丈夫，彼何以百世可师？我何以一身瓦裂？"圣贤与我一样的是人，为何他可以百世为师，像孔孟像文王，"我何以一身瓦裂？"我为什么死了身体就像瓦裂了似的，啥也没了。

"耽染尘情，私行不义，谓人不知，傲然无愧，将日沦于禽兽而不自知矣。"我们被我们的欲望、世俗之情捆缚住，悄悄地干不正当的事情，还以为别人不知道，得了钱之后，收了贿赂之后，"傲然无愧"，还挺嚣张傲慢，这是日渐堕落为禽兽而自己不知道。所以这些人容易作死，收了钱他就喜欢作。比如有人就会让自己老婆孩子弄豪车，住豪宅。有钱不花难受，他就有气在里面撑着。"表哥"不是这样吗？在各种场合今天戴这个表明天戴那个表，一个表就上百万，不是个贪官才怪呢。后来有人说了，男人贪点钱在身上的表现也就是眼镜、皮带和手表，现在眼镜手表不敢戴了，皮带甚至也不敢露头了，钱放家里也不敢花，一天到晚还提心吊胆。有的人被纪委找去帮助调查别人，自己吓得就把自己的事给说了。

现在有的人已经禽兽化了。禽兽是什么？禽兽不是以人的精神与思维作主宰，是以气作主宰。气主宰心吧，就会依据本能行事。比如饿了，你不让他吃，他就咬你。《阴符经》说"禽之制在气"，饿了，一个老鼠能咬死一个在病中不能动弹的人。因为你动不了，它又饿，自然就咬人。所以要治野兽没有别的诀窍，就治它的气，控制野兽的方式就是控制它的气，用食物控它的气。食物控制好了，你看大象跳舞，滚那个火圈，各种东西都能做出来，都能调理好。

"世之可羞可耻者，莫大乎此。"世上最羞耻的就是人如同野兽。"孟子曰：耻之于人大矣。以其得之则圣贤，失之则禽兽耳。此改过之要机也。"人没有羞耻心是非常可怕的。没有羞耻之心，就无法独立于天地之间。羞耻心对人的意义太大了。没有耻的观念，比如父亲被人打了杀了，你安然过日子，不闻不问，这就是无耻之心。父仇不共戴天。你动我老子，我跟你不共戴天，这天底下有你没我。传统社会要是谁杀了谁的父亲，可以不通过司法机关，可以为父报仇血刃对方，法律不管。父子之间至为亲贵，他杀了你父亲，你就可以杀他父亲去。父子之间也可以相互隐瞒罪过，为保护父子之情，不相互揭发，免得父子情薄。所以古人说，"知耻近乎勇，好学近乎智，力行近乎仁。"有羞耻心，近乎一种勇敢，他的力量就会被充满。

第二，要发畏心。天地在上，鬼神难欺，吾虽过在隐微，而天地鬼神，实鉴临之，重则降之百殃，轻则损其现福，吾何可以不惧？

抉微：君子有三畏，畏天、畏地、畏圣人之言，此君子之畏也。百姓之畏以现实之报应发其心，补小人之畏，凡夫之畏也。

其次，改过要发畏心。我们现在的人呀，也是当代人的种种病中最重的，就是不知有所敬畏。有点钱不得了了，有点官位不得了了，无知无畏，不知道什么是可怕的。大病降临、大难降临的时候，又吓的不行，没有能耐去对待。所以要发畏心。"天地在上，鬼神难欺。"天地在上，鬼神是欺不得的。古人认为，鬼者，归也；神者，申也。是天地运化的阴阳动态。朱熹认为，鬼神是"阴阳之良能也"。所以，你如果违逆阴阳，就会鬼神不宁，各种不安。你看人重感冒，烧糊涂了就容易看见各种幻像。此乃阴阳大乱，灵枢失常。"吾虽过在隐微，而天地鬼神，实鉴临之"。所以，你虽然有错误藏在暗处，却逃不过天地阴阳眼。都照在这儿，都在照应着你的阴阳时态。"重则降之百殃，轻则损其现福，吾何可以不惧？"所以，对于违逆阴阳的人，重了会引来各种灾祸，轻的也会使目前之福气折损。过去民俗讲，"人有十年运，神鬼不敢欺。"这十年你很壮，神鬼都不敢欺负你。这是从民俗的生辰八字来看的，认为八字大运循环中总有个十年运还是可以的。因为以生日那天的天干为主干的日柱，在每十年的大运循环中总能遇见相生有助的循环。但是过了十年，各种组合就难保不偏。灾难来的时候一般人不好躲，因为你在阴阳数里被锁着。关于这种民俗的性命，前面已经言之颇详，只要你自心能做主，就能够立命，百年都是大运。

　　这里我批了一句："君子有三畏，畏天、畏地、畏圣人之言，此君子之畏也。"君子内心会有所敬畏，这是孔子讲的，君子要敬畏天地及圣人所说过的经典之语。最可怕的就是这个无所敬畏的心态。这种心态怎么来的，需要从教育从人心来反思。比如我成绩好，因为成绩好这个"一"，我就得到了"一万"的回报，家庭和学校把所有的好东西都给他。由一，得万，社会规矩可不是这样，你有一，你还未必能得到一，还可能得个负一给你，更何况万？这对于向来由一得万的人来说他就受不了了。因为从小就是由一得万的。另一种就是由一失万的。因为成绩不好，就什么都不好了，成为家庭以及学校眼中的差孩子。这种一与万不对等会导致什么心态呢？比如我发财了，有钱了，那就成了老子有钱了，周围的"那一万"就得准备好，外面就得都对我好，没有女人找女人，没有权力就结交官员，贿赂。由"一"想达到万，这就是一个虚妄。再就是我们这个世俗眼中的"一"失掉了，我就破罐子破摔，对于孝敬父母等等没有责任感，严重的就陷入极度自卑。

　　有钱的快乐，只是解决了你的衣食住行，可以自由一点，它没有更多的东西，他的快乐是有限的。只有智慧的快乐和安宁，才是最重要的。有权力也是这样。有一项权力我们就期待所有的"万"过来，近百年以来，很多毛病就源于此。当个官，就什么都得给你了，这是不对的。古人认为为官乃危慎之事，要"如履薄冰，如临深渊"。所以好多人当个官，后来发现身体不行，妻离子散，种种缺陷。或者没到退休，或者退休之后被抓起来。只有当时那几年一时风光。

所以有这么一个东西，孟子认为，"反身而诚，乐莫大焉"，只有诚实，才有真正的快乐。诚实就是让物回到物，实事而求是，以"一"回"一"，而非以"一"对"万"。要对事实有敬畏心，人们总容易夸大这个"一"所带来的一切，心里老觉得我解决了这一步就好了，我就一切都好了。有这个思路，这个人就是受苦的命，记住我讲的。你心里计算着，我这段时间过去了，只要这一个事情解决好了，我就一切都好了。这个思路本身就比较可怕。这个思路是"欺天罔人"的思路。你过恶所积，本应诚实回应负责，却无畏心而自隐，欺天罔人。这也是古人借喻天地鬼神阴阳变化来警醒人的关键点，所以董仲舒说，"予观乎天人之间，甚可畏也。"

记住我说的话，人生不是"一"就都好了，不可能的。就如哲人泰戈尔说的，美从来不是单纯的美，好是整体的好。不光我好了，我老婆身体也好了，父母身体好，孩子也好了，那才叫好。光我有点钱，或者我有点权力，老婆也不好，孩子的未来也是各种晃动，周围的大千世界种种不好，你独自能好吗？进而论之，比如有钱之后，大概五年到十年基本知道这个钱的作用是有限的，带来的快乐是有限的。没有过钱的人，长久在梦想钱能解决一切，这是穷人的想法，你会一辈子穷，或者一时奇富。所以，有钱之后还是认为有钱可以得到一切，这个想法证明你仍然是个穷人。我们有的人有几千万有几个亿，但是过得特别吝啬，他其实过的是穷人的生活。这个钱还不知道是谁的钱，他两腿一伸的话，这个钱不是他的钱。他不过是个守财奴，是个过客。

所以有"一"就匹配"一"，但是我们有"一"，通过"一"就匹配了"万"，这都是假东西。人要有所畏惧，人之所以无所畏惧，就是不诚，扩大"一"的作用。世俗都给孩子一种假象，就是你考上好大学就不得了了，往往是这样。考上大学的时候，社会舆论和家族周围都不遗余力地强化一个假象就是，哎哟，你从此走上大道通途，好像大家都放心了。其实人生还没一撇呢。当你挣到了一百万一千万之后，第一桶金掘到了之后，不得了，我已经可以财富自由。你还不知道三五年之后你会面临一个什么，"咣"的一下，毁灭你的东西来了。但是有些人度过去了，是因为心里还有善念。善念其实就是诚念，他不是"一"对"万"。如果纯粹的"一"对"万"，必毁无疑。天地阴阳，鬼神休咎皆是如此。你想想你是"一"，本为阳，你却当成了"万"，自己就出现了绝大的负数，阴气沉沉，自己就变成鬼了。这个东西从来没人讲过，却是能实证之真相。

所以，一定是要一对一。比如钱，就对着钱这个"一"，比如权，就对着权这个"一"，"万"对"万"，宇宙之间毫厘不爽。所以要有所敬畏，敬畏圣贤老师，敬畏天地。老师教天地之道，让你回到天地，不诚无物。不要老是浑不吝，那个是不好的。马克思说过不畏闪电，不畏惊雷，要敢于批判。那是批判过去的一些学术。在日常做人，生活中不能这样，你看马克思对自己的老婆孩子也很好。你看他对燕妮的爱，非常深情。一定是这样的。你没有权利因为你一向优势，就把自己变成了控制一切的王者。

这个谁都做不到。从古到今，没有做得到的。周朝的桀，暂时地做到了，说我就是太阳，我能控制一切。结果老百姓说太阳下落吧，我们一起死吧。桀的下场就是败亡。历史上多少人因为有"一"就想拥有"万"，结果都被干掉了。天要干掉他，老百姓要干掉他。所以要有所敬畏。古人以鬼神设教，无非晓谕此理。

不惟此也。闲居之地，指视昭然；吾虽掩之甚密，文之甚巧，而肺肝早露，终难自欺；被人觑破，不值一文矣，乌得不懔懔？

抉微：《大学》云小人为不善掩之，人之见己，如见肺肝然。此处让人深思。知掩之无益，饰之终窥。

"不惟此也"，不仅仅是这个。"闲居之地，指视昭然。"日常生活中也是这样，在闲居之地，你动个手指头，你眼神看到哪儿，都是清清明明，有天地看在眼里。因为什么？因为你是天的一部分，无所可逃呀。"吾虽掩之甚密，文之甚巧，而肺肝早露，终难自欺。"你虽然掩盖得很隐秘，外面文饰得很巧，以为别人看不出来，其实你的心肺别人都看得见，最终难以自欺。其实你不爱你老婆，你老是表面上说老婆我多爱你，你给她买首饰之类的。但实际上你在行为上给她的感觉是心不在这，你老是出差，其实你没出差，你在北京呢。你一年与老婆孩子在一起待不了三五天，你"肺肝早露"，早就显出来了。所以"被人觑破，不值一文矣"，很容易被人看破，不值一文，了无意思。"乌得不懔懔？"就是要危惧，要警觉，要敬畏，要提示自己。

我讲这个的意思，就是《大学》说过，小人"掩其不善而著其善。人之视己如见肺肝然"，就是说，小人把不善掩盖起来，而别人看见你了，"如见肺肝然"，那个一清二楚呀。小人习惯掩盖自己的不善，比如一起吃饭，他总说我很大方我买单，手在口袋里总拽不出来，坐着不动。别人已经去买，他说等会儿等会儿，还是坐着不动。老是这样。人之视己，就如见其肺肝然了。人们都知道这个人小气，他自己却不知道。动不动说我这个人怎么样，我这个人怎么样。你要记住啊，着急声称自己怎么怎么样的人，恰恰是他的短板。注意啊，他缺什么就显摆什么。如果他显摆钱，要么就是个暴发户，土豪；要么他还真正是缺这钱，他要显摆一下，显得不在乎，再向你借。所以此处让人深思呀。要"知掩之无益，饰之终窥"，要知道掩盖没有任何意义，装出来的东西终究要被人识破的。

不惟是也。一息尚存，弥天之恶，犹可悔改；古人有一生作恶，临死悔悟，发一善念，遂得善终者。谓一念猛厉，足以涤百年之恶也。譬如千年幽谷，一灯才照，则千年之暗俱除；故过不论久近，惟以改为贵。

抉微：鼓励因过错大，而多者不信自力。注意自力为上。

"不惟是也。"你只要一息尚存，还活着，"弥天之恶，犹可悔改"，就要有所悔改。你过去无论做了多大坏事，现在还有机会改，一息尚存，重新开始。"古人有一生作恶，临死悔悟，发一善念，遂得善终者。"过去有人一生做坏事，人之将死其言也善，发个善念，安安平平死了。没有被人恨死，没有被人砍死，死在人息上，发一念善。

"谓一念猛厉，足以涤百年之恶也。"一念猛力，可以洗涤百年之恶。"譬如千年幽谷，一灯才照，则千年之暗俱除。"这个屋子里很暗，点个灯都亮了。千年幽谷，太阳一照，亮了。"故过不论久近，惟以改为贵。"所以提醒改过是最重要的，今天教你们改。古人因为自己过错过多过大，不相信自己能改的，注意自力为上，这段话意思就是要相信自己的力量，要改。

但尘世无常，肉身易殒，一息不属，欲改无由矣。明则千百年担负恶名，虽孝子慈孙，不能洗涤；幽则千百劫沉沦狱报，虽圣贤佛菩萨，不能援引。乌得不畏？

抉微：不可拖延，明暗两报，心暗即沉沦，现世为地狱也，况永劫乎。

"但尘世无常，肉身易殒"，这个尘世变化很快，这个身体也很快死掉了。"一息不属，欲改无由矣。"你还有呼吸的时候，不去做这个事情，马上要死了，你说你改，比如想对自己孩子好一点，但来不及了。"明则千百年担负恶名，虽孝子慈孙，不能洗涤。"从明处，大家都能看见的过恶，比如像秦桧，千年恶名永远被钉在耻辱柱上，有人都替铸造秦桧跪像的白铁惋惜，所谓"白铁无辜铸佞臣"。秦桧的后人虽然有孝子贤孙，但令后来人觉得惭愧，无法洗涤已有的过错。"幽则千百劫沉沦狱报，虽圣贤佛菩萨，不能援引。"而那些暗处的过恶，会导致千百劫的沉沦，轮回在地狱里，虽然是圣贤佛菩萨也救不了他。"乌得不畏？"能不可怕吗？这说的是公恶自有人议，人暗最难救济，所以要破人心之暗，更要有畏心。所以改过发畏心"不可拖延，明暗两报"。因为明的暗的，只要有过，都会显现，要心怀敬畏。"心暗即沉沦，现世为地狱也，况永劫乎。"所以改过明的暗的都要改。改，你能做主，你自己说了算。不改，不要说永劫沉沦，现实的世界你都充满烦忧，现实就是地狱了。

第三，须发勇心。人不改过，多是因循退缩；吾须奋然振作，不用迟疑，不烦等待。小者如芒刺在肉，速与抉剔；大者如毒蛇啮指，速与斩除，无丝毫凝滞，此风雷之所以为益也。

抉微：风雷益卦，用断用厉除弊。此处之勇不犹豫也。凡人心性正多犹豫。君子之勇与小人之勇又区以别也。

改过发三心，最后一个要发勇心，要有勇气改。"人不改过，多是因循退缩。"改着改着不舒服，又不改了，还是过去那样吧。有时候对自己不满意，想改改，一改不适应。"吾须奋然振作，不用迟疑，不烦等待。"不要等，赶紧改。要振作，不能迟疑与等待。一迟疑，瞬间放过自己，一等待，再启动又很难。"小者如芒刺在肉，速与抉剔。"小过错就像手上有个小刺，赶紧拔了，别让它化脓。"大者如毒蛇啮指，速与斩除"。大过错如蛇咬指，

157

就像过去在山里头被蛇咬了，没有别的办法，要迅速砍掉毒源，它就循环不进去，不然就死掉了。

"无丝毫凝滞，此风雷之所以为益也。"《易经》的益卦就是由"风雷"两个物象组成。风雷就是风扫雷激，风烈则雷迅，雷激则风怒，风雷互益，能够迅速摧枯拉朽。就像我们各种病一样，好的中医手法，就像风雷互益，秋风扫落叶，把病就除掉了。此次我们听课的学员里，林杰先生的中医手法十分了得，课间为大家出手调理，效果神奇。今天我们给林杰先生封个雅号"风雷手"。出手就是风雷，就有益，对你身心有益，把病给你除掉了。所以风雷益卦，用断，断掉你的病，用厉，用锋而厉的速度除弊。"此处之勇不犹豫也。凡人心性正多犹豫。君子之勇与小人之勇又区以别也。"就是说，一般人特别容易犹豫，这个事情或者毛病改不改，改着改着不能坚持。不犹豫，就是大决断。

二、 改过三法

具是三心，则有过斯改，如春冰遇日，何患不消乎？然人之过，有从事上改者，有从理上改者，有从心上改者；工夫不同，效验亦异。

抉微：事上理上心上三改法效果异。

所以有这个三心，有过马上改，就像春天的冰遇见太阳，马上就消了。但是到底要怎么改？怎么改才究竟？有什么方法帮我们？如果说前三个还是在观念世界里确立一个要发耻心、要发畏心、要发勇心，完成思想上的准备的话，那么，下面三个就是扎扎实实告诉你怎么下手。

了凡把改错法分为三个，也是三个层次：从事上改，事犯错了，我把这事改好；从理上改，我要认识这个事背后的理，理上能明，则进一步；最后是从心上改，心上才是彻境。这三者效果是不一样的。

如前日杀生，今戒不杀；前日怒詈，今戒不怒；此就其事而改之者也。强制于外，其难百倍，且病根终在，东灭西生，非究竟廓然之道也。

159

抉微：事上剪枝末，逢时犹发。

事上改过法，这是普通人的改法。骂人了，为吵架向对方道个歉。事儿没办好，亡羊补牢。这都是普通人在事上的一个改过法。"如前日杀生，今戒不杀。"以前杀生，现在说，哎呀觉得杀生不好，不杀。"前日怒詈，今戒不怒。"前一段时间脾气火暴得很，很容易就发火，唉，今天就戒自己，不发怒了。"此就其事而改之者也。"这是在事上改过，普通人都是这么做的。

这个事儿吧，说实在的，改不完。今天过去这个事儿，明天那个事儿又来了。这个改法是"强制于外，其难百倍，且病根终在，东灭西生，非究竟廓然之道也"。这个强制在外的改法，其难百倍，病根还在，没把病根除掉。就好像我们生病了，病的征兆是皮肤病，就在皮肤表面涂点药膏。其实是气血失调，病根还在。灭了东边，西边又长出来了，不是究竟廓然之道。所以我批了句叫：事上去改啊，就像剪树上的枝末，它"逢时犹发"，时间来了，它又长出来了，改不彻底。

但事上改却是一般人面对事情的态度，所以总是犯相同的错误，自己对自己也觉得没有办法。只是停留在事上改，这样的人做不了领导，也总觉得世界上的事很复杂，因为他自己觉得好多事改起来挺费劲。这是没有找到改过的方法，总被外面推着动，总被事牵着走。

160

善改过者，未禁其事，先明其理；如过在杀生，即思曰：上帝好生，物皆恋命，杀彼养己，岂能自安？且彼之杀也，既受屠割，复入鼎镬，种种痛苦，彻入骨髓；己之养也，珍膏罗列，食过即空，疏食菜羹，尽可充腹，何必戕彼之生，损己之福哉？

抉微：理上须明，注意理之代入我，是中国哲学与西洋之别。

理上改过法，境界高了一些。"善改过者，未禁其事，先明其理。"这被了凡称为"善改过"。即对过失不是马上纠正就没事了，而是先辨明理。你如果发现一个人对待过错的态度不是纠正就完事了，而是有自己的思考，你这个人就值得赞扬。当年孔子发现颜回就有这个特质。孔子夸奖颜回好学的时候说"不迁怒，不贰过"。

什么叫"不迁怒"？你在上级领导那儿受了气，比如上面市领导批评你了，你回到区里来，区里面下属给你汇报工作，你把他骂了一顿，本来人家没错，这就是迁怒于人。这个怒从上面来的，迁到下面去了。很多人容易这样。不迁怒呢，在我这儿怒就止住了，消化了，这是不迁怒。"不贰过"呢？是不犯相同的错误，就是理上要明白，才不会犯相同的错误。不然的话，不断的犯这个错误。

我过去读《论语》读到这儿会发生一个疑问，就是孔子为什么用"不迁怒，不贰过"来形容颜回"好学"，我们一般形容别人好学都是努力呀，喜欢思考呀，孔子却用这两个方面标注颜回的好学。读《论语》一定要这么去读就有意思了。由此反观到孔子认为好学一定是要反检到修养和实践上去，学问不只是书本知识。进一步深观，你会发现，"不迁怒"是对外在情绪来源有密切观照，从而不被各种外在不良情况误导。而"不贰过"是对内在思考有严密考察，不会受经验与自身思考惰性的影响。这样，内外不遮住自己，仁心俱在，这可谓学问学到家了。

了凡接着举例。"如过在杀生，即思曰：上帝好生，物皆恋命，杀彼养己，岂能自安？"在杀生的时候，你就不能控制住这次不杀，下次想吃肉了接着杀。而在理上要明白杀生的坏处究竟在哪里。古人说"上帝有好生之德"，你看古往今来，中国文化主张与命与仁，即与人、与物皆有一体之仁。"物皆恋命"，所有生物没有不爱惜自己命的，连鱼呀、鸟呀，甚至老鼠呀都是如此。你把门一关，老鼠一进笼子，你盯着这老鼠，你会发现这老鼠惊恐万状，特别害怕。宰杀场里，总有一股阴冷之气。"杀彼养己，岂能自安？"你杀了它来养你自己，心安吗？

当下出现过很多各种奇奇怪怪的事情，最恐怖最残忍的事情就是广东那儿吃活猴的脑髓。

西方有过一个模拟吃活人的实验。孔子当年对"始作俑者"特别痛恨，就是对最早发明陪葬的小木人的那个人，孔子认为这个人应当断子绝孙。因为从心思里面孔子看出了后代终究要发展出活人殉葬的苗头。后世果然。古人于防微，特别慎重。所以坤卦的初爻"初六，履霜，坚冰至"，就是通过苗头要防止趋势。

所以这个人啊，要常想"上帝皆有好生之德"。对杀生常作如是想："且彼之杀者，既受屠割，复入鼎镬。种种痛苦，彻入骨髓。"比如说杀这个东西，先要把它弄死，然后扔到锅里面煮。各种痛苦，彻入骨髓，生物都会疼呀。"己之养也，珍膏罗列，食过即空"。对你来说，好吃的摆一堆，也吃不了多少，吃完过后就空掉了。"疏食菜羹，可以充腹，何必戕彼之生，损己之福哉？"这个疏食菜羹，也可以充腹。你何必把别的生命用来损消自己的福气呢？这个是指专门去猎杀野兽吃。

所以过去儒家说君子养仁要"远庖厨"，君子不亲自看，或者是不亲自为你杀。保此一点仁心可以胜用。我从小就见不得别人杀鸡杀鹅，我看着一刀下去，就好像割着我身上似的，我看不了。

但是到底能不能吃肉呢？出家人做过承诺，那肯定是不能吃的。但也不是绝对不能吃任何荤菜。你像中国佛教界发现很多僧人贫血，身体不行，后来就允许吃鸡蛋。某种意义上来说，过去鸡蛋也是不能吃的，鸡蛋虽有营养，但是不是可以孕育小鸡呀，所以这里面也是有变通的啊。所以，儒家主张"君子远庖厨"，是在于你不要起杀念就行。专门为你而杀，你以此为乐，比如说这个猴子还活着，你都能吃，那这样的人会残忍到什么坏事都能干出来。孔子当年看季路家里用天子之礼宴乐，说："八佾舞于庭，是可忍，孰不可忍。"你小小的一个家臣，得了势了，你在家里坐在正中间像天子似的，欣赏着天子才能享受的歌舞形制，用64

个宫女给你跳舞，这容易养出你的叛乱之心。有适当的权力，你就会造反。这个叛乱之心一旦养出来，是比较可怕的。但礼只是防欲，并不是死死限制你不能逾越。如果你心能除垢，或者心下能安，超越礼其实也可以。比如孔子说宰予，别人父母去世守孝三年，你偏偏守一年，"汝安则为之"。不循礼节而动，容易自我控制不住。

所以呢，理上要明啊。注意，"理之代入我，是中国和西方哲学的区别。"在理上明，是有我的参与，我们现在有很多的人做学问，一辈子学问越做越窄。中国的学问，很多是要有体认的，没有"我"，没有自己的生命体认进去，仅仅是一个知识传授，就把中国的文脉断了。所以很多人有高级职称，有博士学位，其实是一个没有文化没有学问的人，是一个可怜的人。所以这里面我认为在理上一定要"代入我"，把我代进去，跟你是有关的。世间的一切知识学问，包括你个人的学问修养，没有你自己和自我的觉醒和参与，那都是假东西，贩卖别人的东西都是假东西，自己要学习与体认。所以，理上明，一定是作为主体的我要明此理。

又思血气之属，皆含灵知，既有灵知，皆我一体；纵不能躬修至德，使之尊我亲我，岂可日戕物命，使之仇我憾我于无穷也？一思及此，将有对食痛心，不能下咽者矣。

抉微：理真则行无犹豫者，知即行矣。

　　了凡认为，凡是有血有气的这些动物啊，它都含有灵知，就是它都有精神层面的东西。比如一只狗，狗是有狗精神层面的东西的。你们看过那个"忠犬八公的故事"吗？看这个故事的时候，我就觉得自己很脆弱，看得我泪流满面。一只狗跟一个人能够形成这种感情，真是不可思议。那个狗的主人在上班路上猝死，那只狗长年累月在火车站等它的主人。狗跟人的感情尚且如此，所以这个有血气的动物的灵知，与我们人是一体的，都是天地间的灵物。

　　"纵不能躬修至德，使之尊我亲我。岂可日戕物命，使之仇我憾我于无穷也？"你纵然不能躬修至德，把德行修好，你不去尊重它，你不去理它，没有这个道德，没有到达这么高的层次。但是呢，你也不能去"日戕物命，使之仇我憾我于无穷也"。你非得杀生，使它仇你恨你，恨你于无穷。

　　所以一想到这个，"将有对食痛心，不能下咽者矣。"在理上明白了之后，将对食者来说，必然痛心不能下咽，筷子也下不去。比如这个猴脑在你面前，你就吃不了。我到台湾去，他们给我吃那种大龙虾，让喝那个大龙虾的血，那血是绿色的，弄点白酒掺和进去，说吃了以后，又壮阳又有种种好处的，我就喝不下去。因为这个大龙虾的脑袋还在动呢。我怎么也喝不下去。所以一思及此，对食痛心，不能下咽。

　　所以"理真则行无犹豫者"，你真正通了此理才叫真知。理上真知了，才能真行。其实我们平时生活中说，我明白了再去做，但总做不好。其实你没有真明白。你真明白了，你就真能去做，真能做好。真明白，一个要靠老师引导，一个要靠自己的悟性，才能真明白。

我讲了凡，你要带着增长知识的心来听，或者带着各种各样的其他的意念听，当然你也会有收获。但是如果你能万缘放下，一心深入地来听，效果会大大的不同。昨天有个学生对我说：听老师的课，有花开的感觉。包括中午李将军对我说：老师讲的时候，我的整个家族史开始浮现，沉淀在内心多年的东西开始呈现出另一种图景。

这才是真体会。所以带着强烈的知见听课，你就会有很多疑问，而用无思无虑的方法先深入地听，你就能感受到，了凡的精神世界不仅仅是思辨出来的。所以，应当有另外一种面对知识的态度，是我们百年以来课堂上所丢失了的，就是先放下诸缘，像看风景一样先体会，先看，不急于评价。这其实就是朱熹强调过的"先扔掉知见"的读书法。

比如我给博士们讲课，有时我会说你们不要跟我讨论，我说你也讨论不清楚，因为从逻辑上辩论道理，每个人有一套。你先听听，然后再起己意切入。所以，包括今天晚上讨论，我也希望你们能这样，小组长要把好关，每个人要保证讲 10 分钟的权利，跟自己身心结合起来，不要去管别人的体会，不要心浮于外。孔子说："朝闻道，夕死可矣。"到现在这个年龄，我们一定要抓住这个机会，像了凡一样尝试打开一个新的生命。假如了凡当时以自己读的书，一开始就在知见上发生一个讨论与辩论的话，他就无法体透后面的好东西。修行路上天天有奇迹，

166

天天有开心的事儿。而在有意探索或者不断寻求知识的路上，经常会有无奈和无靠的感觉。所以从这个先不思虑着手，也是一种知行合一。

如前日好怒，必思曰：人有不及，情所宜矜；悖理相干，于我何与？本无可怒者。又思天下无自是之豪杰亦无尤人之学问；有不得，皆己之德未修，感未至也，吾悉以自反，则谤毁之来，皆磨炼玉成之地；我将欢然受赐，何怒之有？

抉微：注意转念之观法。

了凡认为在理上改过，先须同体同理，使己身不起人我之别，必无贬人黜物的过患。同时，要密切观照发怒造成的过错。因为怒气是最难治理的。程子说过，"人之易发而难治者，唯怒为甚。"

了凡认为，"如前日好怒，必思曰：人有不及，情所宜矜；悖理相干，于我何与？本无可怒者。"比如前两天好发脾气，你必须从此处思索。人都有认识不到位的时候，自然他这个感情会有矜持固化，他呈现的"悖理相干"，于我又有什么关系？这本来就没什么值得发怒的。

比如说：你在这儿，别人或外物其实跟你没关系，你却流氓假仗义，老看不惯别人，责骂别人，自己还气得要命。你替别人的事情生气，换了让你处于别人的境地，你却做得连他都不如。经常为了别人的错误生气，拿别人的错误惩罚自己，是我们这个时代很多人的毛病。

167

很多人手把道德的武器，批这个不道德，那个不道德，从来不往自己身上看看。古人认为"有诸己而后求诸人，无诸己而后非诸人"，意思是你自己有这个优点你再去要求别人做好；你自己没这个缺点然后你才能去批评别人这个缺点。比如我们在这儿学习，你在一边看将军在喝水，他多喝了几杯水，这关你什么事儿啊，你就特别生气，说将军太没涵养了，一个人喝那么多水，用那么多茶叶，你觉得他有多喝多占之嫌。这跟你有什么关系呀，对不对？然而你为此就不听课了，就觉得将军坐在你身边让你很难受。"悖理相干，于我何与？本无可怒。"世上好多事儿其实不用那么去生气，这跟你没关系，就是这个现状所发生的事实，其实你理解不了它的真相，你只是以表面看见的这个东西你就生气。将军喝水多，也许是人家换水吃点药，但你没看见，你只是看见了他在端杯喝茶。实际上是你有些渴，又觉得起身老倒水不好，别人这么做了，你就很烦。你是你万在的根源，但很多人摘出来了了自己，莫名情绪的来路与去处。

当年孔子在陈绝粮，跟随者很困顿。有一次好不容易弄了点粮食，孔子却无意间在偏门窥得他最心爱的弟子颜回在那儿偷偷地先吃。他心想：完了，我培养的弟子，太失败了。老师都没吃，大家都没吃，他自己在那儿先吃，狼心狗肺！结果，一会儿大家吃饭的时候，颜回不怎么吃。孔子问他：你为什么不吃呢？颜回说刚才做饭的时候，有饭掉地下了，现在粮食尊贵，让长者吃脏的粮食也不尊重，所以我捡起来吃了一点。孔子由此感叹道：君子对没看见的事情，千万不能轻易下结论，就是看见的事情都不能轻信，都不能轻易下结论，因为看见了你都可能不知道事实是什么。

这使我想起一个故事。说的是有人养过一条狗，有一次这人去打猎，逢上大雪纷飞，回到山里的家，忽然发现孩子不见了，狗口里有血。他勃然大怒，心想："这畜牲，养了你这么多年，居然饿了干出这种事！"一怒之下就把那狗给打死了。打死了之后，发现有孩子的哭声，结果发现孩子躲在床下，地下有血迹，顺着血迹发现在屋后有一条狼奄奄一息。原来狗在保护这孩子而与狼进行了殊死搏斗。狗救了主人的孩子，还因为主人一怒付出了生命。就是对眼前的一个事实，心气火气一上来，人就容易做出错误的决定。所以你永远不知道真相是什么，你瞎批判啥呀。你不懂得这个背后好多具体事情的因果，它有来龙去脉。

注意"本无可怒者"，所以要制怒。二程专门有篇文章叫《定性书》，在收尾的时候专论制怒。他说，人的这个怒气很容易发出来，又收束不住。如果能够控制好自己的怒气，这个人修道就接近一半了，有点基础了。

所以从这一点看，"又思天下无自是之豪杰"，就是天下没有什么都认为自己对的豪杰，说自己什么都棒、什么都对，历史上还没这么个人。"亦无尤人之学问"，也没有专门批评人的学问。怨天尤人，说这个人不好，那个人不好，啊，要反求诸己。就是既不是自己什么都是对的，也不是什么东西都可以找别人的错，不存在这个东西。

"有不得，皆己之德未修，感未至也，吾悉以自反"。跟人相处出了问题，先找自己原因，别老从别人身上找，找完自己原因，觉得自己没问题，再找别人原因。这是儒家的基本态度。孟子讲过："横逆之来，必自反也"。有人怒气冲冲对你来了，你须先自查，先从自己身上找原因。找了半天自己没问题，他还对你不好，孟子说：此禽兽人也，那是畜生。你是人，那是畜生，你跟畜生较什么劲呀。但是我们很多人跟畜生较劲。他是条狗，你一生气，你变成一头狼去咬他，他就变成一只虎，你又变成一只豹。我们通常就是这样，相互撕咬，就这么一个过程。所以，孟子说："行有不得，则反求诸己"。要敢于问自己。

"则谤毁之来，皆磨炼玉成之地。"要把别人对你的不好，变成一个磨炼你心性的东西。"我将欢然受赐，何怒之有？"这是何等的襟怀啊。你毁我、骂我，我把它当成锻炼自己的机会，我一点都不生气。当年在解放区，有个农民因为闪电劈死了他们家的驴，他哭道，为什么不劈死毛泽东，却劈死我们家驴？那还得了啊，农民被抓起来了。毛泽东听说这个事后，他说这肯定有原因，是你们有什么事情冤屈他了。我亲自跟他谈一谈。一谈，毛泽东发现原来当时的一些政策伤害了农民，使他们恨毛泽东。其实是政策有问题，借这个事情把一个对领袖的诅咒变成了工作改进的契机。所以你看这就叫作"谤毁之来"可以"磨炼玉成"。

所以我批注了一句"注意转念之观法"，注意转念的一种观法，看着这个怒怎么来。所以你们要注意啊，生活中如果出现一个对你攻击，使你愤怒的东西扑面而来，你先不要看具体事，你先看作是"一团气"，先中性化，这个时候你就有点超然作观。如果你完全被具体的情境牵引：他骂你流氓，你就觉得我是流氓？哼，你才是流氓呢，你就被他带走了。你要转念一看，对自己说，"今天这气势汹汹有点意思噢，这是干吗呢？"这个思路就跟那个思路不一样。有时候不接招，你就看着他，看着他怎么表现。和你一来就对打上了，你就陷进去了，这绝对是两种对待方式，后果完全不一样。

又闻谤而不怒，虽谗焰薰天，如举火焚空，终将自息（抉微：不予给力，不使得逞）；闻谤而怒，虽巧心力辩，如春蚕作茧，自取缠绵；怒不惟无益，且有害也。其余种种过恶，皆当据理思之。此理既明，过将自止。

抉微：理上明，则不惑反益。

如果你听说了别人对你的诬陷啊，打击啊，你不生气。虽然他的谗言，陷害你的话，像这个火焰能够薰天，但是它终究"举火焚空"，用火去烧空气似的，它一会儿就烧灭了。所谓谣言止于智者。让它再烧一会儿，过几天就过去了。但是很多人就死在谣言里面，与谣言斗争，用谣言自我折磨，用谣言杀死自己。没办法，有些人过不了这个坎。所以你不予给力，不使它得逞，你别给它加力。有的人给谣言加力，就是谣言来时本来是三分力，你的愤怒给它加上了七分力，用十分的力量伤害了自己。要观察这个东西啊。我们要以这种受怒拔剑而起而为耻。

"闻谤而怒，虽巧心力辩，如春蚕作茧，自取缠绵。"听说别人诽谤你，你虽然用各种巧心去力辩，反复去辩明，就像春蚕作茧，自取缠绵，越绑越深。"怒不惟无益，且有害也。"增加这个怒气，不但没有用处，还会害你。"其余种种过恶，皆当据理思之。"其他你以前犯过各种过错，你都要这么去想。"此理既明，过将自止。"这个道理明白了之后，过错就自然会停止。

所以"理上明，则不惑反益"。这是理上明了，对事背后的理看得很清楚，就不会对所谓过错犯糊涂，且可以借错自新。但这还不是最高境界，最高境界在哪儿？往下看。

何谓从心而改？过有千端，惟心所造；吾心不动，过安从生？学者于好色，好名，好货，好怒，种种诸过，不必逐类寻求；但当一心为善，正念现前，邪念自然污染不上。如太阳当空，魑魅潜消，此精一之真传也。过由心造，亦由心改，如斩毒树，直断其根，奚必枝枝而伐，叶叶而摘哉？

抉微：归于心上。大断大机。于此深省。

真正的理通以后，脾气转好、个性改变、夫妻和睦、孩子听话、事业顺利，这是很好的滋养。古人说"和气生财"就是这个道理。但理这个东西，还是在对象上去格，去改。最高境界在哪儿呢？原来在直追心源的改过法。"何谓从心而改？过有千端，惟心所造。"怎么样是从心上来改？过错有各种方式，其实一切都是心造出来的。注意了，"吾心不动，过安从生？"如果我心不动的话，过错将从哪里生呢？所以对一般的学习者来说，对好色：喜欢玩弄女人；好名：喜欢追名逐利；好货：喜欢财物珠宝，或者喜欢名车名表等等；好怒，脾气不好，动不动就发怒。类似"种种诸过，不必逐类寻求"。也就是说你不必说我这是好色之徒，我这是好名之过，我这是好货之过，我这是好怒之过，其实这几个"过"都是表象，不必逐类寻求。"但当一心为善，正念现前，邪念自然污染不上。"在心上求，立地此处，一心转向为善，马上就镇定在这，正念的力量不可思议，能马上出来一个正能量的状态。古人"瞬有养，息有存"就是这个功夫。借助于日常祭祀的诚敬，能在瞬间让自己恢复一种清明的状态，正念现前。就像那个太阳当空而照，"魑魅潜消"，就如晚上各种鬼怪要出来，太阳出来一照，它就没了。在朗朗乾坤下，你们看到什么东西了吗？如果在黑夜，把这个灯一灭，我们总觉得黑的里面有点东西，是因为你内心不亮。

　　"此精一之真传也。"这是古人精一的真传。所谓精一，就是《尚书》里讲的"人心惟危，道心惟微，惟精惟一，允执厥中"，意思是人心没有经过修养是危险的，来自于本性善的道心又很微弱。只有在道心上精细而专一，并在事理中贯穿这种道心的中道，才能使道心日进而人心日退。所以了凡认为，要从心上着手改错才是究竟之道。"过由心造，亦由心改"。所有的过错你观察它的来源，其实都是心造出来的，你要改也要从心上改才彻底。这话不要平常看过。如果你的心不参与造作，任何东西都无法越过你的身体进入到你的世界。"如斩毒树，直断其根，奚必枝枝而伐，叶叶而摘哉？"如想把那棵毒树斩断一样，必直接断了它的根。我们现在很多人改过呢，在事上改，就像叶叶而摘，忙半天而效果不佳。你想想这么一棵大树，如果树叶是过错，一叶一叶地摘，所以我们觉得改不完，就没信心了，改不下去了，就是这个意思。理上改，就像伐这个枝，把这个枝砍断，过错好像少一点。所以归于心上。大断大机，直彻心源，就在这个地方。

　　大抵最上治心，当下清净；才动即觉，觉之即无；苟未能然，须明理以遣之；又未能然，须随事以禁之；以上事而兼行下功，未为失策。执下而昧上，则拙矣。

　　抉微：心断无络索。理明可免祸事。改事补牢，最怕执下策不回溯。此常人常误己之法，即事侥幸，想不明白，或无大碍而放过。

　　治心原来是最上的法门，它可以使人当下清静。它的运行原理是什么呢？注意这句话噢，"才动即觉"，就是在心上一动就明白了，马上就知道本无此罪，迅速觉离，造过者谁？改过者谁？当体即空，罪实无可觅。"对岸一声笛起处，此时已是它乡人。"刹那之间，天人两净。对于过错，每个人其实在某种程度上被一些假象与虚妄暗示了。比如一个女人离开了曾经相爱的穷男友，嫁了一个条件相对好的人，内心想起他总隐隐地有些内疚。这个感觉伴随她好多年。但是借这个"才动即觉，觉之即无"，你一照它，它就没了。因为回到现场和当时，那可能不是你的错，那是那个时代带给你的一些观念，比如包括你当时年龄还小，或者是那个穷小子还有些爱没有温暖到你需要的地方。你的内疚只是没有觉照它。你自己的觉照一旦打开，觉之即无，这是上根利器的做法。

当下一念觉来，就能把过去万千之罪，从小到大当下就能照亮它，当下就能够觉之即无。但是你没有这么高的根性，你做不到，你只能是"苟未能然，须明理以遣之"，你就要以理去排遣和梳理它，知道吧？前面讲怒来了，你怎么去克它，种种气焰熏天，怎么去理性，先制住自己。"又未能然，须随事以禁之。"如果理上还不能做到明了，那只好做什么？那就随着事来改吧。这就像我们管小孩，最上法让孩子能有心，不是很粗糙；其次让孩子懂道理，最下就是在一件事情一件事情上扳，把他扳过来。最下下的方法就是把囚犯关在牢狱里面，限制他的自由，对顽劣之人，只能是这么干。

所以呢，"以上事而兼行下功，未为失策。"也就是要从心上让他明，兼顾从事上改过，这个方法不算失策，这个是可以做的方法。但"执下而昧上，则拙矣"。只在下面从事上改，不在心上下功夫，就永远也改不过来。所以我认为，"心断无络索"，这是最上法。其次理明就可以免祸事，在理上改事是亡羊补牢，未为晚也。最怕的是"执下策不回溯"。就是老在事上改，不往心上溯，这是常人的常误己之法。这种人往往即事侥幸，觉得这个事情我改完了就完了。其实心根未断，不行的。所以如果想不明白，或总觉得无大碍而放过，就容易放过自己。所以一定要从心上就改这个东西。那么心上改，它有一个方法。

三、 保持改过的觉照

顾发愿改过，明须良朋提醒，幽须鬼神证明；一心忏悔，昼夜不懈，经一七，二七，以至一月，二月，三月，必有效验。

抉微：此是非止一事，非止一念也。此要实行须具保任。一则诤友；二则心觉；三则以时日为利器保之。

发愿改过，从明面上来看需要"良朋提醒"，让旁边的朋友提醒你，这是以人为鉴。"幽得鬼神证明"，从暗地里来说，其实你真改了，鬼神都能证明你，都能帮你。大家注意，这个鬼神，前面也讲过了，其实就是自心的良知可感。真心能改的人，一念即觉的人，一看脸上就能看出来，这个人的气色马上就变。

所以呢"一心忏悔，昼夜不懈"，这个昼夜不懈，不是让你不睡觉噢，了凡是反对彻夜长坐的，这是表一个决心，就是睡着了，在梦中都忏悔之。一个人发心要改自己这个过，"经一七，二七，以至一个月，二月，三月，必有效验。"所以这不仅仅是一段时间，一件事，一个念头来改。要实行，要保任才有效验。

那么这个话什么意思呢？实际上是心上改过要有效果的三个条件：第一要良朋提醒，要诤友，要好朋友提醒；第二个叫鬼之证明，就是你心要觉悟，不可自欺；第三个呢，要保任，一月，二月，三月，要假以时日，坚持去改。

改到位了，把心里的垃圾清除干净了，就会有以下九个方面作为验证。你如果体会到了这九个方面，你会突然发现生活重新开始了。你想想看，当我们寻到根子上改的时候，就不要分事上来的毛病，理上来毛病，而是自己观察自己的时候，事上、理上、心上，俱在心上究彻。有些人在色上就改不过来，眼前破不了迷障。比如有些人别的都行，就是钱这一关过不了，他不知钱为何物。钱本是用来养人的，养自己、养别人，结果他把这个钱当作最为重要的东西反倒害人害己。有些人名上过不去，有些人爱上放不下。改过有九个验证方法，这九个验证方法都挺棒的，你消一个，就得一份心上自在。

或觉心神恬旷（抉微：去负担）；或觉智慧顿开（抉微：空生慧）；或处冗沓而触念皆通（抉微：不被缚）；或遇怨仇而回嗔作喜（抉微：不被恨牵）；或梦吐黑物（抉微：清记忆）；或梦往圣先贤（抉微：生正心），提携接引（抉微：进步）；或梦飞步太虚（抉微：心空）；或梦幢幡宝盖（抉微：进阶得保），种种胜事，皆过消灭之象也。然不得执此自高，画而不进。

抉微：以上校验之方，各有渊源。

第一祛除了心理负担。改过之后，"心神恬旷"。心神恬旷要怎么描述？一个"恬"字，就是恬恬淡淡的，心里老有点"甜"

水似的，就像夏天喝点凉水进去，化开了暑闷之心。"旷"是心里老是空空的，无所牵挂，就是那种空明的舒服感。人心神恬旷了，从脸上能够看出来，内心也很舒服，心里去掉了一些负担。

"或觉智慧顿开"，有些人智慧打开后，能够空生慧，他说出来的话语不一样了。我经常讲，在我的国学师门里，弟子们在我那个场里说出来的话，自己都不知道怎么讲得那么精彩，因为他们的心在我这个场里面的时候，是回到心上说话了，在那时智慧打开了一部分。智慧打开了，每个人都是聪明的，每个人都是很自如，包括神色都会很好看。大家都知道，男人有时刚理完一个发，这个脸会忽然显得生动起来，显得很精神，但一般人过两三天就没这种感觉了。甚至是有的人刚理完发恰恰显得很突兀。孟子说，"唯圣人可以践形色"，就是只有圣人可以将形体和气色都充分舒展开来。

"或处冗沓而触念皆通"，这种状态特别好。就是一旦从心上改过之后，你生活中可能还是各种各样的事情很复杂，比如说当办公室主任还是各种"冗"，就是多而密，"沓"，拖泥带水，各种东西控制不了。你过去面对这个烦得要命，现在一改过之后，或此复杂能忽然触念皆通，你不烦了，而且你碰见什么解决什么，一下一下解决完了，心里特别开心，触念就能通，就不被束缚了。

"或遇怨仇而回嗔作喜"，碰见以前的仇人，你现在却能主动跟他打招呼了。小区里你从前看这个人就烦，不理他，因为你对他有意见，学完了凡之后，再一看到他，"哎，老王干吗呢？"老王就觉得奇了怪了，"平时你都看不起我，平时你是政府的处

179

长，今天怎么跟我打招呼了？"他也特别开心。其实是你在变化，不被恨牵，还能化掉嗔念，心下顿舒。

"或梦吐黑物"，或者你在梦里面呕吐，吐出的东西黑黑的。其实是将过去的阴暗的东西作割断。有些心病较重的人，容易在梦里通过这种方式了断过去。如果不是梦，过去的积念，也会化作痰吐出来。吐出一堆黑黑的东西，有可能几年的病就没了，身体一下就轻快了。

"或梦往圣先贤"，或者梦见过去的圣人，或者梦见过去的贤人，包括老师，包括佛。前两天有个弟子跟我说，他梦见佛了。我说这是好事啊，能梦见圣贤及仙佛，说明你的潜意识里有一种正向的参考正在形成。

"或提携接引"，或者梦见提携人、接引人。

"或梦飞步太虚"，或者做梦能飞，能够步太虚，飞到天空上面去，这实际上是体内阳气正往上扬。相反，阴气比较重时会梦见潜水，会梦见在水里游泳，有时怎么也游不过去，那是最近思虑过多，沉在里面了。

"或梦幢幡宝盖"，或者梦见这个宝盖、华云宝盖、幢幡宝盖，这个时候是你心性上了一个台阶，就昨天讲的"天爵"。天爵其实就是你的心性，上天给你的爵位，心性越高，天爵阶位越高。所以，当官要先修天爵，然后自然来从。人爵就是人间的社会官阶。天爵没上，人爵就没有希望，而且人还会出问题。

"种种胜事，皆过消灭之象也。"这些好事都是消过之象。"然不得执此自高，画而不进。"不要有了这九种好的效应，身心就骄傲起来了，所谓"画"，就是停止在那儿，画地为牢，就是不长进了。

这九种效应我相信你们在改过时会深切体会到，恬淡了一点，智慧就打开了一点。就像昨天有弟子说，看见老师说"让物回到物"时，老师同时做了个动作，把杯子从这儿挪到那儿，他说一下就触动了。那就对了，让物回到物。我在我的国学师门里面经常会讲的一个例子。在物理空间里，这个杯子往这儿一放就这么大，它不会在我们看不见的时候，或者我们眼睛看见的时候，突然膨大开了，它出鬼了，不会的。但是在你精神世界里面，这个杯子可以胀满你的身心，可以胀满整个宇宙。比如这个杯子是你爷爷留下来的祖传的杯子，别人把它碰掉一块瓷，你可能一天的情绪低落，完全被这个杯子控制了。

为什么同样在精神世界里面这个杯子它就不是这么大小了？它可以无限大，无限小呢？是因为我们没有让物回到物。简单的方法就是把精神世界的法则与现实世界的法则同步，让物回到物。让你8岁时候受到的那个伤害、挨的那顿打，它不过就是一顿皮肉之伤，让它回到那个现场，不让它超越时空带到现在，来绑架你，来伤害你。让那点缺憾，封固在当时。让物回到物，回到那个空间。小时候没爸爸，那你还有妈妈呢，多少人爹妈都没有。像那个后稷，周文王的祖先，刚出生就被妈妈当怪物给扔掉、抛弃了，那多可怜的人，后来他也成为伟人了。你缺爸爸是一种伤害，那有爸爸有妈妈的人，有些人为人父母也对自己孩子下狠手啊，有还不如无呢。

181

所以你们要有这个"让物回到物"的本领。这是我倡导的在红尘大浪中修行的儒家修行的重要方法之一。你们有机会要读读我的诗啊，我提倡一种诗教。弟子们读我的诗之后，有的能契入到心里头。我很多诗都是让物回到物的天真烂漫，我有很多很美的诗就是描写这个情景的。让你的视观如花，次第展开，特别美。所以以上都是校验之方，各有渊源。

昔蘧伯玉当二十岁时，已觉前日之非而尽改之矣。至二十一岁，乃知前之所改，未尽也；及二十二岁，回视二十一岁，犹在梦中，岁复一岁，递递改之，行年五十，而犹知四十九年之非，古人改过之学如此。

抉微：揭示修身乃日常，自天子庶人无止尽也。

蘧伯玉是孔子夸赞过的一个人。说过去蘧伯玉 20 岁的时候，就能自我觉察出前面的过错而自我改正，并且自己感觉到错误都改过来了。到 21 岁的时候，才知道此前的改正，还有尚未究竟的地方。到 22 岁看 21 岁时，犹觉当时在梦中，这么一年接着一年，如此递进改正。到行年 50 岁时，仍然知道 49 岁所犯的错误。古人改过的学问如此精进，也就是说改过是终生的活儿。这里面透露出儒家的真修行就在日常，不相信一种完美的状态到达后就不需要继续修行了。这也是儒家与各种其他宗教和文化的最大区别。性是日生日成的。极高明而道中庸。不回到中庸，高明保任不了。过去当了皇帝，富有四海，富有天下，自天子以至于庶人都要改过修身，那你算什么呢？皇帝从俗世来看是最有权最有钱的人，你有点权有点钱，有点小职位，有点小背景，你就不改过了？

儒家的修身是日常。所以从天子以至于庶人，要无止无尽地改过。一个能改过的人，亚里士多德讲过，一个能反省的人，这种人的生活是有质量、有智慧的。一个不反省的人，他活着是懵懵懂懂的，是个傻子，这个人的生活是没有品质的。反省就是回光一觉照，打开这个觉照就是看看自己，要看一下自己。所以，其实，从心上改的究竟恰恰是知道改过是一种日常，走失是一种常态。事上、理上终究没有究竟，心上也不是止境，保持觉照，失而能照，才是究竟。

吾辈身为凡流，过恶猬集，而回思往事，常若不见其有过者，心粗而眼翳也。

抉微：察粗心去目障，一叶障目，不见泰山。心之蒙尘，心垢无相。

所以"吾辈身为凡流"，我们这些人都是凡人，"过恶猬集"，我们经常有各种过错与恶行，就像那个刺猬毛似的那么多那么硬。"而回思往事，常若不见其有过者，心粗而眼翳也。"你一反省你过去的过错，反省了半天之后，你觉得我做得挺好的，我啥错都没有。不可能，圣人还有过呢，孔子赞扬蘧伯玉"君子欲寡其过而不能也"，圣贤都时时有过，你怎么一点过错都没有呢？那是因为你心粗，或者你的眼睛被遮盖住了。

所以要"察粗心去目障"。古人讲"一叶障目，不见泰山"。你看我们的眼睛是有限的，一叶障住眼睛，泰山在我们眼前不见了。两耳塞上小豆，雷霆之声不闻，人的局限很多。"心之蒙尘，心垢无相"这几个字特别重要，是我读了凡专门提炼出来给你们的一种觉照。就是心上的垃圾、心垢，是看不见的，没有相的，所以往往心垢难除。在我们这个精神世界里的空间，这个杯子经常被扩到无限大，我们经常要觉照它，让精神世界里的杯子坐回到它杯子本来的模样。

这又是我给你们的一句话，就是"让精神世界里的那只杯子回到杯子本来的模样，在精神世界里的物要回到物"。通此，你就会天地泰然。真的，地天泰，稳稳当当。你不会因为生怒、发怒而做过分的事儿。小时候我爷爷给我讲过一个故事。他说有一个乡下老头带着孙子年关去卖年货，挣了五块钱回家过年。那时候五块钱是很多的。结果在路上小孩嚷嚷，要吃零食。他把那钱包拿出来，掏零钱，让旁边的贼看见了，盯上了。噢，这老头钱不少。于是小偷就把这五块钱给偷了。老头在回来的路上一看，钱没了，老头特别痛苦特别生气，"就怪你要吃零食！"一巴掌打下去，当时打在孙子脑门上，孩子给打死了。

你觉得很邪门，是吗？怎么一巴掌就把人给打死了？不邪门，有时候练功夫打人，练的其实就是这个功夫，从后天反先天。就是说出手无意，就是这个怒气起来一抬手，那个力量是非常大的。我们练武功，练的就是这个自然天成，随意一抬手。拳法里说，打人如薅草，说的就是这种先天自然的反应。有时候小孩子无意打你一下，你会感觉特别疼。小孩不起意的时候，力量都很大，何况大人。练太极拳就是回到不起念头自然行拳，那才是真正高手。现在好多人练武就是悠悠武夫，功夫不行的。这个老头根本没想到这么一抬手，就把孩子打死了。

我们有时候观察不到这种自然之能可以酿成大错。觉照自然之能很难。过去有个中年妇女家里有个大衣柜，那是困难年代花很大一笔钱买的。一下家里起大火了，那个女人没穿衣服，背着个300多斤的大衣柜，愣是从五楼跑到一楼。救完火之后抬回去，两三个小伙子抬不上去。让她抬，她也只能抬动一个脚。再抱起来，怎么也抱不动。可那个时候她怎么背下来的？潜力潜能，就是无知无欲，自然先天之能。所以身上有时候有很大的神通。所以这个老头这一抬手，啪就把孩子一掌给打死了。

这一打死了之后，老头大哭。一快过年了，二钱没了，三孩子死了，他还活个啥劲呢，上吊死了，人就这么没了。

你说这个怒气控制人，这个东西是多么可怕。所以这个心垢无相，如果有觉照，一念照见自己，在起心动念火气上来的时候观照之。如果时光可以逆流的话，老头子绝对不会打孩子，因为打死孩子绝对不是他的本意，五块钱没了可以再挣嘛，对不对？但是当时这一念起一上火，他就控制不住了。所以，如果能观察到自然反应的几微之态，这功夫就高了。其实生活中的很多灾祸都蕴含在对几微的失察中。

然人之过恶深重者，亦有效验：或心神昏塞转头即忘；或无事而常烦恼；或见君子而赧然相沮；或闻正论而不乐；或施惠而人反怨；或夜梦颠倒，甚则妄言失志；皆作孽之相也，苟一类此，即须奋发，舍旧图新，幸勿自误。

抉微：又一对照清单，诸位可一一对比。后二恐人不省也。

其实我们现在很多人的过恶啊，有深重一点的，可以通过人的一些体会或行为看得出来。"或心神昏塞，转头即忘"，就是老稀里糊涂的，老丢三落四。你下楼老忘了带钥匙，你干什么事都丢三落四，说明你的心神昏塞，这是过去有错误蒙蔽了你的心。

"或无事而常烦恼"，啥事也没有，却没来由地烦闷。不爱见人，或者看见别人说话他没耐心，无事烦恼，这都是以前有过没改。

"或见君子而赧然相沮"，就是看见君子而羞愧，进而觉得自己特别差劲，沮丧得不行。总人家怎么这么好，我怎么这么差呀。其实你一点都不差，但你为什么会有这个想法呢？过恶深重，不能自反。

"或闻正论而不乐"，听见正大光明之论觉得不舒服，不对路，不开心，你自身存在着很大的偏差，当然听正论不舒服。这也是自我验证的一个好方法，如果听闻圣贤之言而不舒服，那一定是内心的幽暗很深。

"或施惠而人反怨"，或者你给别人好东西呀，别人不但不感谢你还埋怨你，这咋回事？自觉好心却没好报。

"或夜梦颠倒，甚则妄言失志"，或者晚上颠倒梦想，甚至喜欢胡说八道，失去平时的节制，很失态。古人云："怪小人之颠倒豪杰，不知惯颠倒方为小人。"你总觉世事弄人，自己也因此自弃。不知道你本身不是真豪杰，不然为什么老被颠倒？

"皆作孽之相也"，这些都是你作过孽的表征呀，要改！对照这个毛病呀，自己对照啊，对照各种毛病想想自己在哪儿造过孽。

"苟一类此，即须奋发，舍旧图新，幸勿自误。"所以要对照这些表现，发现有一种体会自己有，就要果断奋发，舍弃旧缚，自新修身，千万别再自我耽误了。我根据了凡的改过之法有一个对照清单，按这个对照清单，可以自鉴！

对照清单

1.第一要发三心：发耻心、发畏心、发勇心。要发心，别害羞，当改则改。

2.第二要从三处改：从事上改，对自己没办法没明白的，至少从事上改，比如说今天让你止语，你悄悄说了几句话，这也是个"过"，别说话了就是事上改。再从理上改；再体会从心上改。

3.第三校验之方，我不重复了。这有九种校验之方，这九点的体会如果你有，可以分享出来，很好。比如你突然觉得这两天心神气爽，恬淡空旷，那就说明你学进去了。或者你觉得昨晚上做一梦，梦见幢幡宝盖，或者梦见孔子了，各种好事都可以分享。

第三篇 积善之方

了凡四训，我们已经学过了立命之学、改过之法，今天我们来看积善之方。

立命之学，是来源于现实生活而提炼总结在理上的东西。改过之法是为了去旧尘，杜绝造新恶，省得给自己带来凶事。改过法的核心，实际上就是当下的这一念。当下的吉祥，当下的吉凶，当下的言行，就蕴含在这一念里面。这个特别关键。

你不去作恶没有过错，只是一方面，更重要的是去做好事。而实际上世界上有一帮人，做好事不知道怎么去做，做好事也需要智慧。有些人好心办坏事，很可能。所以，真正的如何去积善，这里也有善巧方便，做真正的善事会带来吉祥。我们来看如何做善事。

一、十善殊同

易曰："积善之家，必有余庆。"昔颜氏将以女妻叔梁纥，而历叙其祖宗积德之长，逆知其子孙必有兴者。孔子称舜之大孝，曰："宗庙飨之，子孙保之"，皆至论也。试以往事徵之。

抉微：报之于子孙，此处论先。孔子祖先故事可证也。又喻女德实为基，文王三代贤妇也。

《易经》认为，经常做好事的家庭，会有很多的快乐和欢乐，不但当世吉祥，后世也有余庆。过去《三国演义》里面讲袁绍，四世三公，是世家大户。近代也有很多名门大户，比如钱氏家族就出了很多人物，曾国藩的后代也出了很多人物，跟这个家族长久的积累德行有关系。

从孔子来说，"昔颜氏将以女妻叔梁纥，而历叙其祖宗积德之长，逆知其子孙必有兴者。"过去，颜家将女儿嫁给叔梁纥的时候，他们认为孔子的祖上积了很多德。逆知，就是反推逆料，据往知来，他们预料到孔氏的子孙会很兴盛。如孔子的祖先正考父，史书上记载他"循墙而走，亦莫余敢侮"，意思是正考父走路都是侧着墙边走，但他的谦卑，并没有人敢轻侮他。就是很富贵，但是不炫耀。

所以，"孔子称舜之大孝"，孔子说舜这个人是大孝，表现在"宗庙飨之，子孙保之，皆至论也。试以往事徵之"。也就是舜的大孝使得他的宗庙能够得到配飨，子孙也很能得到佑护。你看，舜出生的时候母亲死了，他爸对他非常不好，但他还非常孝敬他爸。他弟弟还一直觊觎他媳妇，想杀他，但是他对他爸爸和弟弟还是很好。舜能如此仁厚，才有这么好的回报。所以《易经》所论和孔子论舜都是"至论"，也就是都是高明之论。"试以往事徵之"，了凡试以一些发生了的故事来验证。

我们来看看这些真实故事，看看做好事到底会带来哪些效应？但是我们也要善于去看，他是怎么做好事的？在哪些点上？

杨少师荣，建宁人。世以济渡为生，久雨溪涨，横流冲毁民居，溺死者顺流而下，他舟皆捞取货物，独少师曾祖及祖，惟救人，而货物一无所取，乡人嗤其愚。

抉微：救人命。一则忍人讥；二则取义不取财；三则报之在后。

杨荣这个人，当过太子少师，就是当过太子的老师，是同时帮助皇帝治理天下的从一品的高官。杨少师是建宁人。最早祖上世以济渡为生。什么叫济渡？就是有船，从这边载客过那边，专做摆渡谋生的。有一次，"久雨溪涨"，下了很久的大雨，河流都涨起来了。"横流冲毁民居"，发大水把民宅都给冲毁了。"溺死者顺流而下"，有溺死的人，包括很多东西，衣物、家具、鸡狗等财物都顺洪流而下。大家注意，"他舟皆捞取货物"，其他人都捞取水中的货物。小老百姓的家里，一看有个便宜可捡，就赶紧捞上来。"独少师曾祖及祖"，只有杨少师的老爷爷和爷爷，在干什么？"惟救人，而货物一无所取，乡人嗤其愚。"他们只救人，而其他东西即货物一无所取。这个很难得的。因为大水一发，各种东西刹那间都变成路边财产，甚至金银珠宝的箱子，很多人都是捞取这些东西的。而杨少师这家人却能于货物一无所取。乡人都"嗤其愚"，嗤啊，就是笑或骂或者怀疑，都说这家人真傻，有好东西不捞，而去救人。

我抉微批注为，为大善表现为三：第一，要忍住别人的讥讽；第二，是取义不取财，像杨少师家不去捞东西，他取的是义，救的是人；第三，报之在后。就是不是当时就显现出什么，而是回报在后人。这家风和融，使人思之都觉感动，自然吉祥止止。

大家看之后发生了什么？

逮少师父生，家渐裕，有神人化为道者，语之曰："汝祖父有阴功，子孙当贵显，宜葬某地。"遂依其所指而窆之，即今白兔坟也。后生少师，弱冠登第，位至三公，加曾祖、祖、父，如其官。子孙贵盛，至今尚多贤者。

抉微：《化书》论鱼，日之八百泸，临难好修行。地之喻与得同。择善地有善得。

这家在当地来说，本来是个渡户，一般家庭。做了善事当时没有显现出来什么。"逮少师父生"，等到少师的爸爸出生后，"家渐裕",家里渐渐富裕起来,家里就渐渐有钱了。"有神人化为道者,语之曰",有神人变化成一个道士对杨少师的先人说,"汝祖父有阴功,子孙当贵显,宜葬某地"。说你这个祖上有阴功呀,子孙会富贵显达,并告诉他们适合在哪儿安葬先辈。"遂依其所指而窆之,即今白兔坟也。"于是杨家就依道士指的这个地方,把逝去的祖先埋在那儿,也就是今天的白兔坟。"后生少师,弱冠登第",杨少师出生后,年龄不大的时候就登第了,"位至三公",做到少师的高位,可谓位列三公。"加曾祖、祖、父,如其官。子孙贵盛,至今尚多贤者。"不但杨少师如此殊荣。他的老爷爷、爷爷、父亲都被皇帝加封为少师荣誉。到现在杨少师家都子孙富贵鼎盛,有很多贤能之辈。过去一人得道,家人都受封荫。这个制度现在没了。我觉得如果有适当地恢复应当是可以起到陪养人的责任感的作用的。虽然是虚职封荫,但可以大大提高人的荣誉感,并珍惜自己的身份与荣誉。

我底下批注了一句"《化书》论鱼"。历史上有一本著名的哲学著作,是道家的谭峭写的,叫《化书》。里面讲发大水之后,不要轻易去捞鱼。有些人发大水的时候就到处去捞鱼,回来后就煮着吃了,好多人就得病死了。这个《化书》就讲,发大水时有很多神精鬼怪,水来一时无法脱身,便托化为鱼。你看我们微信里面经常有这样的画面,一发大水,有的人去捞鱼吃。包括李渔写的《闲情偶寄》,也讲过这个事。就是发大水的时候,出来的鱼啊、鳖啊,不要轻易捞着吃,不然容易有生命危险。古人所论,当时没有现代的所谓医学知识,其实是发大水时各种杂物各种淤塞脏臭都激发出来，鱼鳖容易中毒，吃进去容易细菌感染，不吃此时之鱼鳖是对的。所以人在非常时期不要轻易去占便宜，要知道非常时期的便宜可能会是灾害。古人说过"临财毋苟得，临难毋苟免"，就是突然来的财富不要轻易得，突然来的灾害不要赶紧摘开自己，不顾他人。

有时候恰恰是临难好修行。也就是面临灾难的时候，正是好修行的时候。你们注意呀，功德在这个时候最容易积下。日本以前有个八佰伴大集团，当它还是小作坊的时候，有一次发大水，邻里这一带的人没菜吃，小商贩都借机抬高价钱。比如说平时黄瓜8块钱一斤，发大水，运输断了后，就卖20多块一斤。八佰伴积累了很多蔬菜，平时他们卖8块，这个时候他却卖6块。附近的百姓都感激他们，后来八佰伴成为全球最大的企业集团之一。

另外，如何看待一些传统的神话隐喻，比如这里关于道士的风水之论。我认为，"地之喻与得同。择善地有善得。"我想说的是，我们今天读这些故事，要善于读它背后的一些暗喻，而不要仅仅当成一个寓言、神话或者传说来读。所谓神人指示祖坟应该埋在哪里，其实"地"就是暗喻德行，小德则小得，大德则大得。三才者，天地人，埋在什么地方，"择善地有善得"，选择好的地方，在埋葬祖先的源头那里设置好条件，其实就是隐喻在源头上"德"要清正。找到好的源头元素，就自然会有好的回报。所以，风水这个东西，出风当水，除去故意虚玄为财利外，也含有古人的环境科学理念在里面。比如说，你门口挡个大石头，天天看着堵，心情自然不好。或者墙角弄两个小墙，两个尖刀似的插过来，它就自然在心上也不舒服。所以这个风水，其实跟我们心上的阴阳组合更关键。

好，这是了凡举的第一个行善的故事。我们来看第二个故事。

鄞人杨自惩，初为县吏，存心仁厚，守法公平。时县宰严肃，偶挞一囚，血流满前，而怒犹未息，杨跪而宽解之。宰曰："怎奈此人越法悖理，不由人不怒。"

自惩叩首曰："上失其道，民散久矣，如得其情，哀矜勿喜；喜且不可，而况怒乎？"宰为之霁颜。

抉微：视民如伤，《论语》末章有证。礼法之用，和为贵。

浙江宁波有个叫杨自惩的人，最初在一个县里当小县吏，他存心仁厚，并守法公平。当时的县官偏于严肃苛刻。"偶挞一囚，血流满前"，有一次县官生气，用鞭子打一个囚犯，打得满身流血，"而怒犹未息"，却依然很生气。"杨跪而宽解之"，杨自惩跪地而为囚犯求宽解。县官说："怎奈此人越法悖理，不由人不怒。"也就是这个活该，违法悖理没法不让人生气。杨自惩叩头说，"上失其道，民散久矣，如得其情，哀矜勿喜；喜且不可，而况怒乎？"这话是《论语》里曾子讲过的一句话，意思是上面没有好的治理方法，老百姓在底下离散已久，就是国家没有引导，百姓没有方向而容易犯罪。如果拷问老百姓，查出了犯罪的实情，你不要欢喜，而应该"哀矜"，要怜悯，他为什么这样犯罪？你比如说，抓住这个人杀人了，也许是因为马上要饿死了，家里有老小，活不下去了，他去偷盗，在逃跑的过程中杀了人。"哀矜勿喜"，抓住这个人审讯得实，你应该难受。"喜且不可，而况怒乎？"惩罚老百姓，其实惩罚的都是可怜人。就如周文王"视民如伤"，把百姓之病看作自己的伤痛。县官听完这一番话后"为之霁颜"，就是县官的脸一下就亮了就开了。民国时期的北大校长蔡元培先生，有人一见蔡先生，就如同"光风霁月"，就是这个"霁"字。"霁"，就有点像太阳照在雪地上那个光亮，脸一下就开了的意思。有涵养的人，就是"光风霁月"这种感觉。县宰也是读书人，他一听杨自惩这么说，脸一下就松开了。

过去读书人与读书人之间有一个对话体系，这个对话体系基于所读的诗书，现在丧失很久了。我早年当出版社社长的时候，去拜访一位老知识分子，是学术界一位泰斗级的人物。那天我们去，一敲门，老先生说："你们干吗来了？"我一看老先生脾气这么大，说话那么直。进门一看，屋里的桌子板凳都是旧的，是二十世纪五六十年代的杂木家具。他冷冷地说，我这是有名的简陋呀。我随口说："君子居之，何陋之有？"我对老先生说的这句话，让老人马上"霁颜"，一下子就开了。哇，平时他不怎么见客人，那天送我十几部著作。你看，说话从文化上接通了，他非常高兴。过去当官的都是读四书五经出来的，百姓也受儒家教化，所以从官方、士大夫到百姓是一个话语义理体系。现在是割裂了这个体系，比较难以找到共同的话语义理根源，所以对罪犯与法官之间只是法律规定的关系。

这个讲"视民如伤"，《论语》末章专门有论证。"如得其情，哀矜勿喜。"做官员的，尤其要记住这句话。意思是，"不要在审案中沾沾自喜，你看我把这个案子终于破了。而是要怀揣怜悯之心，其实百姓的状态与我们执政者的状态密切相关。所以《论语·尧曰篇》说商汤王："朕躬有罪，无以万方；万方有罪，罪在朕躬。"商汤王认为自己有罪过，不能推卸到天下，天下有罪过，源头在自己。所以古人主张，"礼之用，和为贵，先王之道斯为美"。也就是在运用礼的时候，要以和为贵。只有和才有彼此同情的基础，官民才能相和。

家甚贫，馈遗一无所取，遇囚人乏粮，常多方以济之。一日，有新囚数人待哺，家又缺米。给囚则家人无食，自顾则囚人堪悯。与其妇商之。妇曰："囚从何来？"曰："自杭而来。沿路忍饥，菜色可掬。"

因撤己之米，煮粥以食囚。后生二子，长曰守陈，次曰守址，为南北吏部侍郎；长孙为刑部侍郎；次孙为四川廉宪，又俱为名臣；今楚亭，德政，亦其裔也。

抉微：救大众是大人者也。

杨自惩家里很穷，但"馈遗一无所取"。他作为县吏，别人送他东西，他一分钱不要，家里穷是穷，逢年过节别人送的东西不要。"遇囚人乏粮，常多方以济之。"遇到囚犯没有粮食吃，还经常接济他们。有一次，"有新囚数人待哺，家又缺米。"杨自惩某一日刚抓了几个人，那几个人没得吃，杨自惩家里又缺米。"给囚则家人无食"，如果给囚犯的话，家人就没得吃。"自顾则囚人堪悯"，顾着家里人吃吧，看到囚犯饿的那个样子，太可怜了。"与其妇商之"，他就与老婆商量，这个人不光心好也很尊重老婆啊。妇曰："囚从何来？"老婆问他："囚犯从什么地方来的？"曰："自杭而来。沿路忍饥，菜色可掬。"回答说："从杭州过来，沿路一直饿肚子，面黄肌瘦，已经非常饿了。"

"因撤己之米，煮粥以食囚。"算了，还是自己家里人饿一点吧，煮点粥给囚犯吃。杨自惩夫妇商量。真是人如其名，自我惩罚呀。"后生二子"，这杨自惩生了两个儿子。"长曰守陈，次曰守址，为南北吏部的侍郎"，杨自惩生的两个儿子当官当到相当于现在中组部的副部长，已经非常厉害了。"长孙为刑部侍郎"，他的长孙相当于现在的公安部或者司法部副部长。"次孙为四川廉宪，又俱为名臣；今楚亭，德政，亦其裔也。"他的第二个孙子也当过四川主掌廉政的官员。这些子孙都成为一代名臣。当时的楚亭、德政，也都是杨自惩的后裔。

这反映了什么人就有什么人心。救大众的心就成为真正的大人。下面，我们来看第三个故事。

昔正统间，邓茂七倡乱于福建，士民从贼者甚众；朝廷起鄞县张都宪楷南征，以计擒贼，后委布政司谢都事，搜杀各路贼党。谢求贼中党附册籍，凡不附贼者，密授以白布小旗，约兵至日，插旗门首，戒军兵无妄杀，全活万人；后谢之子迁，中状元，为宰辅；孙丕，复中探花。

抉微：如王阳明破宁王，有仁心为基。

在明朝正统年间，有个叫邓茂七的，"倡乱于福建，士民从贼者甚众。"邓茂七在福建作乱，百姓甚至读书人跟着造反的很多。"朝廷起鄞县张都宪楷南征，以计擒贼"，朝廷启用浙江鄞县的张都宪南征，设计谋抓贼。"后委布政司谢都事，搜杀各路贼党。谢求贼中党附册籍，凡不附贼者，密授以白布小旗"，后来委令布政司的谢都事，搜查杀戮邓茂七的各路余党。大家知道，这个时候最容易滥杀无辜。于是谢都事悄悄地把攀附贼党的名单拿到了，根据名单，凡没有依附贼兵的百姓悄悄给他们发个小白旗。"约兵至日"，相约打仗时，"插旗门首，戒军兵无妄杀，全活万人。"这个人不得了。因为双方一打仗的时候，杀红了眼，碰着对方就杀。他先把小白旗给他们，这说明他们就没在这个册上，就此防止滥杀无辜，他保护了无辜的乡民，使得万人以上得保性命。"后谢之子迁，中状元，为宰辅"，后来谢都事的儿子谢迁当了宰相。"孙丕，复中探花"，他孙子谢丕也高中探花。

这使我想起了王阳明。当年宁王之乱，王阳明很有智慧，几个月就平定了大叛乱。当时好几万人跟着宁王叛乱，很多人是被迫的。王阳明想了一个办法，既保全了大量士兵的性命，又避免了一场极大的灾难。而且在短时间内，迅速解决了叛乱，把宁王打败了。

王阳明是怎么做到的呢？其实王阳明这个人是有天命的。本来宁王叛乱前设了个局，就是借庆寿之机，胁迫前来祝寿的人参与叛乱，不同意参加叛乱就直接杀掉。王阳明当时已经在拜寿的路上，但忘记带一个东西，又返回去取。让部下先行去了。王阳明派去的人，因为不服从宁王，被宁王当场给杀了。

王阳明心学主张，凡事要从心上下手，方能建大功，立大业。当时在江西的兵马都是宁王的，人多势众，地方上的勤王没有多少兵马。于是王阳明想了一个"攻心为上，不战而屈人之兵"的妙策。王阳明知道当时很多人是被宁王胁迫造反的，他就做了一个小的军令牌，叫作"免死牌"，在宁王驻军的上游将"免死牌"顺流而下。如果你是被胁迫的，那么你可以悄悄捞一块牌，以后你出示这个牌子可以免死。结果当天晚上，"免死牌"顺流而下，宁王的大部分士兵都捞了这个牌子。结果两军一对垒，宁王的士兵纷纷出示"免死牌"，宁王的队伍一下子就被瓦解了。当时朝野震惊，这个人竟然这么聪明这么有本事，那是一个读书人啊！那是王阳明人生中的第一大战，打得非常漂亮，后来他不断地建功立业。

所以，凡事攻心为上，也是心学可以干实事的诀窍。王阳明在贵州的时候，也曾经有一个大强盗，好不容易被抓住了。那个大强盗心想，老子被杀了，20年后又是一条好汉。他不怕死，怎么都不认罪。这些强盗头子都不怕死，你杀了老大，老二又出来了。我们来看心学有多厉害，王阳明当时审他的时候，就说天气太热了，把上衣脱了吧。强盗说，脱就脱，老子还怕这个。脱了。王阳明又说，太热了，把长裤也脱了吧。强盗一听，这有什么，

200

又把外裤脱了，剩下一条短裤。注意，即使是大英雄，被脱得只剩一条短裤的感觉，瞬间会变得很怪。平时这些大盗的英雄情结很浓，当下绕开他的英雄气概，从一般人皆有的良知入手，会有奇妙之效。心学精微于实践，有不可言喻之妙。王阳明说，接着脱，把内裤也脱了。"哎，这不合适吧？"强盗一听大惊。

你看，他宁愿被杀头，但他一个大男人，大庭广众之下，周围有百姓围观，还有女的，让他脱裤子，对一个男人来说，杀脑袋可以，脱裤子？有点说不清楚的心理，这个廉耻感。心学就是对廉耻感、同情心、怜悯感这些东西，直捣你心源。王阳明顺势就说，你看你脱个裤子都害羞，你是个有尊严、有血气之人，为什么要做强盗？这一说，大强盗眼泪就下来了，就说我当年是怎么怎么做的强盗，如何如何，号啕大哭。这就是示了弱了，服了软了，最后也没杀他。此后这一带都安宁得很，把强盗头子都折服了。所以，古人有一对名联云"能攻心则反侧自消，自古知兵非好战；不审势则宽严皆误，后来治蜀要当心"。不一定打仗就要出动部队，从来攻心为上。

所以，我们看故事里的这个人也是不得了，先拿小旗，让百姓避免一个大的杀戮，他也得了一个大的善报。

莆田林氏，先世有老母好善，常作粉团施人，求取即与之，无倦色；一仙化为道人，每旦索食六七团。母日日与之，终三年如一日，乃知其诚也。因谓之曰："吾食汝三年粉团，何以报汝？府后有一地，葬之，子孙官爵，有一升麻子之数。"

201

其子依所点葬之，初世即有九人登第，累代簪缨甚盛，福建有无林不开榜之谣。

抉微：积善以诚以恒，恒则诚也，诚则恒也。

福建莆田的林氏家族，其先人中有个老母亲好善，经常制作粉团施与路人。"求取即与之，无倦色。"要就给他，而且容色和蔼，从来不让人觉得她有厌倦的时候。

我记得小时候，一个老中医去给我妈看病，说起我太奶奶。中医说，你那个太奶奶太好了，小时候我们就经常到你们家吃饭，你太奶奶和颜悦色，对人很好，而且毫无倦色。老中医已经80多岁，说这话时感慨系之，语气很是和蔼。

这里讲，"一仙化为道人，每旦索食六七团"，有个仙人见林母如此厚德待人，有一次就变化为道人，每天早晨都来要六七个团子。"母日日与之，终三年如一日，乃知其诚也。"林母天天给他，三年如一日。大家注意了，做善事也要有恒心。"吾食汝三年粉团，何以报汝？"道人说，我吃了你三年的粉团，我怎么报答你呢？于是就告诉她，"府后有一地，葬之，子孙官爵，有一升麻子之数。"他说，你家府后有一片地方，你死后葬在那儿，你子孙的官爵，将如"一升麻子之数"，也就是子子孙孙很多能当官。

"其子依所点葬之"，林母之子就依道人指点把母亲葬在了那个地方。"初世即有九人登第"，结果林母之后的第一代里就有九人登第。"累代簪缨甚盛"，林家由此累代为官极多。"福

建有无林不开榜之谣"，甚至福建个说法，即姓林的如果没考上
进士，这个地方的榜就开不了，也就是林家每榜都有登第的。登
第发榜能屡中，这在过去是不得了的大事。我这里批了一句："积
善以诚以恒，恒则诚也"。从这则故事里，隐喻积善不仅要诚心，
还要有恒心。不诚难以感格上天，不恒难见真诚。所以三年如一日，
可谓能恒能诚。

冯琢庵太史之父，为邑庠生。隆冬早起赴学，路遇一人，倒
卧雪中，扪之，半僵矣。遂解己绵裘衣之，且扶归救苏。梦神告
之曰："汝救人一命，出至诚心，吾遣韩琦为汝子。"及生琢庵，
遂名琦。

抉微：孝子贤孙有来处。故子孙者心术也。此处宜深参。

我们来看，第五个故事。"冯琢庵太史之父"，当时做太史
官的冯琢庵的父亲，早年"为邑庠生"，就是在这个县里面做秀才。
因为成为秀才，当时朝廷会有一些生活补助，所以叫"邑庠生"。
"隆冬早起赴学，路遇一人，倒卧雪中"。冯父早晨起来去县学，
大冬天的，忽然路遇雪地里有人躺在那儿。"扪之"，一摸他，"半
僵矣"，身体半僵，冻僵了。"遂解己绵裘衣之"，就把自己的
绵裘解下来，盖在他身上。"且扶归救苏"，并扶他起来带回家中，
救他苏醒。"梦神告之曰：汝救人一命，出至诚心，吾遣韩琦为
汝子。"结果冯父梦见有神相告，你出自诚心，注意了，没有什
么其他目的，就是单纯救人，所以我遣送韩琦给你做儿子。"及

生琢庵，遂名琦。"后来冯父得子，就把冯琢庵命名为琦。韩琦原是宋朝的宰相。被转托为冯父之子，后来做了太史官。这个暗喻又是什么呢？我们如果看成一个神话故事又没意思了。这则故事我的抉微为"孝子贤孙有来处。故子孙者心术也。此处宜深参。"你家生个儿子有出息，那是有来历的。而来历到底以何为源泉？心术！

今天我一句话点破在这儿，子孙就是未来，未来就是心术，这要深切地去体会呀，不要平平看过。过去古人写作，"能隐于事者不言理，能显于理者不例事，事理同处，不复赘言。"这句话是我读古人书的深切体会。就是一件事里蕴含了深刻道理的，就不再用理论来说明，而直接能说明理的，就不用举事例说明。因为事理相融，不需要那么多的语言。现在的人呀，用苏东坡的话说，"人生识字忧患始"，容易陷入理障、事障，所以总是多言，理事反复同证。

如果谁家孩子出了问题，那是你的心术出了问题。你的子女就是你的心术，你的心术就是你的子女。你心正，你的子女就有成就；你心歪，你的子女就出问题。心狠心毒，你的子女先天就不好。子女者，心术也，要直接建立这样一个观点，一种关联自勉。那有人就问了，瞽叟心偏心坏，为什么就有舜这样的孩子呢？很多问题，妙就妙在这。瞽叟只是对舜不好，史书并未见有瞽叟对周围的人有多不好。有些人在社会上还挺正常挺好，可就是对自己孩子特别不好。在社会上不好的，社会规则会收拾他，在家对孩子不好的，孩子会出现两种极端，大贤与大恶。儒家之教正在于期待人有贤父兄，如果父兄不贤，不能约束自己，也就不能匡正孽子。此家必破败。而其家没有贤父兄的如大舜，也就是基于人性本善与父兄作切断，而能自我成就。儒家之教，基于家教之正，而又能剥除家教之负面，这就是这个文化体系能滋养中华民族数千年的原因。所以不能正心诚意，孩子必然出偏，要挖自己思想的源头。我们这个时代充满着要如何去抓取，如何去奋斗成功，做点好事都充满伪装，所以我们要反省反观，反照本心的源头是清是浊，这个东西一定要反省、反观、反照，与天日同昭昭。作为自身，甚至要反观到自己的父亲之源是清是浊，要像舜一样处父之浊而仍然能爱，这就不得了了。

　　台州应尚书，壮年习业于山中。夜鬼啸集，往往惊人，公不惧也。一夕闻鬼云："某妇以夫久客不归，翁姑逼其嫁人。明夜当缢死于此，吾得代矣。"公潜卖田，得银四两。即伪作其夫之书，寄银还家；其父母见书，以手迹不类，疑之。既而曰："书可假，银不可假，想儿无恙。"妇遂不嫁。其子后归，夫妇相保如初。公又闻鬼语曰："我当得代，奈此秀才坏吾事。"旁一鬼曰："尔何不祸之？"曰："上帝以此人心好，命作阴德尚书矣，吾何得而祸之？"

　　应公因此益自努励，善日加修，德日加厚；遇岁饥，辄捐谷以赈之；遇亲戚有急，辄委曲维持；遇有横逆，辄反躬自责，怡然顺受；子孙登科第者，今累累也。

　　抉微：良知可得天地钦仰，在世不能欺侮，身后令名广誉。

　　台州的应尚书，年轻的时候在山里面为科考读书。"夜鬼啸集，往往惊人，公不惧也。"夜晚山里有鬼，而且故意来吓人，可是应尚书并不害怕。我看野史里说，西汉的经学家、目录学家、文学家刘向，在山里读书时也遇到了鬼。有一次刘向坐在那里写字，一看过来一个鬼，青面獠牙的。刘向把手在墨上一拍，在脸上一抹，"哎——"做一个狰狞的表情，这个鬼一看，"呼——"一下就跑了。你看一身正气，反倒让作怪者生畏。所以我说你们如果遇到一个奇奇怪怪的东西，要见怪不怪，其怪自败。另外一个，见怪斗怪，其怪也败。他出来，你一身正气迎战，他也就跑了。如果他出来，你畏畏缩缩，害怕得要命，你就完蛋了。

　　"一夕闻鬼云：某妇以夫久客不归，翁姑逼其嫁人。"有一天晚上，应尚书听见两个鬼在那里悄悄说话，一个鬼说：有一个女的她老公在外面好久也没回来，家里人觉得这个男人死了，"翁姑逼其嫁人"，她公公婆婆想逼她改嫁算了。可是古代有些个贞烈女子，自己不想再嫁人。公婆就想把她推出去，因为多一口人吃饭。窦娥冤就是这么来的，窦娥对婆婆很好，婆婆反倒怕自己耽误了窦娥。后来县官怀疑窦娥杀死了婆婆，由此屈杀了窦娥，致使六月飞雪。

　　那鬼接着说，翁姑逼儿媳妇嫁人，"明夜当缢死于此，吾得代矣。"女的不想嫁，准备明天晚上上吊而死。有一个鬼就特别高兴了，说那个女人吊死了，正轮到我脱身。"吾得代矣"，这个托生的指标是我的了。

　　这俩鬼的对话，让应尚书听见了。"公潜卖田"，他一听鬼这么说，就赶紧悄悄地把自己的田卖了，"得银四两"，得四两银钱。"即伪作其夫之书"，应尚书伪装她老公的口吻写了一封信，并"寄银还家"。"其父母见书，以手迹不类，疑之。"父母看见说，这不太像我儿子的笔迹呀，有点儿怀疑。"既而曰"，他们又琢磨着说，"书可假，银不可假"，对呀，谁有毛病呀？伪造封信还送银子来？或许他们想，这可能是儿子不方便，请别人代写的信。"想儿无恙"，想想儿子可能没事。就不逼媳妇改嫁了。"妇遂不嫁。其子后归"，后来儿子还真回来了。"夫妇相保如初"，夫妇感情很好，相互珍重如最初那样。"公又闻鬼语曰：我当得代，奈此秀才坏吾事。"应尚书又听见鬼生气地说，我本来可以转世托生了，但是这个秀才坏了我的好事。应尚书做了什么，实际上鬼知道。旁边另一个鬼说："尔何不祸之？"你怎么不祸害他。那鬼说："上帝以此人心好，命作阴德尚书矣，吾何得而祸之？"原来应尚书人心特别好，在阴间已经给他准备了尚书的位置，我祸害不了他呀。

　　应尚书都听到鬼的这些话了，这可是个巨大的鼓励啊。这鼓励可够动力，换成我也会好好读书，继续行善。你看看人间也做大官，死了还有阴间的高位等着，大家想想这是什么感觉。"应公因此益自努励，善日加修，德日加厚。"你看，应公因此更加努力，行善则日益加多，品德也日益加厚。遇到天下岁饥，就捐谷以赈之。遇到亲戚有急，就委屈自己帮助亲戚。"遇有横逆，辄反躬自责"，碰到别人对自己不好，不说别人不好，反躬自省问自己，是我自己哪里做错了吗？"怡然顺受。"对各种不顺，快乐地接受。到最后，子孙登科第有功名的人非常多。

这个故事有什么寓意呢？"良知可得天地钦仰，在世不得欺侮，身后令名广誉"。也就是说，正人君子其良知发露，天地钦仰。活着的时候阴阳两道不能伤之，死后好名声流传万代。

　　常熟徐凤竹栻，其父素富，偶遇年荒，先捐租以为同邑之倡，又分谷以赈贫乏，夜闻鬼唱于门曰："千不诳，万不诳；徐家秀才，做到了举人郎。"相续而呼，连夜不断。是岁，凤竹果举于乡，其父因而益积德，孳孳不怠，修桥修路，斋僧接众，凡有利益，无不尽心。后又闻鬼唱于门曰："千不诳，万不诳；徐家举人，直做到都堂。"凤竹官终两浙巡抚。

　　抉微：行善如置邮传命，积德贵锦上添花。

　　常熟有个叫徐凤竹的人，父亲很有钱。"偶遇年荒，先捐租以为同邑之倡，又分谷以赈贫乏。"有一年偶然遇到荒年，他父亲先是响应同县乡的倡议捐献了租田之粮，后来又分自家的谷子以助贫苦穷乏之家。底下有点瘆人，"夜闻鬼唱于门曰：'千不诳，万不诳；徐家秀才，做到了举人郎。'"做了好事，晚上听到鬼唱歌。诳，就是骗的意思，千不骗，万不骗，意思是天道毫厘不爽，做了好事决不会被诳骗，徐家秀才因为做好事，会做到举人郎。"相续而呼，连夜不断。"一群一群鬼在叫，这里面也有暗喻。意思是连续做好事，会得到连续的唱诵。而且以鬼喻人暗自的赞叹，所谓有德鬼神钦。

"是岁"，这一年，"凤竹果中举于乡，其父因而益积德"，徐凤竹果然在乡试中中了举人，他父亲就接着做好事。"孳孳不息，修桥修路，斋僧接众，凡有利益，无不尽心。后又闻鬼唱于门曰：'千不诳，万不诳；徐家举人，直做到都堂。'"徐凤竹之父得到这种积极暗示，越来越专注于善事。修桥修路，斋养僧尼，接济大众，只要有利大众的事，无不尽心尽力。结果又听见鬼在祝颂徐凤竹官越来越大，果然徐凤竹后来做到了两浙巡抚。这是封疆大吏，很高的一个位置。

这些个故事的背后，了凡都试图梳理一种为善的方式和意义，更想借民间传说揭示为善积德与功名富贵之间的内在关联。其实，深入考察，这是儒家义理文化的一种逻辑与实践的设计与期待，即通过民俗化作百姓日常，同时借佛道更好地去教化百姓。了凡之意深矣。孔子主张，"行有余力，则以学文"。可见，实行重于学文，而文也不可虚，必然与行有相应。而且，由实行而知识，由知识而得道，由得道而富贵，由富贵而身心，由身心而天人，这是儒家化民的逻辑链条。在教育难以普及的时代，这些故事更具有生活气息，更能融义理于日常生活。我看后来人讲了凡，讲每个故事就是个直接翻译，没有挖掘每一个故事背后的东西，造成一种只提好事的感觉。其实每一个故事背后都会有一个行善点的独特性。

这个故事的点想说明什么呢？通过故事本身我们可以感觉到了凡辑此的两个层面的意思：一是为善如孔子言，"德之流行，速于置邮传命"，表明真心为善，回报如影随形；二则"积德贵锦上添花"，做好事要形成叠加效应。

嘉兴屠康僖公，初为刑部主事，宿狱中，细询诸囚情状，得无辜者若干人，公不自以为功，密疏其事，以白堂官。后朝审，堂官摘其语，以讯诸囚，无不服者，释冤抑十余人。一时辇下咸颂尚书之明。

公复禀曰："辇毂之下，尚多冤民，四海之广，兆民之众，岂无枉者？宜五年差一减刑官，核实而平反之。"

尚书为奏，允其议。时公亦差减刑之列，梦一神告之曰："汝命无子，今减刑之议，深合天心，上帝赐汝三子，皆衣紫腰金。"是夕夫人有娠，后生应埙，应坤，应埈，皆显官。

抉微：此一则行善亦须有智力，能用己力谋民福；二则身在公门好修行，何必舍此另觅道。

嘉兴有个屠康僖，这个人最初在刑部里面做主事。"宿狱中"，他悄悄地假装成犯人，在监狱里面住下来。"细询诸囚情状，得无辜者若干人"，打听到了很多人犯罪的实际情况，得知有一些人确实是被冤枉的。他记下来。因为他假扮囚犯，他能够得到真情。这个方法至今也可以用，监狱有时真是有冤枉的。"公不自以为功"，他自己不以为这是功。"密疏其事，以白堂官。"他悄悄把这个东西记录下来，给了检察官。"后朝审，堂官摘其语，以讯诸囚，无不服者"。堂官审讯的时候，用他报上来的实情来审问，没有不服的。把实情抖搂出来了，"释冤抑十余人"，释放了十几个被冤枉的人。"一时辇下咸颂尚书之明。"一时间，辇下，就是部下及百姓，都称赞尚书之明。注意，这可是阴德，有冤百姓皆颂尚书之明。

"公复禀曰"，屠康僖说，"辇毂之下，尚多冤民，四海之广，兆民之众，岂无枉者？宜五年差一减刑官，核实而平反之。"意思是政府的统治之下，有很多被冤枉的人，四海之广阔，万方百姓之多，怎么可能没有被冤枉的？肯定有。我们最好每五年找一个减刑官，一件一件案子去核实而平反。意思是就像我一样，在监狱里面得到真实的情况，这样可以给很多有冤屈的人平反昭雪。

"尚书为奏，允其议。时公亦差减刑之列"。于是尚书向朝廷奏明此议，皇上允许了。当时屠康僖也被差为减刑官。做了这样的好事，有个神就告诉他："汝命无子"，你本来没有儿子。"今减刑之议，深合天心"，你那个减刑之议深深地与上帝好生之心相合。"上帝赐汝三子"，因为你这么一个好政策帮助百姓，上帝赐给你三个儿子。而且"皆衣紫腰金"，就是你的儿子都能紫袍冠带坐朝堂。

"是夕夫人有娠，后生应埙，应坤，应埈，皆显官。"这也太快了吧，做梦醒了之后的当天晚上夫人就怀上了，后来三个儿子都当了大官。

这个故事想说明什么呢？我认为，一则是行善也要有智力。要用己之力谋民福。前两年一个派出所的民警为了立功，为了升职，跟另外一个人约定帮他立功，说你假装是逃犯，我来假装追

211

击你，结果假戏真做，那民警居然就把那人给打死了。这是闹得很大的一个新闻，那警察还真的报了功了。后来这个事被追究揭发出来了。这是一个为了追求功名富贵的一个极端而又荒谬的例子。所以，对一般人来说，好像平常生活中没有办法获得一个创新与升迁的机会。屠康僖却能作为一个小官员在本职工作上如此用心与创新。二则"身在公门好修行，何必舍此另觅道"。身在公门，掌握权力，可以更好地修行与践道。用今天的话来说，屠康僖对待本职工作本身就是一个创新。实际上一心为民，出自诚心与公心，总会有很多办法的。这就是"身在公门好修行，何必舍此另觅道"。

嘉兴包凭，字信之，其父为池阳太守，生七子，凭最少，赘平湖袁氏，与吾父往来甚厚，博学高才，累举不第，留心二氏之学。一日东游泖湖，偶至一村寺中，见观音像，淋漓露立，即解囊中十金，授主僧，令修屋宇，僧告以功大银少，不能竣事；复取松布四疋（pǐ），检箧中衣七件与之，内纻褶，系新置，其仆请已之。凭曰："但得圣像无恙，吾虽裸裎何伤？"僧垂泪曰："舍银及衣布，犹非难事。只此一点心，如何易得。"

后功完，拉老父同游，宿寺中。公梦伽蓝来谢曰："汝子当享世禄矣。"后子汴，孙柽芳，皆登第，作显官。

抉微：一点心有无穷用。可以自保，可以利他。

嘉兴的包凭，字信之，他父亲是池阳的太守。他父亲生了七

212

个孩子，包凭是最小的。包凭入赘到平湖袁氏，与了凡之父关系很好。"博学高才，累举不第"，才华很高，科第却总考不上。"留心二氏之学"，喜欢佛家和道家的东西。"一日东游泖湖，偶至一村寺中，见观音像，淋漓露立，即解囊中十金，授主僧，令修屋宇"。包凭有一次往东边的泖湖出游，看到村里面有一个观音像，栉风淋雨的，他就把口袋里带着的所有的十金，不知道那时候的十金是多少，反正是倾其身上所有给那个主僧，让他修这个佛像。"僧告以功大银少，不能竣事"，僧人告诉他说这点银子，干不了什么，干不完这事。"复取松布四疋，检箧中衣七件与之"，包凭又从自己的箱里面拿了四疋松布和七件衣服给僧人。"内纻褶，系新置"，都是新衣服，衣服上的褶印还非常明显，都是没穿过的新衣。"其仆请已之"，仆人说，别给了，留着自己用吧。包凭曰："但得圣像无恙，吾虽裸裎何伤？"他说，只要圣像无恙，我光着身子都没事。

那个僧人一听就掉眼泪了。说："舍银及衣布，犹非难事。"你舍点银子和衣服，不是难事。"只此一点心，如何易得。"只此一点心意，是最难得的。这一点心，我以为，便是天地的枢机，万化的开端。大家注意，其实行上就是这一点心。

"后功完，拉老父同游"，后来佛像竣工，包凭拉着了凡之父一起游宿寺中，在寺里面包凭做了一个梦。"公梦伽蓝来谢曰：'汝子当享世禄矣。'"梦见伽蓝说，你的儿子定能享荣华富贵。后来包凭的儿子汴，孙子柽芳，都登第了，而且都做了位置显赫的官员。

通过这个故事告诉我们什么呢？"一点心有无穷用。可以自保，可以利他。"也就是善心不在做事大小，也不在善心本身要发多大，一点良心其用就可以无穷无尽，既可以自我保护，也可以利益大众。这一点点良心妙用无穷，也随时可以带来吉祥。我给大家讲个故事，这是天津有个出租车司机讲的一件真事。说那是 20 世纪 80 年代末期，有一天晚上，有一个女孩打他的车，坐在后面。上车就抽烟，穿得也很少。司机就跟那女孩子说话，姑娘，穿这么少，你应该多穿点衣服呀，不要着凉，你跟我闺女差不多大。那个女的不说话，沉沉地抽着烟。快到地方了那姑娘忽然对他说，你走吧。司机说，你到了吗？前面黑黢黢的，我再送你一段吧。姑娘说，你赶紧走吧。司机说，没事我再送你一段。姑娘说，你再不走，前面已经挖好坑了。

事实是，那个女孩跟她男朋友合伙作案，已经杀了很多人了，一般由女孩把出租车司机引到这地方，然后把司机杀了，把车抢了卖了，把人埋了。司机吓得满身冷汗，说你怎么对我这么好，为什么不杀我？为什么？那女的说，因为别的司机一上来，只要我一逗他们，有好多就色迷迷的。凡是话语有挑衅之意，早就死了。大家看看，一点点良心可以保家安命。大家注意，一句话，一点良心，都像一点星光一样。这个东西很重要。所以我批了一句："一点心有无穷用。可以自保，可以利他。"

嘉善支立之父，为刑房吏，有囚无辜陷重辟，意哀之，欲求其生。囚语其妻曰："支公嘉意，愧无以报，明日延之下乡，汝以身事之，彼或肯用意，则我可生也。"其妻泣而听命。及至，妻自出劝酒，具告以夫意。支不听，卒为尽力平反之。囚出狱，夫妻登门叩谢曰："公如此厚德，晚世所稀，今无子，吾有弱女，送为箕帚妾，此则礼之可通者。"支为备礼而纳之，生立，弱冠中魁，官至翰林孔目，立生高，高生禄，皆贡为学博。禄生大纶，登第。

抉微：顺手之利，分外即非己有。此处细微可戒。

江苏省嘉善县有一个叫支立的人，他的父亲在县衙中的刑房做官吏。"有囚无辜陷重辟，意哀之，欲求其生。"有个囚犯陷重辟，重辟在过去是要杀头的。而且是无辜陷重辟，人家没干这事，被冤枉而且要杀头。过去中国古代五刑"墨、劓、剕、宫、大辟"，墨刑是在身上刻字，劓刑就是割鼻子，剕刑就是断足，宫刑就是对男人女人生殖系统的破坏。大辟就是重辟，就是必斩无疑，就是死刑。

支公"意哀之，欲求其生"，支公可怜这个囚犯，想帮助他求生。"囚语其妻曰：'支公嘉意，愧无以报，明日延之下乡，汝以身事之，彼或肯用意，则我可生也。'"那个囚徒对来看望他的老婆说，支公这个人很好，想帮助我求生，我惭愧无以报答，明天你请他到乡下，你以身事之。如果他因此而更上心用意，或许我能有生机。你看，老百姓非常可怜，让他老婆向支公献身，希望支公因此帮助自己雪冤，或许可以活下来。你们不知道小老百姓有多可怜，真的是身在公门好修行呀。

215

"其妻泣而听命。"她要保老公的命呀，边哭边点头说好。"及至"，支公到了他家之后，"妻自出劝酒，具告以夫意。"囚犯的妻子亲自出来劝酒，把她丈夫的意思完全告诉了支公。"支不听"，支公不但不听，"卒为尽力平反之"。还尽力替这个囚犯平反，把案子给平反了。

"囚出狱，夫妻登门叩谢曰：'公如此厚德，晚世所稀，今无子，吾有弱女，送为箕帚妾，此则礼之可通者。'"夫妻两个感恩戴德，登门叩谢说，您如此厚德，近代以来没有你这么好的人，我们没有儿子，但有一个小女儿，送给你做扫地的仆人，大了后给你做个妾，这个从礼上是说得过去的。

"支为备礼而纳之"，支公于是备礼把小女孩迎娶过来了。对这家人来说，闺女嫁给一个好人家也是一个好归宿。在传统的婚姻里面，能够找到这样一个正人君子，也是好事。这囚犯之女还为支公生了一个儿子立。这个立"弱冠中魁，官至翰林孔目，立生高，高生禄，皆贡为学博。禄生大纶，登第。"立在弱冠，也就是20岁，就中了举人，还名列前茅。官当到了翰林孔目。后来立生了高，高又生了禄，都成为州学县学的教官。后来禄生了大纶，大纶中了进士。

这第十个故事又说明了什么呢？我这里批了一句话："顺手之利，分外即非己有。此处细微可戒。"就是顺手之利，如果是非分，就不可占为己有。哪怕你是做了好事。因为身在公门，秉公做好事是分内事。这些细微处恰恰是要注意的。比如这个故事中囚犯是送老婆上门，类似穷人为求正义而送东西。你也帮助了

216

穷人和弱势一方，对方表示心意，就是顺手之利。顺手之利不要，才能显出人的高尚。很多人就是在这一点上过不去。觉得我平时不贪，也不去敲诈勒索，但是我帮助了人，人家送我点东西我就收了。这实际上是一个为善是否求报的问题。对回报的正与偏尤其应当深入考察，不可轻易放过。

二、为善八辨

了凡前面选的这十则故事，每一条都有精微之意，我们作了分析与还原。但上面都是行善得报的例子。只是在这些例子里有很多的寓意隐藏在民间传说里。

其实，行善也是需要智慧的，为善没有智慧，做不好就是作恶。所以了凡要专讲积善之方，你去做善事，末了却做了坏事，这颇让人觉得遗憾。所以善恶一定要辨别，有大小，有半满，有真假，等等，这是个智慧。

关于立命积善，儒家、佛家、道家等诸家相似的道理都很丰富，而《了凡四训》里，"为善八辨"却是了凡独有的自成体系的精华。这个是很难得的，一般能从这个角度把这个问题谈透，谈得这么经典的很少。

凡此十条，所行不同，同归于善而已。若复精而言之，则善有真，有假；有端，有曲；有阴，有阳；有是，有非；有偏，有正；有半，有满；有大，有小；有难，有易；皆当深辨。为善而不穷理，则自谓行持，岂知造孽，枉费苦心，无益也。

抉微：行善有智慧，岂可好心办坏事。八辨为善。

了凡说前面的十条行善得报虽然行为不同，但有一个共同点

218

就是结果都很好，都归结为善。但对行善要深入精细地思考的话，则为善有八辨。是所谓，有真有假，有端有曲，有阴有阳，有是有非，有偏有正，有半有满，有大有小，有难有易。都需要深入辨别分析。

里面讲了一个特别清晰的道理，就是"为善而不穷理"，即做好事不通道理，"则自谓行持"，你觉得你在为善，"岂知造孽"，其实你在做坏事，"枉费苦心，无益也。"所以行善要有智慧，不然好心容易办坏事。要辨别八种情况，哪种善是真正的善，哪种善是假善等八辨。我们往下看。

何谓真假？昔有儒生数辈，谒中峰和尚，问曰："佛氏论善恶报应，如影随形。今某人善，而子孙不兴；某人恶，而家门隆盛；佛说无稽矣。"中峰云："凡情未涤，正眼未开，认善为恶，指恶为善，往往有之。不憾己之是非颠倒，而反怨天之报应有差乎？"众曰："善恶何致相反？"中峰令试言。一人谓"詈人殴人是恶；敬人礼人是善。"中峰云："未必然也。"一人谓"贪财妄取是恶，廉洁有守是善。"中峰云："未必然也。"众人历言其状，中峰皆谓不然。因请问。

中峰告之曰："有益于人，是善；有益于己，是恶。有益于人，则殴人，詈人皆善也；有益于己，则敬人，礼人皆恶也。是故人之行善，利人者公，公则为真；利己者私，私则为假。又根心者真，袭迹者假；又无为而为者真，有为而为者假；皆当自考。"

抉微：一真假之善，须从利人利己处察公私，察心迹，察诚伪。

219

何为真善假善？"昔有儒生数辈，谒中峰和尚"，以前有几个儒生去访问中峰和尚，问，佛家论善恶报应，如影随形；善有善报，恶有恶报。"今某人善，而子孙不兴"，如今有个人很好，做过很多好事，可是他的子孙不兴旺。比如儿子考学也考不上，一家子没有发达的。现今社会也有这样的，爷爷家里人好像都不错，可就是子孙不行，按说为善做了善事怎么就没见好报呢？"某人恶，而家门隆盛"，这个老头子贼坏贼坏的，大家都知道他坏，他却子孙都兴隆。为什么坏的人又有钱又有权，家门隆兴？所以佛家这个说法，乃是无稽之谈。

中峰怎么回答呢？中峰说，"凡情未涤，正眼未开"。一般老百姓是凡俗之情未加以洗净，正知正见也没打开。"认善为恶，指恶为善，往往有之。"认为是善其实是恶的，认为恶的其实是善的。指着恶的说是善的，颠倒黑白，往往也是有的。确实有这种人。"不憾己之是非颠倒，而反怨天之报应有差乎？"不知道其实是你的是非有颠倒，反而认为老天的报应有问题。你以为这个人坏，没准他是个好人。你以为这是个好人，其实这个人恰恰是个坏蛋。是你的标准出了问题，还是天的报应有差别？

"众曰：'善恶何致相反？'"众人问，"善恶怎么可能相反呢？"

"中峰令试言"，中峰和尚说你举个例子来看看。那人就说了，"詈人殴人是恶，敬人礼人是善。"说骂人打人是恶，敬人对人很尊重是善，对吧？我们现实中一般都这么认为，是吧？

220

中峰云，"未必然也"，中锋认为不一定。

一人说，"贪财妄取是恶，廉洁有守是善。"这总归是善恶分明吧？就是贪心要财，虚妄获取是恶，廉洁奉公，操行自守是善，是这个标准吧？

中峰云，"未必然也"，也不一定。

"众人历言其状，中峰皆谓不然。"这几个人各说自己认为的善恶，中峰都说不对。

中峰为什么说不对呢？中峰说，"有益于人，是善；有益于己，是恶。"中峰认为，有益于人是善，对别人有帮助是善；有益于己是恶，凡事从自己考虑就是恶。善恶应该从自己身心上去衡量，不是外在表现出来的东西。

比如说，"有益于人，则殴人，詈人皆善也；有益于己，则敬人，礼人皆恶也。"对人有益，则打人骂人都是对的。比如林杰课间给人治病，刚才横脚一踢，打人了他。你说他是恶吗？打得好吧？病人不但不恨他，还感谢他。又比如说，你私下跟我谈一些观点，我认为是谬见，可能骂你一顿。骂你，那是恶吗？骂你是为你好。所以，有益于人，打人骂人都是善。有益于己，为了给自己得利益，表面上是敬你，对人很有礼貌，实际上是为自己贪取更大的利益。比如对我的上级，又尊敬，又送礼，方方面面，表面上对上级很好，实际上是为了我升官谋利，这些都是恶。

"是故人之行善，利人者公，公则为真；利己者私，私则为假。"所以人行善，从公私角度看，有利于人就是公，公则为真，这个叫真善。有利于己就是私，私就是假，就是假善。所以，"又根心者真，袭迹者假。"这句话特别好。什么叫"根心者真"？凡事发自心上，为人做好事，心安理得，这就是真善。"袭迹者假"，凡事表面上去做，模拟行迹，比如说学习雷锋好榜样，帮老太太过马路提东西。袭迹者，就是按照表面的行迹去做，内心并不是真实愿意，这就是假。所以我们有些小孩子为了做好事，抢着帮老太太拿东西，都把老太太拽倒了，强迫行善，做表面文章都是假善。

"又无为而为者真。有为而为者假。"还有就是无为而为，自自然然的。如雪中送炭，大家都喜欢。不刻意就是真善。你非得来个锦上添花，人家不要，你非得给人家送。有为而为，刻意去做，这就是假善。"皆当自考。"这都需要从自己身心出发反省。

中峰之论，主张从心上的公私、心迹、自然与刻意来考量真假之善，而不是从表面的世俗角度妄言他人善恶。君子乐得为君子，小人冤枉做小人。君子小人内心的快乐只有自己知道。

了凡认为真假之善是我们首先要解决的，这是方向性的，也是善有没有价值的衡量标准。很多人乐衷为善，却流入世俗标准，只是外在行迹相似，岂不冤哉。所以要从内在进行三察：察公私，察心迹，察诚伪。

何谓端曲？今人见谨愿之士，类称为善而取之，圣人则宁取狂狷。至于谨愿之士，虽一乡皆好，而必以为德之贼；是世人之善恶，分明与圣人相反。推此一端，种种取舍，无有不谬；天地鬼神之福善祸淫，皆与圣人同是非，而不与世俗同取舍。凡欲积善，决不可徇耳目，惟从心源隐微处，默默洗涤，纯是济世之心，则为端；苟有一毫媚世之心，即为曲；纯是爱人之心，则为端；有一毫愤世之心，即为曲；纯是敬人之心，则为端；有一毫玩世之心，即为曲；皆当细辨。

抉微：二端曲之善，不与世俗同取舍，察心渊也。

那么为善还有端和曲。端就是正直，曲就是曲折。你看，"今人见谨愿之士，类称为善而取之，圣人则宁取狂狷。"这是来自《论语》的说法。孔子认为有两种人，一种是乡愿，就是不分是非的好好先生，一种是好恶分明的狂狷之士。但是你看，世俗之人见乡愿，好像觉得这人比较厚道啊，"类称为善而取之"，大家都说这种人很好，愿意取信他。孔子说，乡愿，德之贼也，好好先生是道德最大的敌人。好好先生，谁都不得罪，看上去他是帮人，是正直的人，其实容易坏事。

"圣人则宁取狂狷"，孔子宁愿弟子们狂狷。什么叫狂狷？孔子说，"不得中道而取之，必也狂狷乎？狂者进取，狷者有所不为。"如果没有中道中正之人，我宁愿和好恶分明的狂狷之徒在一起。狂的人是积极进取的人，为国家为天下，有时候有些好善过头。狷的人有所不为，不符合道理我就不去做，给我富贵我也不要，有所不为。有所不为，有时候有些固执保守。钱钟书曾经说自己："人皆谓我狂，而不知我之实狷。"人都知道钱钟书学问大，皆谓之狂，都说我钱钟书狂。但不知钱钟书之实狷，即我是有所不为的人，我实际上是一个狷人。狷就是爱护自己的名节，有所不为，不该干的事坚决不干，这是狂狷。

"是世人之善恶，分明与圣人相反。"所以世人眼里的好人坏人，有时候大家都说这是个好人，但圣人未必认为是个好人，圣人看人，不与流俗取论。"推此一端，种种取舍，无有不谬。"从这一个地方来看，世间其实很多的取舍是有很多问题的。因为人的善恶之论是大事，这个地方偏了，各种认知就偏了。所以"天地鬼神之福善祸淫，皆与圣人同是非，而不与世俗同取舍"，所以天地鬼神对好人好，对坏人坏，与圣人是一致的。大家都说这是个好人，结果这个好人被车撞死了，大家就说，唉，这是怎么回事，这老天怎么把这个好人给撞死了？他表面上做了好多好事，实际上做好事是为了自己自私你看不见。

所以，"凡欲积善，决不可徇耳目，惟从心源隐微处，默默洗涤"。所以真想办好事，要直彻心源，从心源上正本清源，默默洗涤干净自己的私心。这是最让人感动和值得赞扬的。做好事不要徇耳目，不要为等到别人夸，等到别人说好话，等到做点好事让别人看得见。

百姓不知道这么高深怎么办呢？那就以下面的标准："纯是济世之心，则为端。"完全是为百姓好，这就是端，就是正。"苟有一毫善媚世之心，即为曲。"虽然也做了好事，但是为了媚世，为了让别人夸，好看，那就是曲。"纯是爱人之心，则为端；有一毫愤世之心，即为曲。"做善良的事心里很纯粹，没有杂念和犹豫就是正，有愤世之意，不平衡就是曲。"纯是敬人之心，则为端。"帮了人之后，还敬他，就是正。帮了人家背后还骂人家，这就不纯粹。"有一毫玩世之心，即为曲。"你做这个好事是为玩世的，不是完全真心帮助别人，而是遛狗式的，有时候顺手做点好事，就好像流氓下脚一踢乞丐，扔个包子给他，这就是玩世之心，则为曲。"皆当细辨。"这些取舍不与世俗同，要察心源，要从心上看。

如果说辨明真假之善是追溯自己心源以免表面落入形式的话，那么辨明端曲之善就是让你谨慎地防止流入流俗之论，要追溯他人的心渊。

何谓阴阳？凡为善而人知之，则为阳善；为善而人不知，则为阴德。阴德，天报之；阳善，享世名。名，亦福也。名者，造物所忌；世之享盛名而实不副者，多有奇祸；人之无过咎而横被恶名者，子孙往往骤发，阴阳之际微矣哉。

抉微：阴善阳善，名亦累也。阴德为高。

为善呢还有阴阳之辨，有阴善阳善。"凡为善而人知之，则为阳善。"做了好事大家都知道，这是阳善。"为善而人不知，则为阴德。"做了好事不让人知道，这是阴德。"阴德，天报之。"天会回报他。"阳善，享世名。"阳善，能得到世间的名声。比如说，这是个大善人，做了很多的慈善、公益，大家都知道，这是个阳善。下面这句话特别得好，注意啊，"名亦福也"，名气啊也是福气，比如到处给人讲课，收入很高，显然是名带来的福。明星代言广告也是如此。

经常行善的人，如果智慧打开了会发现，阴德更接近造物主的气概；完全是与众生同体的人才能做到。就像父母在背后悄悄地为孩子做一些工作，不是为了回报，就是为了孩子真正的好。阴德接近天德，所以天报之；阳德接近人世，所以有福报。如果真能参透此意，人能气质一大变。因为阴德阴符于天，所为是替天行道，而不在人世间论得失。就如此花已近干死，我虽路人，随手浇一点水。尽物之性，你之行为如天之所予，快哉，快哉。世人倘若只是在感觉上认为有经典说过，阴德德报大，所以故意为得大报而隐姓埋名，此意根上仍然以为为客。人即是天，天人合一下手处，妙不可言呀。

了凡担心人不得此意，因为行阳善能得名得福，所以有意为之。其实"名者，造物所忌"。注意啊，造物其实是忌讳名的。"世之享盛名而实不副者，多有奇祸。"你想想看，名气很大，但是能力或者财富、水平跟不上，好事没做多少，老是说他做了多少好事，这样的人多有奇祸。或者突然大财富没了，或者看着是个好人，突然就横死。天道昭昭呀。这是一个巨大的平衡，你没这么多，却硬充这么多。虚空里充了气，充了气就容易爆裂。所以有的时候出了奇祸，怎么这个人挺好的，怎么有这种奇祸？这就是享盛名而实不副者，多有奇祸。这不是什么神秘的，而是名本来也是一种存在的力量，名不副实，力量不对等，就会引发大的反转。

"人之无过咎而横被恶名者，子孙往往骤发。"这个人没有什么过错，但是呢，背恶名。背了好多骂名，大家都侮辱他，冤枉他，误会了他，其实人家没有做什么。比如了凡先生做了那么多好事，包括在朝鲜战场上，屡建奇功，却被人冤枉，贬了官。还被人参了一本，说纵民逃税。事实是因为百姓税负过重，可了凡背负这个名声一背背十几年。一般人一郁闷就死掉了，可了凡60岁回到家乡，到家以后还干了好多事，比如修嘉善县志，修大藏经，整理自己的著作。前后凡十三四年，一般人受这种冤枉两三年就死掉了，他还享了高寿。子孙也培养得很好。

天"祸"你一下，给你一下回报。懂我的意思吧？你只要心里头没干坏事，但却遭受恶名，天会回报给你，给你昭雪平反，补给你，这就是天道的平衡。

"阴阳之际微矣哉。"我觉得这句话特别好，阴阳变化很是精微呀。所以呢，阴善阳善告诫我们不可以因善而心切。名也是负累。阳善当然要做，但阳善做多了不能过多宣传，就是善恶名要副实。阴德最高，悄悄做，做完之后呢，别人不知道。做了一些事情，说了就是阳德了。我过去做过一些事，确实不想让人知道，确实不是为了名声。而是从内心真正来说，只不过是给了那么点钱，这钱呢又是我们能够承受的。给了也就给了，悄悄地帮帮别人。比如改变一个孩子的命运，让他有前途，能出去上学。这是好事。真的不在乎别人能夸两句。

何谓是非？鲁国之法，鲁人有赎人臣妾于诸侯，皆受金于府，子贡赎人而不受金。孔子闻而恶之曰："赐失之矣。夫圣人举事，可以移风易俗，而教道可施于百姓，非独适己之行也。今鲁国富者寡而贫者众，受金则为不廉，何以相赎乎？自今以后，不复赎人于诸侯矣。"

子路拯人于溺，其人谢之以牛，子路受之。孔子喜曰："自今鲁国多拯人于溺矣。"自俗眼观之，子贡不受金为优，子路之受牛为劣；孔子则取由而黜赐焉。乃知人之为善，不论现行而论流弊；不论一时而论久远；不论一身而论天下。现行虽善，其流足以害人；则似善而实非也；现行虽不善，而其流足以济人，则非善而实是也。然此就一节论之耳。他如非义之义，非礼之礼，非信之信，非慈之慈，皆当抉择。

抉微：为善须以长久论，以天下论是非，以大格局论是非也。

好，我们再来看是非之善，这个也是值得让人警醒的。讲的是在鲁国有个法律规定，如果从别的诸侯国家，"赎人臣妾于诸侯"，就是把在别的国家里服务于诸侯的那些个仆人啊，或者丫鬟啊，掏钱赎买回来。比如说，我到楚国的宫廷里买了些从鲁国卖到楚国，或者不知道什么原因到了楚国做丫鬟仆人的男仆女仆，不管是小的老的都可以，把他们赎买后带回到鲁国来，那么我花100块钱买的，带回到鲁国，鲁国会给我奖励，或奖励10块或者20块钱，或者奖励5块钱，多少有个奖励，是所谓"皆受金于府"。这个政策的目的是为了什么呢？鼓励让鲁国的子民回到鲁国，鲁国有这个法律规定。

结果孔子的弟子子贡也做了这个事情，回来之后他却不要钱。一般人认为子贡很高尚，你看我自己掏钱，把鲁国的子民给赎买回来了，买回来告诉官府说我不要钱。孔子听说后很讨厌这种做法。孔子为什么会讨厌？因为你当了君子，你品行高尚，以后别人再拿钱就是小人了。那么受损害的是谁？是百姓。所以子曰："赐失之矣。"这是子贡的失误。"夫圣人举事，可以移风易俗，而教道可施于百姓，非独适己之行也。"圣人做事，可以改变百姓的风俗，可以让百姓由此得到教化，不能只是让自己成就功德。你自己舒服了，你有钱。"今鲁国富者寡而贫者众"，鲁国毕竟有钱人少，没钱人多。"受金则为不廉，何以相赎乎？"以后得了政府奖励的钱，别人就会说你是为了要钱，不廉洁，是吧？还会有人再去做这样的好事吗？"自今以后，不复赎人于诸侯矣。"从子贡之后，就没有人再去诸侯那里做赎人的事了。

这对百姓来说其实是干了一件大坏事，为了自己当君子而让别人当了小人。但普通百姓，如果没有孔子这么一说的话，都觉得子贡太高尚了，子贡是个大善人，你看，把人带回来还不要国家的钱，哎呀是君子呀。历史上孔子出现之前大量的这样的事实，都被记载成善事。孔子作《春秋》把类似这样的事一件一件重新评价，告诉你真正的是非是什么。比如楚庄王杀了陈国的夏征舒，因为什么事呢？原来陈灵公与夏征舒的母亲夏姬私通。夏征舒特别生气，就把陈灵公给杀掉了。楚庄王觉得你这个臣子杀皇帝大逆不道，出兵就把夏征舒杀掉了。历史上都认为楚庄王太棒了。而且楚庄王本来就是贤王，贤王再主持正义，大家更歌颂他了。孔子则不然，孔子认为楚庄王没有经过周天子而专讨陈国，这样做很不好。就像我们今天，听到隔壁有人打老婆，声音很大，你可以报警，你别一脚踹进去把她老公打残了。你能那么干吗？历史上都不能那么干。孔子的意思就是说，诸侯国有错，由周天子来裁判，可以发王师而讨之，或者得天子命你去征讨。你没有王命，擅自去管别的国家的事情，突破了国际法的框架。其实从类似这件事情开始，诸侯开始彼此征伐。就是我不满你，我就打你，不经过上级机关批准。公法践踏，礼崩乐坏自此始。孔子非常关注这件事的历史意义。所以董仲舒说孔子，"《春秋》常于其嫌得者，见其不得也"。就是孔子所作《春秋》，常常于那些好像对的事情，辩证分析其不对的对方，让人心服口服。

孔子多大智慧啊。读《春秋》，有时候我会读得热泪盈眶。我在微博里写，我说我能看见孔子。结果有人评论我的微博说，你看见鬼了？孔子还活着吗？我说我看到了孔子，是的，我觉得孔子的文化精神还活着。我说的就是能看到他的真精神。这是活泼泼的一个孔子的形象，你看见没有？子贡做得那么好，我们现在不假思索的话，直觉上会认为子贡是一个君子，是吧？多好。花自己钱买回来之后还不要国家奖励，却被孔子批评，说他是"适己之行"。孔子当然也不是说子贡有多坏，只是说子贡为了自己痛快，为了自己的廉洁，断了天下小百姓之命。所以为善也要有智慧！这是发人深省的。

同样，你看孔子的弟子子路。"子路拯人于溺"，有人掉到河里快淹死了，被子路救了。"其人谢之以牛，子路受之。"被救的人为答谢子路，送子路一头牛，子路说，送我牛，来来来，牵过来牵过来，有牛肉吃了。孔子听后特别高兴，说："自今鲁国多拯人于溺矣。"从今往后，鲁国会有越来越多的溺水者得救了。那是因为救人之后得到了重大回报，就鼓励了救人的风气。

那么好，你看啊。"自俗眼观之，子贡不受金为优，子路之受牛为劣。孔子则取由而黜赐焉。乃知人之为善，不论现行而论流弊。不论一时而论久远。不论一身而论天下。"所以从世俗的眼光看，子贡的不要钱是值得赞扬的，子路施恩得报是不好的。孔子却肯定子路批评子贡。所以我们要知道人行善，不能只论现在好不好，还要看它由此产生的影响，从长久来看好不好。即不论一时之效，而论久远之效；不论一身之得，而要看天下之得。所以，注意啊，不要为小善，要为大善。所以为善要有格局。

了凡进一步论证，"现行虽善，而其流足以害人。"表面上善，实际上从长远影响来看是坏事。"则似善而实非也"，那就是表面像是善而实际不是善。相反，"现行虽不善，而其流足以济人"，目前看似乎有不善，但其长久影响有益社会风气。"则非善而实是也"，则表面不善而实际是善。

"然此就一节论之耳。他如非义之义，非礼之礼，非信之信，非慈之慈，皆当抉择。"这里只是从一个善来讨论，其实很多类似的事物都要类似这样去看。例如"非义之义，非礼之礼，非信之信，非慈之慈"，都要这么去分析。比如非慈之慈，你看上去对儿子爱得要命，给他吃得好，穿得好，不让他临风寒酷暑，实际上你是害了他。有时候父母对孩子摔打摔打，弄一弄，欸，反倒成就了他。人生多苦，要能这么去看，要有这个能力去分辨。所以我抉微批为："为善须以长久论，以天下论是非，以大格局论是非也。"为善为恶如此之辨，这就是大学问，大智慧。而且让人明辨大是非。国家有难，孰是孰非，你要有一双明辨的眼睛。英雄抉择就在这个时候。不要局限为小善，做事情也是这样。为什么说项羽有妇人之仁，最后四面楚歌呢？

项羽这个人干吗？打仗的时候冲锋在前，有士兵受伤的时候，流血流脓了，他亲自吸脓水出来，敷上药。战士们感动得拼命为他冲锋陷阵。可是呢，有钱了他不给人家分。项羽是这么一个人。打下城市之后有富贵，舍不得。自己拿着成堆的钱，不给人分。古人把这种行为叫"妇人之仁"，就是小地方过仁，大地方却不能仁。当然这不是批评女人啊，是用此指代注重眼前的温馨，没有大格局的仁爱。

刘邦不是这样，刘邦心胸很开阔。你越恨我，越是我的反对者，我越给你富贵，我还安顿你的心。所以，那个格局就出来了。你看多少人都跟着刘邦，跟着项羽的人越来越少。小恩小利小惠搞一点表面的东西，你没有大格局。所以项羽不得天下，这也是天意。按说当年项羽已经横扫千军了，鸿门宴刘邦为什么必须去啊？不去就干掉你。对不对，你部队很小。那西楚霸王，基本上横扫天下了，几十万大军，破釜沉舟，他已经三分天下有其二了。说实在的，项羽为什么最后死了？格局不行。所以，慈也要有格局。

为善的是与非提醒我们，不要停留在所作的行为的对错上，要有一个当时对流弊的考量。一项行为不可能是孤立的，要放到长远和格局当中看，历史上的惨痛教训太多了。当年王允作为司徒要除十常侍，却引来董卓来京助力。一时看有益，却适足以成为大祸。在某种意义上来说，为善带有主观性，凡主观性的判断和行为必须深入考察，好心办坏事也得不到原谅。所以，在追溯好心源没问题后，形式格局与长短也要考虑进去。为善其实很难。李嘉诚说，赚钱不易，要把钱花好做慈善更加不易。李嘉诚说他主要的一部分精力，就费在怎么花好钱上。

何谓偏正？昔吕文懿公，初辞相位，归故里，海内仰之，如泰山北斗。有一乡人，醉而詈之，吕公不动，谓其仆曰："醉者勿与较也。"闭门谢之。逾年，其人犯死刑入狱。吕公始悔之曰："使当时稍与计较，送公家责治，可以小惩而大戒；吾当时只欲存心于厚，不谓养成其恶，以至于此。"此以善心而行恶事者也。

又有以恶心而行善事者。如某家大富，值岁荒，穷民白昼抢粟于市；告之县，县不理，穷民愈肆，遂私执而困辱之，众始定；不然，几乱矣。故善者为正，恶者为偏，人皆知之；其以善心行恶事者，正中偏也；以恶心而行善事者，偏中正也；不可不知也。

抉微：当罚不罚，亦遗其恶。执善之偏也。

为善有偏正。过去明朝的宰相吕文懿告退回到乡里。"海内仰之，如泰山北斗"，天子都很尊重他。结果村里头有个地痞，喝了酒之后，在那儿骂这个宰相。说实在的，吕公可以让手下打他一顿，并通知县令把他抓了。吕公却很有涵养，不为所动。大人不记小人过，不管他。而且跟他的仆人说，他喝醉了酒，别跟他计较。"闭门谢之。"过了几年这个人杀了人了，犯死刑入狱。

吕公突然后悔了。

你看古人在这些地方就是大格局。他说，如果我当初跟他计较，把他抓起来打他一顿就好了。我当时只欲存心于厚，没想到，我厚道对他，却养成了他的恶，以至于此。你想想，这地痞觉得宰相他都敢挑战，他还怕谁？他现在得死掉了，所以吕公自责，"以此善心而行恶事者也。"

所以真正的儒家文化，你们记住呀，我们一定要通他的直处。儒家主张以直报怨，道家主张以德报怨，佛家也主张忍辱包容。在红尘大浪中，儒家的以直报怨是更现实的。你扫我一耳光，如果我没错的话，我会还给你一耳光，以直报怨，让你长记性。好多毛病就是这么养成的，忍一忍，以德报怨，对方就越来越嚣张。懂我的意思吧？这个地方特别好，这个东西都是细微处。

上次我写过一篇小文章，讲的就是我自己遇见的一件事。那是三四年前，我陪上级领导去看望一个老艺术家，我们刚上楼去，司机就打电话跟我说，社长，有人划我们的车了。我心想，我那个司机是退伍军人，以前当过武警，怎么这么点小事还对付不了？我这儿陪领导刚坐下，与老艺术家才刚开始聊。我压着声音有些生气地说，你根据情况自己处理吧。司机说您赶紧下来，情况有点不一样，要打起来了。我只好赶紧往下走。这往下一走，还没到车跟前，一个一米九的大汉朝我压过来，旁边再围过来两个打手模样的人。我拉开了架势，问司机怎么回事？原来我的司机坐在车里头，我们上去了，司机就在里面躺着睡一会儿。那大汉以为车里没人，拿着一把钥匙，从我车的前面到后面，嗞……地划了个口子。司机一下醒了，站出来质问，怎么回事？

"咦，有人啊。"那大汉大声吼道：老子划的就是你，怎么了？说完就咄咄逼人要动手。司机虽然军人出身，但是没见过这种情况。眼前抓住了现行，还要来揍你。他有点架不住局面了。而且那大汉两边跟了两个小流氓。

原来是怎么回事呢？马路对面那个烤肉店，是这个大汉家开的。这大汉就是当地的混混流氓，这个车位是他们家的车位。据说凡有车在他们家车位上停呢，他必然划，而且不但不赔钱，挨他揍的人还不止一个。这些都是后来旁边人说的。他自己也说，我划的不是一次两次了，打人也不是一次两次了。公安局的来了也不管，认为你占了人家的车位，属于你们自己的小纠纷。

我看见大汉压过来，我直接大步迎了过去，冷冷地直看着他。我跟你们讲啊，人要有浩然正气，就在这儿。你理上不输，不用怕他。用孔子的话说就是，"自反而不缩，虽千万人，吾往矣。"大汉见我直面过来，便吼着，怎么着？怎么着？双手晃荡起来。我就这样盯住他的眼睛，忽然断喝一声，"你信不信，我一只手打你！"然后，我把手往空中一伸。哎，他一下傻了。怎么回事？说实在的，我真可以一只手打他。这些人，一是亏理，二是虚张其势，三是晃荡着，脚下没根，眼睛没神，肥胖高大，色厉内荏。我看他若先出手，就马上揍他。我十六七岁经常打抱不平，有一次对方曾经几十个小混混，我一个人往那儿一站也不怕他们。这大汉听我一喝，有点傻在那儿了。

我对他说，我不会先动手打你。我先动手，就入你的套了。

235

有本事，你先动我一下试试。接着我对司机说，马上给我报警。这话一说，那大汉又说话了，警察来了我也不怕，你打听打听，我小胖打人也不是一天两天了。警察，嘿，呵呵！旁边两人也跟着起哄，仿佛警察就是他哥。

一会儿，警察果然来了。了解完事因之后，警察说你们协商协商就可以了。我就看着那警察说，他划了这条线，就说这个漆啊，一段两段三段，从前脸到后门，这车全进口的，一段1200，按说得赔3600，你就让他赔1000块钱得了。我就这么说啊，其实也没有这么多钱，我就想让他长长记性。

大汉说，不行，太高了，要钱没有。警察说，你们俩再协商一下。我听出话风了，果然他们关系不一般。我对着警察说，我降200，给800算完事。大汉喊道，800也不给，怎么样，怎么样？他跟警察使眼色。这一下惹怒我了。我对警察说，你的警号呢我记下来了啊，按《治安管理处罚条例》，故意损害他人财产，这标的，他够得上拘留了。我有事不奉陪了。你看看你怎么处理，800块钱呢，我也不要了，我走了。警察一听有点架不住了，说，您等等，您别走。然后对那小子说，你过来，他拉那小子上了警车。隐约听见警察在车里一顿骂。一会儿那小子从车里跳出来，叫道，大哥，您等会儿，800就800，马上给您钱。

你看，这种人就是这样，前倨后恭，就这样，没动手，也没吵架，那警察也不明白我什么来头，我只是多年做过一把手，了解人性而已。我的口气里有不容置疑的东西，而且语气很严肃。记住，警察也是份工作，要是不秉公为民，他就是个毒瘤。面对毒瘤，不用尊重。

这800块钱，我们当天晚上和老艺术家撮了一顿，开开心心的。回家路上，我的司机问我，社长，实际上600块钱也够了，你为什么还要把那警察骂一顿，还非得要他800？我就给他讲这个吕宰相的故事，我说当年吕公就是这么回事。如果现在你不跟他计较啊，他又是这个又是那个，不长记性，有恃无恐。下次他指不定碰上一个血气壮的，两人动刀，搞不好你死我活，最后下场不堪。所以以直报怨，其实有时候可以救人，不一定说计较就是坏事。

"又有以恶心而行善事者。"有时候有人起心坏，却反倒做成了善事。了凡举了个例子。说岁荒的时候，穷民白天在市场抢粮食，被告到县衙门，县官不理睬。穷民抢得更厉害，被抢的大户"遂私执而困辱之"，大户私设刑堂，惩罚那些哄抢者。"众始定"，一下子局面控制住了。"不然，几乱矣"，不然的话整个局面都乱了。所以呢，"善者为正，恶者为偏，人皆知之。"善是正的，恶是偏的，这个大家都知道。"其以善心行恶事者，正中偏也"，以善心做了坏事，这个是正中之偏。比如吕宰相，他是善心姑息，是正里面有一点点偏。"以恶心而行善事者，偏中正也"，以坏心而做了好事的，就如富人的出发点本来是坏心惩罚小民，但帮助控制住了局面，是偏里面的正。这两种情况不可不分别对待评价。

为善的偏正之论，是日常几微之间的善恶评价，却是大智慧的开端。这让我们有时候要有智慧，脱离善恶的本体评价，而客观地评价事物的善恶效果。我们往往会认为这个人是好的，就偏向他，这个人是坏的，他所做的一切就都是坏的了，我们的"文革"就是这样，不能脱离人而论事。为善要觉察这种微细之辨。人生中很多矛盾就是缺乏这个智慧的眼睛。孔子的智慧就处处能体现这种观察之微。我读《春秋》，每个故事都像这个故事，读起来都酣畅淋漓。我经常惊叹孔子褒贬的妙处。其实人与人最大的区别就是智慧。你真正从智慧上打开了之后，思想上、理路上就能知行合一。

何谓半满？易曰："善不积，不足以成名；恶不积，不足以灭身。"书曰："商罪贯盈，如贮物于器。"勤而积之，则满；懈而不积，则不满。此一说也。昔有某氏女入寺，欲施而无财，止有钱二文，捐而与之，主席者亲为忏悔；及后入宫富贵，携数千金入寺舍之，主僧惟令其徒回向而已。因问曰："吾前施钱二文，师亲为忏悔，今施数千金，而师不回向，何也？"曰："前者物虽薄，而施心甚真，非老僧亲忏，不足报德；今物虽厚，而施心不若前日之切，令人代忏足矣。"此千金为半，而二文为满也。

钟离授丹于吕祖，点铁为金，可以济世。吕问曰："终变否？"曰："五百年后，当复本质。"吕曰："如此则害五百年后人矣，吾不愿为也。"曰："修仙要积三千功行，汝此一言，三千功行已满矣。"此又一说也。

又为善而心不着善，则随所成就，皆得圆满。心着于善，虽终身勤励，止于半善而已。譬如以财济人，内不见己，外不见人，中不见所施之物，是谓三轮体空，是谓一心清净，则斗粟可以种无涯之福，一文可以消千劫之罪，倘此心未忘，虽黄金万镒，福不满也。此又一说也。

抉微：圆满之善，在不着相，三体轮空也。

为善有半满。什么叫半满？"善不积，不足以成名；恶不积，不足以灭身。"确实是这样。你那个善做到一半，你的名声不足以成。你做坏事做了一半，还不足以灭身。有些坏事没做过头、没坏透底的话，天不会灭你。《尚书》里面讲，"商罪贯盈，如贮物于器。"也就是商朝到后来的商纣王，他做的坏事已经像箱子里面堆满了东西。"勤而积之则满"，你不断积它不就满了吗？懈而不积，你做善事，不坚持就不满。这是一种说法。

过去有个女的，到寺庙里去，想给菩萨供奉一点，却施而无财，只有钱二文，两文就是现在的两分钱。"捐而与之"，捐给庙里了。做主持的那个大和尚亲自出来给她忏悔，给她做法事。后来这个女的当了娘娘了，携数千金，拿大银子来了，入寺去施舍。大和尚让他的徒弟回个向而已。她觉得礼遇不周，便问大和尚，我以前给你两文钱，你亲自给我做法事，多好。我现在给你这么多钱，你不亲自回向，为什么呢？

态度的变化为什么这么大？大和尚说，你前面虽然钱少，但你的心很真诚，非老僧亲自出马，不足以报施主之德。所以老僧亲自给你回向。只有两文钱，搞不好你捐掉了你财产的全部。你现在捐那千金，也许只有你财产的千分之一。"今物虽厚，而施心不若前日之切，令人代忏足矣。"现在虽然施物很丰厚，但你的施舍心比不上过去那么真切，所以只要我的徒弟给你做一下祈福就可以了。这就是千金为半善，而两文钱为满善的道理。

唐朝时，钟离传授给吕洞宾法术，可以把石头变成金子，那金子可以帮助世人。但是呢，有一个问题是，这个金子 500 年之后又会变回石头。钟离说，你拿这个金子可以帮人家做好多好事。可吕洞宾说，这样不就害了 500 年之后的人吗？我不愿干这事。你看，他考虑 500 年之后也不能害人。任何时候都不害人。钟离说，修仙要积累三千的功行，你这么一句话，三千功行都已经满了。这个特别好啊。我跟你们说，《了凡四训》里的为善八辨是最精彩的。前面虽然也很好，但更多的是自理上观，这八辩是里里外外说，八面玲珑地把这个细微的地方剖析得干干净净，读起来异彩纷呈。

"又为善而心不着善，则随所成就，皆得圆满。"你做了善事，你心里不要老是惦记自己是个大善人，做了这么多好事，这也可算是满善。如果"心着于善，虽终身勤励，止于半善而已。"就是心老着在善上面，老觉得自己做了好事，即使是终身很勤奋的为善，也只是半善而已。

所以，如何是满善的状态呢？在心象上要怎样呢？了凡通过以财物帮助人来说明。这是个佛家的修行法门，了凡借来比喻。即"以财济人，内不见己，外不见人，中不见所施之物，是谓三轮体空，是谓一心清净"。当用财物帮助别人时，内心没有了自己的惦记，外在看不见所施与的对象，中间看不见所施与的财物，这就叫三轮体空，一心清净。反过来，了凡此解也是目前借喻解释三轮体空最形象的、最好的。

如果你三轮体空的话，如果你内心清净的话，"则斗粟可以种无涯之福，一文可以消千劫之罪"。那也就是告诉你，你只要自心呈现一念真诚，小小的小小的善，可以得大大的大大的福报。

所以三轮体空这个东西特别好。"倘此心未忘，虽黄金万镒，福不满也。"你心里没忘，老惦记着，就是半满，就不是一个完整的福。你老惦记着，去年我帮过你，那时你穷，我给过你1000块钱。过些年后我们白发苍苍，"郭老头，记得我当年给过你1000块钱吗？"见一回说一回。所以，圆满之身在不着相。你一念有点虚伪，你大大大大的付出，也不会有多大的福报。两文钱和千金，从数量上看那差别太大了，就像我们现在两文钱跟1000万的区别。但是，这个两文钱得完全的福报，这个1000万只得一半。

你们来体会一下。如果你们去做一个善事的话，记着我讲的，我们来体会一下这个三轮体空。比如我面对着你，我给了你一把钱。我们来演示一下啊。我这空了，你也不要惦记着。你拿了我的钱，你该多高兴啊，该惦记回报我吧？不要想这么细，什么都不想。我是空的，你是空的，这个钱的数目也是空的。三空，三轮体空，一个"一"造成一个新的开始。这个福报无穷。还记得'混沌初开，乾坤始奠"吧？以后行善这么去行，这才是真正的诚心成就。所以《金刚经》里讲，东方福德，可思量否？上下虚空，可思量否？讲的就是这个。行善哪怕只有5块钱，就这么去做，比你捐50万功德大得多。因为你捐完就忘了。而且你捐赠的时候，没有回报的念头。捐的钱也是空的，受惠的对象也是空的。就像范仲淹，范氏家族延续上千年，到现在仍然很鼎盛。他当年资助泰山先生研究学问，给完他就忘了。

这个半满之善揭示了为善要除心垢。万物万法皆有行迹，为善也是如此，不能当体即空就会影响以后的行为。其实为善无非是资源平衡的一种方式，褒奖这种行为是为了鼓励更多的人打开心量。从本质意义上来说，一切都是能量的流动，行善也是正能量的流动。过于强化自己的行善，会加大和标注行善的意义，反倒有时候会成为负累，使得行善的效果只是成为权势与财富的专誉。这是不符合天道的。

何谓大小？昔卫仲达为馆职，被摄至冥司，主者命吏呈善恶二录，比至，则恶录盈庭，其善录一轴，仅如筋而已。索秤称之，则盈庭者反轻，而如筋者反重。仲达曰："某年未四十，安得过恶如是多乎？"曰："一念不正即是，不待犯也。"因问轴中所书何事？曰："朝廷尝兴大工，修三山石桥，君上疏谏之，此疏稿也。"仲达曰："某虽言，朝廷不从，于事无补，而能有如是之力。"

曰："朝廷虽不从，君之一念，已在万民；向使听从，善力更大。"故志在天下国家，则善虽少而大；苟在一身，虽多亦小。

抉微：大小之善，在为公为私，不在外量也。

为善有大小。行善的大小怎么衡量呢？了凡举了一个叫卫仲达的人的例子。这个卫仲达是一个文职官员，死了之后呢被提摄到阎王殿里。阎王命令手下呈上卫仲达一生为善为恶的两个记录本。"比至，则恶录盈庭，其善录一轴，仅如筋而已。"呈上来了之后发现，卫仲达做的恶事记录啊，用我们今天的话说，就是一屋子的笔记本都登记完了，干的坏事太多，一屋子放不下。做的善事呢？只有一轴，像一根筋那么细。比如我是阎王爷往那一坐，你们想象这样一个场景，我往那一坐，看看被提审的人做的坏事，哇——一屋子。好事呢，拿来一看，就是细如筋条。反差也太大了吧。人有时候对自己的判断真的反差很大，就如我们对现实和想象的世界的误差很大一样。

接着，"索秤称之，则盈庭者反轻，而如筋者反重。"把卫仲达的善恶记录往秤上一称，看看哪边重，就可以看出其一生过恶重还是善行重。从直观上看，这个人没有希望了。结果一称，一屋子的坏事，反倒是轻的，这一小轴的好事，反而重。为什么啊？仲达问阎王，说我还不到 40 岁，怎么做了这么多坏事啊？他自己还真不知道。你看，这个人也是个早死鬼，40 岁不到就死了。

阎王说："一念不正即是，不待犯也。"天哪，这讲得有点可怕。就是你没干这个坏事，你只是脑袋一动这个念头，就算上了。就像有两口子感情好得很，路上过来一个女孩，男的一看长得很漂亮，头脑中就完成一个与女孩之间的各种美好。但实际什么也没发生，这也算一过。怪不得这卫仲达这么多过错啊。于是卫仲达问轴中所写的善事是什么？阎王说："朝廷尝兴大工，修三山石桥，君上疏谏之，此疏稿也。"朝廷要兴修大工程，要修三山石桥，你上书建议别修，这个上书谏疏稿是为百姓着想，所以成了善事。

卫仲达说，我虽然写了这个疏稿，可是朝廷也没有采纳我的意见，我只是起了一个心，事也没有功，能有如此的功德吗？

阎王说："朝廷虽不从，君之一念，已在万民。"注意了，卫仲达这个建议虽然朝廷没有采纳，可是一念之诚，直达万民。如果朝廷一旦采纳，那就不止是这个福报了。还没做，就已标记这么大的善了。

"故志在天下国家，则善虽少而大；苟在一身，虽多亦小。"所以志在天下国家，善虽少而分量重。如果善只为一身，虽然多也是微小的。所以，"大小之善，在为公为私，不在外量也。"你看，我们来衡量这个事情，以居心所在公私，来衡量他的轻重。

善的大小之辨，指出为公再小也大，为私再大也小。量子物理讲量子纠缠，"一"与遥远的另"一"的关系是，此"一"坐在这里一动，全体都跟着你呼应。所以起心动念，一个善念直达宇宙，因为所有的物体都比照相应。所以为公乐得为公，为私冤枉为私。

何谓难易？先儒谓克己须从难克处克将去。夫子论为仁，亦曰先难。必如江西舒翁，舍二年仅得之束修，代偿官银，而全人夫妇；与邯郸张翁，舍十年所积之钱，代完赎银，而活人妻子，皆所谓难舍处能舍也。如镇江靳翁，虽年老无子，不忍以幼女为妾，而还之邻，此难忍处能忍也，故天降之福亦厚。凡有财有势者，其立德皆易，易而不为，是为自暴。贫贱作福皆难，难而能为，斯可贵耳。

抉微：八从难易处看善，难能难忍斯为上善也。

为善有难易。做好事也有难能难为。"先儒谓克己须从难克处克将去。夫子论为仁，亦曰先难。"这是化用《论语》里孔子的一句话，即"仁者先难而后获"，仁者先做很难的事，后想回报如何。对难的优先处理，是一种精神，也是一种修行，更是一种方法。世人处事，多以利益为先，强大的利益驱动可以使人充满动力。但有一个问题是，利益驱动只能越来越大才能支撑一个人的热情，一旦利益小一点，或者小利益再也看不上眼，人就缺乏热情与动力了，就没有办法"兴"了，人就振作不起来了。

了凡先生深通儒学。在这里他将孔子讲的仁者对待事物先难后获的精神，与克己结合而论，认为克己就是要先在最难克处着手。而为善之须克己，方更见君子精神。从而能难舍处能舍，难忍处能忍。这是对儒家修行方法的不同层面的结合之论，是对行善思想的丰富。《了凡四训》被佛家相关人物倡导得多一点，很多人就认为了凡以佛家的东西为主。但事实上，《了凡四训》里很多思想都是从儒家《论语》和《孟子》里来的。

了凡接着举例，比如江西的舒翁，这个人呢，"舍二年仅得之束修，代偿官银，而全人夫妇。"他舍了两年收受学生的拜师礼物来代偿官银，救了一对夫妇。你们还记得我讲的那个应尚书吗？他也是全人夫妇。还有"与邯郸张翁，舍十年所积之钱，代完赎银，而活人妻子"。邯郸的一个姓张的老头，把十年积累的钱，帮助人支付赎身之银，使人妻与子皆得保全。"皆所谓难舍处能舍也。"这就是普通人很难舍弃，他却能做到舍，是难能可贵的。我们每见有很多财富的人，拿出一点钱就很多，但实际占其财产比很小。而有的人正处在非常艰难时期，还要拿出相当占比的钱物去帮助别人，这对人的考验是很真切的。我曾经做过不止一次这种事，当时也不无纠结。我们这些拿工资的人本身没有多少存款，有一次为支持一个家庭突然破败的人的几个孩子读书，我拿了整个家庭存款的三分之一去资助他们。而且当时也是我刚刚转型，最缺钱的时候。这种体会，是很微妙的。关键是家人也要一起支持你。所以有时候行善不止于你一个人，是一个家庭的事，是让家庭家族日迁乎善的好事。

还有"如镇江靳翁，虽年老无子，不忍以幼女为妾，而还之邻"。镇江的一个姓靳的老人，老而无子，不忍心娶幼女为妾，把小女孩还给邻居。这与前边提到过的那个接受囚犯让妻子以身相许的故事一样，就是能忍而不得此利。"此难忍处能忍也。故天降之福亦厚。"这些都是难忍的时候能忍，所以老天给的福报也大。

所以，"凡有财有势者，其立德皆易"。你今天有权有财有势，做好事是容易的。"易而不为，是为自暴。"有这个能力去做而不做，是自暴自弃。"贫贱作福皆难"，没钱的人做积福之事很难。我只有两元钱我都捐了，你想想，难而能为，才可贵呀。所以，"从难易处看善，难能难忍斯为上善也。"

难易之善，作为"为善八辨"落在了难舍处、难忍处，提示人在不具备或者是要忍心才能为之善，才是最难得的。这既可以激人向善，也可以使人向善而不自是。

这个"八辨"特别好。"积善之方"这一章呀，在整个《了凡四训》的篇章里占的篇幅最长，而"为善八辨"又是这一章中最长的，也是了凡思想贡献中最精彩的部分之一，有很多很形象、很生动的东西。

"为善八辨"在过去没有引起研究者或者读者足够的重视，我个人觉得这对我们今后的生活、工作特别有意义。因为一个人除去自己日常的吃饭、穿衣，对别人而言是无善无恶的，但凡与人打交道就有个善恶，有个对错，这里面就有大智慧了。老觉得委屈得很，我做了好事，别人还不理解。从这"八辨"来看，就能对照出来你行为的真假、端曲、阴阳、是非、半满、偏正、大小、难易。我重点推荐你们把这个"八辨"回去之后反复对着看。因为我们日常行为中，除了穿衣吃饭这些自然动作外，你和别人打交道就是这两个方面：你要么对人好，要么对人不好。我相信你不会对人不好，不会害人。但你对人好，结果把人给害了，有时候就特别难受。

比如，有时候替人家帮忙，替人开车去办个什么事儿，借别人的车去办事，结果中途出车祸了，你说算谁的事儿？谁来赔？帮人，这里面有很多智慧，这个忙我该帮，我能帮得上什么忙，我能帮到多大份儿上？有些人觉得心里亏得慌，帮人要帮到底，其实帮七分最好的时候就不要帮八分。行善有那么容易呀？过去《世说新语》里面讲过一个故事，有一个女孩子要出嫁，她妈妈跟她说：孩子，做坏事呢我知道你不会，到了婆家之后做好事也别随便做，做的时候要多思考。好事做不好就是坏事。

所以，做善事没有智慧大家都不舒服，有时候让接受者或者旁边人很难受。我讲一个我的例子。我奶奶80岁的时候，我把她接到北京来小住一段。我奶奶这一辈子吃过很多苦，16岁跟我爷爷订婚，我爷爷在外打拼，我奶奶等了他10年，26岁结婚。结完婚不到十年，我爷爷被打成"地富反坏右"分子，一判就是16年，我奶奶等于活寡守了26年。她从小读过私塾，《女儿经》《三字经》《幼学琼林》《昔时贤文》都能全背。我小时候基本在奶奶身边长大。因为爷爷奶奶与爸妈基本生活在一起，其中有两年没住在一起，但离得不远，我也是跟着爷爷奶奶住。我是长房长孙，我从小听奶奶讲了很多故事。她带着4个孩子独立支撑，吃了多少苦。我认为，这与她在老一代里面读过私塾有关系。她说话很像个读书人，骂人从来不带脏字，老是引经据典。

我知道我奶奶吃过很多苦，所以我对她也特别孝敬，奶奶爱长孙，对我特别好。我记得我都二十五六岁了，在我回老家的时候还陪我奶奶睡觉，随奶奶睡在一个大床上。她从小就是这样带大我的，我与奶奶是很亲的。奶奶去世的时候，我守灵一整夜，别人都害怕，我没什么害怕的。去世前，我没回去，她不闭眼，见完我后又隔了一段才去世的。

我工作后第一件事就是给她寄钱，接她到北京来玩。那个时候我一个月工资才1500块，大学毕业才3年。当然这要夸我夫人，她是心胸很开阔的人。那是20世纪90年代末，我们还在筒子楼里住。奶奶来北京那年她80岁，我给她买衣服，也给她买头花，是小女孩儿的头花。我知道她80岁了几乎没有被人疼过。小时候在家里做女儿的时候也苦，嫁给我爷爷的时候更苦，老来才渐渐安康。我看见她有些喜欢头花，像个小女孩子一样，还有点害羞，我就给她买。我还给她买玩具，毛绒玩具，买她喜欢的衣服。只要她喜欢，我就是想让她有被宠的感觉。我这么做是基于对奶奶的敬爱，也是对一个生命经历过灾难的人的怜爱。自己沉浸在一种文化体验的开心里。但我这么做，我爸爸在旁边就有点不高兴了。做孙子尽孝尽得有点过分了。一则把儿子反衬出来，好像儿子不孝顺似的，其实我爸爸挺孝顺的。我爸爸说：浪费，买那么多干什么？我知道，爸爸觉得我刚毕业，当时在北京还没买房，花销太大。另外，对爸爸的尊严也要照顾。当时心里推断爸爸也会高兴，但爸爸却是有点小不自在。所以，我作为一个孙子来讲，就对比了一个做儿子的感觉。我应当单独悄悄地带奶奶出来买东西。爸爸天天在奶奶身边尽孝，又担心我花钱太多有压力，而我则是借奶奶这次来北京给她一种一生的回报的感觉。所以做善事没智慧是不行的。有些人做了好事不知道为什么会引人妒恨。连父子之间尚有如此感觉，有点不舒服，何况别人呢！你想想。

所以这个"八辨"值得你们回去好好看看，跟人交际的时候，要思谋着行为伦理的价值。你比如说，该给他七分你给了他九分，这就叫养虎遗患，让他好逸恶劳，你是害了他。我个人觉得，"为善八辨"是《了凡四训》里最有价值、最精彩的一部分，值得大家好好学习与践行。

三、为善十法

了凡的为善是自成体系的。十种行善得报，可知为善之德行与回报的内在微妙关联，"为善八辨"解决的是为善的基础与智慧，"为善十法"是为善最典型的十个方面，由此构建了了凡独特的为善体系。也可叫作了凡之智善。智善一词系我为了凡先生的行善总结而论。现在有人放生，导致放生产业链，反而促进杀生。所以了凡对于为善的独特思考与理论，值得倡扬。

随缘济众，其类至繁，约言其纲，大约有十：第一，与人为善；第二，爱敬存心；第三，成人之美；第四，劝人为善；第五，救人危急；第六，兴建大利；第七，舍财作福；第八，护持正法；第九，敬重尊长；第十，爱惜物命。

了凡认为随缘帮助众人，类别很多，如果归纳而言，总体来说，有十个方面的典型做法。这也是了凡行善思想体系的精华点。"第一，与人为善；第二，爱敬存心；第三，成人之美；第四，劝人为善；第五，救人危急；第六，兴建大利；第七，舍财作福；第八，护持正法；第九，敬重尊长；第十，爱惜物命。"如果前面的"八辨"是给了你一个形而上的智慧，那么，这十方面是给你正面的引导，实际上也是对十个方面典型行善的方法总结。

何谓与人为善？昔舜在雷泽，见渔者皆取深潭厚泽，而老弱则渔于急流浅滩之中，恻然哀之，往而渔焉；见争者皆匿其过而不谈，见有让者，则揄扬而取法之。期年，皆以深潭厚泽相让矣。夫以舜之明哲，岂不能出一言教众人哉？乃不以言教而以身转之，此良工苦心也。

吾辈处末世，勿以己之长而盖人；勿以己之善而形人；勿以己之多能而困人。收敛才智，若无若虚；见人过失，且涵容而掩覆之。一则令其可改，一则令其有所顾忌而不敢纵，见人有微长可取，小善可录，翻然舍己而从之；且为艳称而广述之。凡日用间，发一言，行一事，全不为自己起念，全是为物立则；此大人天下为公之度也。

抉微：身教重于言教也。以善养人而非以善服人也。

第一个，什么叫"与人为善"？舜在雷泽的时候，"见渔者皆取深潭厚泽，而老弱则渔于急流浅滩之中"，看见那些打鱼的农民，年轻力壮的小伙子在急水深的地方，在鱼多的地方捞鱼。而那些老弱的渔者，只能在急水浅滩里捡鱼。这个时候怎么与人为善呢？舜是怎么做的呢？注意啦，这里面有智慧。他"恻然哀之，往而渔焉"，舜可怜这些老弱病残者只能在急水浅滩里捞鱼。他于是也去打鱼。"见争者皆匿其过而不谈"，看见那些在深潭争的抢的，他不去批评。就是说你看见有人做得不对的地方，我们习惯会说：小伙子，你让一点，让老爷子来。这个时候你充当了一个道德的审判者，别人听了会不舒服。有时候你指挥这儿，指挥那儿，没人听你的，人家会说：凭什么你去做这个道德的审判者？

所以，真正的领袖人物，智慧在这儿。他看见别人有过，他不去批评，见有争抢的人他不去说。"见有让者，则揄扬而取法之。"见到有人说："哎！老爷子，你到这来。"他就大加夸奖。注意啊，他不去批评那些有问题的人，而大加夸奖那些做得好的人。"期年，皆以深潭厚泽相让矣。"看到了没有，不到一年，大家都将深潭厚泽让出来了，达到目的了。

以舜的聪明与威望，他"岂不能出一言教众人哉"？他威望那么高，直接教训他不就得了吗？"哎！小伙子，往后撤，老爷子你往前边去。"舜的影响力这么大，贵为帝王嘛，他可以这么做。但是他不这么做，"乃不以言教而以身转之，此良工苦心也。"注意啦，这是真正领导人的办法，成为大领袖的办法。包括你们今后做工作，身教重于言教。稍微带个头，起个这样的作用，大家一看就转变了。这是与人为善的一大法门，这个效果更好。

"吾辈处末世"，袁了凡认为自己所处的是末世，按佛教里的说法现在是末世。"勿以己之长而盖人"，不要老以自己的长处去盖住别人。"勿以己之善而形人"，也不要老用自己的善与好去与人比较。我做得好，我就去与别人相比较，让别人相形见绌，把别人相形为道德的矮子。"勿以己之多能而困人"，不要以为我本事大而使人显得困拙。"收敛才智，若无若虚。"这话说得好，这是来自于《论语》里的话，"有若无，实若虚，犯而不校。"

意思是，要收敛才智，有这个本事就好像没有，你触犯我，我不跟你计较。

《了凡四训》也是一字一句皆有来历，读此书，了解此书背后的文化来源，一看就会明白有深意在里面。"见人过失，且涵容而掩覆之。"有错误先替他盖住，别人有错误要慢慢教他改。比如你一眼瞄见别人偷东西了，你别直接给他揭穿，先给他盖住，慢慢地教育他。你马上把他的坏事说出来，"这是个贼"，你就把他推到了一个墙角，他以后就真的变成一个贼了。懂我的意思吧？"一则令其可改，一则令其有所顾忌而不敢纵"，这样做，一则可以帮他改过，另一方面会让他有所顾忌而不敢放纵。

"见人有微长可取，小善可录，翻然舍己而从之。"一旦发现别人有细微的优点或者小善行可嘉，自己就马上降低自己而赞叹随从。所以史称舜"闻善则拜"，听见善就礼拜。"闻一善如决江河"，舜听到一点善好，就好像江河打开了一个口子，直接就奔纵而行。

所以《史记》里说这舜"一年而所居成聚，二年成邑，三年成都"。舜在一个地方住一年，就有一群人跟着他聚居，住两年，就形成一个村庄，住三年就成为一个城市。这是中国最好的领导艺术，以善养人，肯定别人的优点，这就是"圣人出而万物睹"。圣人往那一站，就把你的优秀的方面都引出来了，你的错误的地方他假装看不见，先不给你揭伤疤。现在好多人的领导艺术就是揭伤疤艺术，吓唬人的艺术。你有这个错误，握住这个把柄，收拾你、骂你、矮化你。其实这样是把人往外推。

"且为艳称而广述之"，别人有善，要不断地赞美且不遗余力地广为传播。"凡日用间，发一言，行一事，全不为自己起念，全是为物立则；此大人天下为公之度也。"在日常生活中，凡是说一句话，做一件事，都不是以自己的利益为参照中心，完全是顺应事物的法则。这才是有大德的大人"天下为公"的襟怀气度呀。大家注意，世间其实只有三种人：第一种是纯粹自私的人，做一切先替自己考虑；第二种人是人我两顾，大多数人或多或少能做到；第三种人无我无人，万物一体，为物立则，顺天应地。只有第三种人能够真正地快乐。因为"万物皆备于我"的状态是最好的。

我抉微的文字批为："身教重于言教也。以善养人而非以善服人也。"也就是亲自作典范，比去用语言与理论号召要好。要以自己和他人的善来先养人而后化人，而不是以自己之善形人之恶，从而胁人以善。

我们今天很多人不是在以善养人，而是以善服人。以善养人，就是把你的优点肯定了。以善服人是揭示出你的缺点，我比你强，你跟着我走吧。想以善服人，没人服你，你有钱，学历高，职务高，试图以自己的善去让别人服你。最终没有人真服你！只有用别人的善，挖掘别人身上的善，来养这个人，告诉他：你也挺棒的。他才真正服你。所以那些带出来学生的人才能千秋万代。只是自己厉害的人，多数只是传说。

我教孩子也是这么教的。像我们家悠悠，她很小的时候，我们在一起学东西，我就假装败给她，让她产生一种自信的感觉，有的东西你发现没多久不用假装就败给她了。你不要让孩子觉得爸爸很厉害，爸爸很优秀，很卓越，像高山一样够不着。这个教育方法是很失败的。我在弟子们的心里威信很高，但在悠悠的心里，我威信不是很高。是一个睡懒觉的爸爸，是一个坏蛋爸爸。什么叫坏蛋爸爸？就是故意耍赖，装成小气、计较的人，她妈妈有时也故意跟她抢东西吃，凭什么好东西你一个人吃？爸爸也吃，妈妈也吃，就让她从父母身上感觉到她是一个完整的、独立的个体。这些都叫以善养人。

当然我，作为一个爸爸来说，为什么装作一个背信弃义者，为什么故意扮演一个坏角色？其实是有意让她知道人性其实是复杂的，让她长大了之后知道怎么去协调人际关系。所以我们家悠悠收拾我一愣一愣的。经常说话的时候她会说："你别说啦！你不是就是这个意思嘛！"一开始，我还真没有这个意思，被她一挖掘，我好像背后还真的藏着这样一个动机。她有时会质疑我，这是好事。她知道与人相处，不要看表面的语言，其实背后有动机。"爸，你不是变着法夸自己吗？"我一听，有时真是无意夸自己，后来一想还真是有夸自己之嫌。所以，以善养人特别好，这是我们中国的领导艺术的精髓。

何谓爱敬存心？君子与小人，就形迹观，常易相混，惟一点存心处，则善恶悬绝，判然如黑白之相反。故曰：君子所以异于人者，以其存心也。君子所存之心，只是爱人敬人之心。盖人有亲疏贵贱，有智愚贤不肖；万品不齐，皆吾同胞，皆吾一体，孰非当敬爱者？爱敬众人，即是爱敬圣贤；能通众人之志，即是通圣贤之志。何者？圣贤之志，本欲斯世斯人，各得其所。吾合爱合敬，而安一世之人，即是为圣贤而安之也。

抉微：存心，亦中华文教之所重也。

什么叫爱敬存心？君子与小人就行为与迹象来看常常容易相混。是君子还是小人，你如果只从他的行为来分辨，表面看你还真是看不出来。小人有时也大方，送点东西给你，小人有时也仗义执言，你觉得这个人挺好。所以，仅仅从外在的一点行迹来看，不太好分辨。君子小人的差别在哪儿呢？"惟一点存心处，则善恶悬绝，判然如黑白之相反。"差别就在君子小人的一点点存心。这一点存心就使人善恶悬隔，判如黑白。所以"君子所以异于人者，以其存心也"，存心上就能够看出君子与别人不一样。

"君子所存之心，只是爱人敬人之心。"了凡认为，君子所存之心，就是爱心与敬心。这爱敬二字，甚为关切。孔子在《孝经》里就专门谈爱敬二字与孝亲的关系与实践。孔子退朝，家里失火了，他不问马先问人，"哎，人烧坏了没有？"你一回去一听说失火了，"唉，我的奔驰车在哪呢？"出车祸了，"唉，车子怎么样？"有人想的先是这个。这一念之间君子小人就区别开了。出车祸了，你先不问问你司机，人命关天，你先惦记你的车怎么样。但是好多这样的人。就是这一点点差别的事。孔子的心里头，没有仆人。十三经里面，其实很多论述暗含着"人人平等"的思想。只不过是在贵贱有等的分工上，需要强调礼节来定纷止争。在人格上孔子认为人人是平等的，所以孔子说"仁者爱人"，他不说仁者爱贵族，仁者爱君王，一切人都要爱。

"盖人有亲疏贵贱，有智愚贤不肖。"人自然有亲的疏的贵的贱的，有聪明的，有傻的，有贤的，有不贤的，有不肖的，"万品不齐，皆吾同胞，皆吾一体，孰非当敬爱者？"万类不齐整，但都是我们的同胞，都是我们的同体，每一个人都是需要我们爱敬的，都应当尊重。

"爱敬众人，即是爱敬圣贤；能通众人之志，即是通圣贤之志。"爱敬众人与爱敬圣贤怎么是一回事呢？为什么能通众人之志就能通圣人之志呢？这就是学问的起点，中国的学问原来在品格，品格高学问才能大。这是很多人都搞不清楚的。当今中国很多所谓的名教授，学问做得好，但没有人品，学问终究不是真的好，做不到深处。圣人其实与众人是一体的，圣人只不过是"先得我之同然者"，就是更早觉悟了人的共性的人。

"何者？圣贤之志，本欲斯世斯人，各得其所。"说得多好，圣贤的志向就是让每个老百姓各得其所，让每个生命有价值。扫大街的，有自己的生命尊严，有饭吃。"吾合爱合敬，而安一世之人，即是为圣贤而安之也。"我辈要爱敬兼该，能由此安一世之人，那么我辈就与圣贤无别。我以为中华文教所重，也就是这个爱敬存心。

《学记》里面讲教育孩子，有时候"观过而弗语，存其心也"，就是你孩子错了，先不说他，如果你先打了他一顿，他觉得我错了，但是我付出代价了，你惩罚我了，他就不长记性，不能存心。比如有个孩子从爸爸的钱包里私自拿了钱，结果他爸揍了他一顿，下次他照样拿，因为他觉得他付出了代价了。但是如果你不去惩罚他，你看见他拿了，也让他知道你知道了，你什么也别说。他就长记性了，存心了。存心很重要，这是良知的开始，要会存心。我们很多人是不长记性的。

何谓成人之美？玉之在石，抵掷则瓦砾，追琢则圭璋；故凡见人行一善事，或其人志可取而资可进，皆须诱掖而成就之。或为之奖借，或为之维持；或为白其诬而分其谤；务使成立而后已。

大抵人各恶其非类，乡人之善者少，不善者多。善人在俗，亦难自立。且豪杰铮铮，不甚修形迹，多易指摘；故善事常易败，而善人常得谤；惟仁人长者，匡直而辅翼之，其功德最宏。

抉微：保护与诱导善良，亦圣人出而万物睹也。

什么叫成人之美？"玉之在石，抵掷则瓦砾，追琢则圭璋。"这是块玉，你把它丢到石头堆里面，它就是一块石头，你把它雕琢好，就是一块玉。所以呢，孔子的很多弟子刚开始不一定都是杰出人物，但是碰到孔子他就成就了。孔子说"柴也愚，参也鲁，师也辟，由也喭"，也就是高柴愚笨，曾参迟钝，子张固执，子路粗鲁，但就是这些弟子后来大都成就了一番大事。是因为孔子能够成人之美。在孔子眼里，因材施教皆可以成就。所以玉石扔在石头里是石头，扔在玉里就是玉。

"故凡见人行一善事，或其人志可取而资可进，皆须诱掖而成就之。"所以看见人做好事，或者发现有人志向可取，资质可进，就需要肯定他，帮助他去成就。你像我的那个少儿国学体系里面，有些小弟子天生比较聪明，我觉得志可取，资可进，我会格外关注。"或为之奖借，或为之维持；或为白其诬而分其谤。"这个很重要，或者为发现的这个人才提供特别帮助，或者别人诽谤他时替他分谤，替他受难。"务使成立而后已"，务必使他形成自立状态。

"大抵人各恶其非类"，一般而言，很多人都讨厌别人跟自己不是一路人。"乡人之善者少，不善者多。"确实，一般乡下老百姓里面，善人较少，不善的多一些。所以"善人在俗，亦难自立。"特别好的人在人群里是少的，所以他在众人当中容易被众口铄金，容易被淹没掉。所以，一个好人、一个卓越者是很难成就自己的，所以千里马难得。"且豪杰铮铮，不甚修形迹，多易指摘。"那些豪杰之士不会修形迹，不会隐藏自己，很容易被别人指摘，挑出毛病来。

"故善事常易败，而善人常得谤。"所以，好的事情特别容易被摧毁，我想干点好事很容易败掉。好人经常会引来别人的指摘，说他不好。

我有个很好的朋友，因为在单位实行改革得罪了一些人，居然他的上级机关收到一封举报信，说他雇凶杀人了。我这个朋友很厚道，我很了解他，是个有思想的读书人。这事让我觉得，世界上有的谣传、传言，传说某人有多坏，不要轻易去信。但是，你们想想，别人看见这封举报信，他可不完全相信我那个朋友，人心如此嘛。

还有个朋友给我讲过一种很特别的体验。他说，"我被升副厅级职务的时候，有人告我的状，组织上由此对我进行审查。有些人幸灾乐祸，以为我有事。每天中午我去机关食堂吃饭，很多人的眼光都这样看我。当时我很难受。就在组织上还在调查期间，发生另外一件事，即另外一个单位的一把手也被调查了。他去吃饭的时候也有些孤落。我当时居然有一种幸灾乐祸的心情，觉得他居然也这样了，他怎么不回避一下呢？人是多么可怕，后来我反省自己，我是被一种假设暗示了。就是看见落难的他，我瞬间暗示自己已经脱离当时情境了，看着别人被审查，戴着有色眼镜看一下，这样的瞬间很过瘾。歌德说过的群氓，也许就是这样的。"

被一种说法或一个事件暗示，是人心容易麻痹糊涂的表征。一旦你被暗示，没有相当的能力，它就污染了你。三人成虎，众口铄金就是这样。

"惟仁人长者，匡直而辅翼之，其功德最宏。"在英雄人物被陷害指摘时，如果这个时候有仁人长者，为他说几句话，并帮他渡过难关，最是功德无量。在人最危难的时候有个长者帮助你，你会特别惦记他。尤其是手握生杀大权的官员，例如组织人事部门的人。古代将吏部官员称为"天官"。所以对好的领导干部该爱护的一定要爱护，如果不爱护的话，有时候一句话、一条命就在里面。我在十几年的一把手的经历中，既保护过一些干部，也受到过一些领导的保护。深知良知为政、与人为善的重要性。

所以，保护与诱导善良，也是圣人出而万物睹也。就是圣人能够将人的正向能量调动起来，让万物看见自己，让万物顺着美好的方向行进。

何谓劝人为善？生为人类，孰无良心？世路役役，最易没溺。凡与人相处，当方便提撕，开其迷惑。譬犹长夜大梦，而令之一觉；譬犹久陷烦恼，而拔之清凉，为惠最溥。韩愈云："一时劝人以口，百世劝人以书。"较之与人为善，虽有形迹，然对证发药，时有奇效，不可废也；失言失人，当反吾智。

抉微：劝导之力，开人慧命，人之不听，须自反也。

什么是劝人为善呢？生为人类，怎么可能没有良心呢？一般人都有良心。但"世路役役，最易没溺"。在世路上走呀，最容易被浮华遮蔽，良心就容易沉没陷溺了。了凡类如"世路役役，最易没溺"，这些词特别好，经常念念《了凡四训》，能够提高你的写作水平，会变得很有文采。

"凡与人相处，当方便提撕，开其迷惑。"为善如果能在与人相处时，当遇到方便之机时，你感觉到这个转折点了，一语让他醒过来，开启其迷惑。

"譬犹长夜大梦，而令之一觉。"就好像长夜做大梦，忽然一下子清醒了。"譬犹久陷烦恼，而拔之清凉，为惠最溥。"又像有些人陷在自己的圈圈里面出不来，很苦。其实一转身，他就是很幸福的人。人往往自己害自己，自己觉得自己不行，很难受。其实没有那么可怕。所以当机劝人为善，帮他从烦恼中拔出来，帮他转身，使其清凉自在，"为惠最溥"，这样利益最大了。就像《中庸》说的，"溥博渊泉，而时出之"。像有根的泉水似的能遍洽万物，有时时冒出之趣。

韩愈说过："一时劝人以口，百世劝人以书。"就是劝人为善一时可以用口劝，劝人百代为善就要写书了。"较之与人为善，虽有形迹，然对证发药，时有奇效，不可废也。"和与人为善可以悄悄作阴德相比，劝人为善必然落实在"劝"上，必然会显露形迹，但如能对症发药，在关键的时候帮人一把，这自然也会有奇效。这是不可偏废的行善一法。

为什么说关键的时候涌泉相报？小小的一句话，小小的一个行为，在关键时候就能救一个人、一个家庭、一个家族。你们有些人也许听说过或者读过日本的"一碗阳春面"的故事。因为男主人车祸去世欠下一屁股债，生活很拮据。过年了，妈妈带着两个孩子在面馆快要打烊的时候进去了，三个人只要了一碗面。老板一看就是穷苦人家。老板也不揭穿他们，悄悄地多加了量给他们，一家子吃得干干净净，高兴地付了钱走了。第二年，他们又来吃，老板还是这样对待他们。一碗阳春面温暖了那孩子的童年，感受到了人间的美好。后来两个孩子成就了，带了老母亲来感谢面馆老板。面馆老板这种做法是最高境界的劝人为善的办法。真可谓春风化雨，厚德载物。

过去的大学英语课文里面有一个故事。说一个卖蛋糕的女孩子，她觉得自己很聪明。有一个英国的老绅士，穿得干干净净，每天一进来之后，就尝尝这个布丁，试试那个蛋糕，不是有免费品尝的样品嘛！老绅士手里拿了一摞钱，用纸巾包着。每次他试吃完一点点之后，没买就走了。店主挺仁厚，也没有说什么。小姑娘来了之后，聪明地发现这有点占小便宜。她就故意点穿他说："哎！您拿了这些钱是为了买蛋糕吧？"老绅士当时一句话也不说，把钱都拿出来，买了好几个大蛋糕，走了。从此之后，这位老绅士就再也没有来过。所以我们能不能去保护一个人的尊严，在一个人贫穷的时候，他想吃这一点点，你就给他。但是我们有时候太聪明了，聪明会伤人。

所以，"失言失人，当反吾智。"这句话来自《论语》，原话是："当言而不言，失人；不当言而言，失言。"说的是该说的时候不说，你会失去这个人，不该说的时候你说了，你这是失言。只有君子不失人，也不失言。所以如果你说的话别人不爱听，如果你身边的朋友越来越少，就要考虑问题出在你的智力上，是你自己的问题。所以我认为，"劝导之力，开人慧命，人之不听，须自反也。"劝人为善之力，能够打开人的慧命。如果没效果，自我反省。

挺好的这些东西，真是特别好。我觉得这后面的内容越来越贴近生活。前面谈的都是祖宗谈的，祖师谈的，谈得也很好，是大道。后面越来越细，让人在细微处了了分明。

何谓救人危急？患难颠沛，人所时有。偶一遇之，当如痌瘝之在身，速为解救。或以一言伸其屈抑；或以多方济其颠连。崔子曰："惠不在大，赴人之急可也。"盖仁人之言哉。

抉微：最贵雪中送炭，救人危急。不在平时锦上添花。

什么叫救人危急呢？每个人都有倒霉的时候。"偶一遇之，当如疴癀之在身"，疴癀就是毛病，当你遇到倒霉的时候就像得了病。"速为解救，或以一言伸其屈抑。"在人危急有病的时候，有时一句话就能帮人解厄纾难。过去有一个审查小组查一个要调走的公司总经理的账目，发现实在没什么问题。可上面的领导不懂业务，想整这个总经理，于是借口找到一些过去在这个总经理经营期间，开发而销售不好的产品让这个总经理私人买下来。开发销售好的他不说，每年完成任务并如期上缴利润他不说，偏偏要走的时候清库存，想借库存说事。审查组里有个书记说："这个不合适吧？应该好好核查一下这个项目本身的成本，正常经营行为，谁也保不了每个开发的产品都赚钱。"大家一听也就不说话了。这就是一言伸其冤屈，你说这个总经理能不感谢这个书记吗？

"或以多方济其颠连"，或者调动多方力量帮助他走出困境。崔子说过："'惠不在大，赴人之急可也。'盖仁人之言哉。"你给人的恩惠不在多大，救人危急更可贵，这种观点是仁人说的。所以，最贵雪中送炭，救人危急。不在平时锦上添花。

何谓兴建大利？小而一乡之内，大而一邑之中，凡有利益，最宜兴建；或开渠导水，或筑堤防患；或修桥梁，以便行旅；或施茶饭，以济饥渴；随缘劝导，协力兴修，勿避嫌疑，勿辞劳怨。

抉微：公共事业最佳，虽小也大。

什么是兴建大利？有时小事去做也有大利益，"小而一乡之内，大而一邑之中，凡有利益，最宜兴建。"小的在一个乡之内，大的在一个城市里面，凡是有利于老百姓的就应该去干。可以开渠导水，可以筑堤防患；可以修建桥梁，以方便行旅；可以施舍茶饭，以济助饥渴。

现在的人们做慈善，开始有很多种创意了。武汉有个免费吃午饭的地方叫雨花斋，就是通过免费午饭传达感恩思想。香港国学期刊《品学》创刊的时候，我作为总编辑写过一篇发刊词，其中讲到我特别期待在中国恢复一种"亭"的精神。小时候，农村田野与道路边隔一段路总有一个凉亭，这凉亭里可以避雨，可以遮阳，可以歇脚。我特别小的时候还记得，有人会放个水桶在上面，放上甘草，路人可以在这里喝甘草水。这都是过去大善人做的事。不仅一般人可以在这里遮风避雨，流浪汉还可以在这里露宿。忽然刮风下雨时也可以临时在这里躲一躲。

现在农村也渐渐没有这个东西了。我就想，如果在北京在天津这些地方，你没有一分钱你真会饿死渴死。在大城市，你找不到一个这样的地方，没有像凉亭这样的地方。所以我就说，能不能恢复一种"文化凉亭"。

其实有三件事情我一直在期待完成：一个是在城市里建一批凉亭，流浪汉有个避雨避风的地方，渴了可以在这里喝水。因为在城里身上一分钱没有带，走在路上口渴得要命的话，你也没有办法，现在是个冰冷的社会。你伸手去借十块钱，他一看你，以为你是骗子，防范甚深。第二个想法就是在城市按区域比例建公共卫生间。保证一公里有一个，并具有统一明显标识。现在虽然也有，但不是整体规划的。尤其城乡接合部或郊区，很远都没有。有时想上厕所，尤其是老人上厕所，没有，你找不到。

所以这些好事，需要"随缘劝导，协力兴修，勿避嫌疑，勿辞劳怨"。这些好事需要大家一起来，而且不要怕有嫌疑，不要怕有劳怨。行善有时候很难，亲人们都不理解。但行善不仅是对个别人，对整体公众是最好的。哪怕这事很小也意义很大。我带领我的公益国学教学团队在北京市已经连续三年为公众公益讲授"家庭国学"，以一部经典加部分六艺为主导授课内容。我们不要求任何回报，路费油钱包括吃饭补助都是我们自己掏。在一个学校一做公益就是半年30个学时以上的课，还有路上往返两小时。有的学校校方也很关注，配合很好。有的学校校方不够关注，但这都不影响我们。我们既然做了这个公益，就不对学校的态度有任何期待，只要家长和孩子们有实际收获就行。刚开始，有人怀疑这么做是不是有什么别的目的，三年来，数百个家庭得到了很大的受益，但又没有任何来自我们做公益国学方要求的回报，大家才开始理解了。其实对我而言，这么做很开心快乐。因为当下对少儿国学教育乱象丛生，我想借教育女儿的成功模式让更多的孩子受益。

第三个想法就是让一批孤儿得到中国传统文化的滋养。现在的慈善总是给点物质帮助，很少给予孩子文化和心灵成长的帮助。有一次我读顾炎武的《日知录》，内谈到"春飨孤子，以象物之方生；秋飨独老，以象物之既成"，意思是中国周礼记载春天帮助失父失母之孤儿，以模拟天给刚生之物以春风雨露之恩泽；秋天帮助无夫无妻无子之老人，以象征天既已使之到老，则进一步助益其完整走完。

我由此忽然觉得，春天是希望，给他力量助长；秋冬渐寒凉，给他温暖相伴。联想到过去我只是捐点钱，个人之力有限，且形式与一般小慈善无异，一直在寻思有无更有价值与义理之途径。顾氏此论，使我顿时豁通。于是产生了在我的国学师门建立"春飨孤子秋飨独"社会公益活动的想法。目前想法正在商讨和实施中。

顾氏之论其实有其文化渊源。《礼记·礼运篇》云："故人不独亲其亲，不独子其子。使老有所终，壮有所用，幼有所长，鳏寡孤独废疾者，皆有所养。"这种"幼有所养、老有所依"的和谐幸福追求，嵌入了古圣先贤们的理想，进而成为中华民族的精神传承。顾炎武的"春飨孤子，以象物之方生；秋飨独老，以象物之既成"，实际上来自《周礼》中的"春飨孤子，秋食耆老"。

我的国学师门以"传承国故精华，弘扬中华文化"为宗旨，以"身心同修，天人合一；知行并重，自立立人"为使命。师门成立以来，将"三三"之教（学儒释道三家；过文字、义理、事功三关；养身、心、志三养）在师门内全面铺开，一齐推进。尤其以师门课堂为主要形式，学儒释道三家经典，通文字关、义理关，养身、养心均取得明显成效。然而，如何在事功关、养志上有实质性突破，一直是我探求思索之内容。"春飨孤子秋飨独"公益工程，正是"在助人中修己、在事功中养志"的最好实践。

社会一般慈善是以生活资助为主，资助的对象是"躯体生命"，

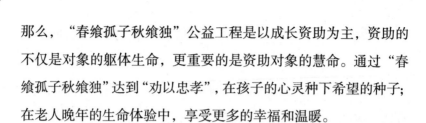

那么，"春飨孤子秋飨独"公益工程是以成长资助为主，资助的不仅是对象的躯体生命，更重要的是资助对象的慧命。通过"春飨孤子秋飨独"达到"劝以忠孝"，在孩子的心灵种下希望的种子；在老人晚年的生命体验中，享受更多的幸福和温暖。

对贫困孤儿或者因故赤贫的儿童来说，衣食的缺乏对身体的损害固然值得关注，但是，爱的缺失、正见的缺位，对心灵的摧残更值得关注。前者营养不良影响发育、影响身体健康，后者心灵扭曲、希望破灭，影响慧命。所以，"春飨孤子秋飨独"公益工程对孤贫儿童的生命和慧命做双向关注，通过在实验基地的实践，探索一种有效模式，对当今社会应该有重大帮助。

我们师门理事会通过谈论，预定了以下条件：

1. 贫困孤儿入围条件：年龄在 9 岁到 18 岁以下，身体基本健康，智力发展正常，在校学习。在乡政府推荐的贫困孤儿对象中，按照贫困程度倒排 10 人入围。每次挑选 10 名孩子。

2. 对筛选的贫困孤儿作 9 年双向绑定帮抚。

一是生活学习资助，一年 2000 元至 3000 元。主要是解决生活困难，保障身体成长的衣食需要。此乃对生命的滋养。

二是实施国学实践、心灵成长帮抚计划。有五项：

（1）9 年学习和熟悉国学经典 9 部：《孝经》《学记》《声律启蒙》《诗经》《大学》《幼学琼林》《论语》《孟子》《中庸》。有些经典完整学习和背诵，有些经典节选学习。目的是通过经典的学习，过文字关、义理关，拓展人生格局，建立人生坐标，树立人生正见，为身心灵成长打下良好基础。一般两周集中一次学习师门专门的教学光盘。

（2）把孝敬家内老人，作为自己日常的一项生活内容，推广孝道。将与孤儿本人商定，选择一项恒定的家务劳动坚持做，如为老人捶背、梳头等。通过身体的接触，通过爱心的付出，特别是持之以恒的坚持，在习性之中种下爱的种子。

（3）被帮抚的贫困孤儿每年拿出自己接受资助金的百分之十，捐助给定向服务的贫困老人。在本来拮据的生活中，把到手的钱再分享给别人，这本身就是对孩子的一种考验和磨炼。但是，当孩子帮助别人时，一旦感受到快乐，就是最大的爱心教育，树立更大的信心。"我也可以帮助别人"，这是非常可贵的体验。

（4）在监护人的陪伴下，两周一次，为定向服务的贫困老人做爱心生活服务。其监护人若为老弱病残者，可以选择其他替代性服务方式。把爱心在更大格局中付出，会有效拓展孩子的人生格局，在关爱他人中培养仁义之心。

（5）坚持写成长日记。培养持之以恒的精神。同时，培养良好的习惯，也使孩子对自己的成长有一个忠实的记录。

所有这五项，都是对孩子慧命的滋养。这个工程得到了师门的热烈响应，已经筹集了全部 10 个孩子 10 个老人的第一笔款项。款项由数人分别监督与负责，公开每笔收支明细。

公共事业最佳，虽小也大。这是我一向的主张和践行。

何谓舍财作福？释门万行，以布施为先。所谓布施者，只是舍之一字耳。达者内舍六根，外舍六尘，一切所有，无不舍者。

苟非能然，先从财上布施。世人以衣食为命，故财为最重。吾从而舍之，内以破吾之悭，外以济人之急；始而勉强，终则泰然，最可以荡涤私情，祛除执吝。

　　抉微：舍财可修身。

　　什么叫舍财作福？佛门里的善行，布施是最先的。"所谓布施者，只是舍之一字耳。达者内舍六根，外舍六尘，一切所有，无不舍者。"佛门之人，主张内舍六根，即眼耳鼻舌身意，都能舍出去。你看佛陀以身噬虎，老虎饿了，佛陀说你吃掉我吧。一般人确实做不到。外舍六尘，六尘即是声色香味触法，一切所有都可以舍，包括荣华富贵。

　　"苟非能然，先从财上布施。"如果你做不到内外六舍，那你就先从财上布施。"世人以衣食为命，故财为最重。"因为世界上的人吧，以衣食为命，有衣服穿保冷暖，有粮食吃维持生命。所以看财物看得都很重。"吾从而舍之，内以破吾之悭。"在财上能够舍，就能够破除你内在的悭，悭就是小气、吝啬。你存的钱其实不都是你的，所以要破悭。"外以济人之急"，外面确实可以帮助别人于危难中。"始而勉强"，刚刚开始拿出这点钱，割肉似的，有点勉强。我也是这样的，刚开始钱少的时候去做点事，有点不舒服，慢慢地看开了想开了"终则泰然"，后来就不那么想了，你越来越快乐。"最可以荡涤私情，祛除执吝"，这是最好的去除人自私和固执、吝啬的好办法。原来舍财可以变化性情，可以洗干净你的心思，是可以修身的。

何谓护持正法？法者，万世生灵之眼目也。不有正法，何以参赞天地？何以裁成万物？何以脱尘离缚？何以经世出世？故凡见圣贤庙貌，经书典籍，皆当敬重而修饬之。至于举扬正法，上报佛恩，尤当勉励。

抉微：播扬正见。

什么叫护持正法？"法者，万世生灵之眼目也。"就是我们的经书，四书五经，或者佛教经典，像《金刚经》等各种经，了凡认为是万世生灵的眼睛。这眼睛可以穿透万世，使得人类不迷离而自我毁灭。"不有正法，何以参赞天地？何以裁成万物？何以脱尘离缚？何以经世出世？"原来正法可以参赞天地，即参与与帮助天地运化；可以裁成万物，可以使得万事万物有序，也可以脱尘离缚，使人脱离尘世间的捆缚，更可以经世出世，即治理好世界，超脱世界。

"故凡见圣贤庙貌，经书典籍，皆当敬重而修饬之。"所以你们见了圣贤的庙貌，看了圣贤的像呀，庙呀，包括圣贤写的书呀，都要心生敬重，并帮助修整与印行。"至于举扬正法，上报佛恩，尤当勉励。"至于倡导正法，回报佛陀救济世人之恩情，更是应当勉励的。我认为这都是在播扬正见，是很有意义的。

何谓敬重尊长？家之父兄，国之君长，与凡年高，德高，位高，识高者，皆当加意奉事。在家而奉侍父母，使深爱婉容，柔声下气，习以成性，便是和气格天之本。出而事君，行一事，毋谓君不知而自恣也。刑一人，毋谓君不知而作威也。事君如天，古人格论，此等处最关阴德。试看忠孝之家，子孙未有不绵远而昌盛者，切须慎之。

抉微：事君如天，尊重尊长。内敬父母，外敬尊长。所谓忠厚传家宝也。

什么叫敬重尊长？"家之父兄，国之君长，与凡年高，德高，位高，识高者，皆当加意奉事。"爸爸与兄长，国家的领导人和官员，但凡年纪大、地位高、见识高的人，都要用心礼敬他们。其中见识高的人，无论是不是显得比我年龄小，都值得敬重。

"在家而奉侍父母，使深爱婉容。"孝敬父母的人气色会很好，而且永远显得年轻。欧洲高等教育学院的院长史密茨博士是我的好朋友，我是他们亚洲区唯一聘任的访问教授。有一年正好过年他来北京，我说来我这过个中国的新年吧，吃顿饭。他一到我家之后，惊讶了，他说平时你在我心里很深沉、渊博的样子，今天，我怎么看你像个小小孩。他说，我明白了，这是在你爸爸妈妈面前。我至今还是这样，看见我妈还是要抱，母子表达感情就是很亲近。跟我爸没有这样表达感情，我们家是典型的严父慈母。在我爸妈面前我就像个小孩，你们难以想象吧？我至今还会在妈妈面前撒娇。《二十四孝》里讲老莱子80岁了，只要有老父亲老母亲在，他就扮成小孩子模样逗他们。

"使深爱婉容，柔声下气，习以成性，便是和气格天之本。"

这句话说得太好了，这是打开智慧的根本，孝敬父母原来可以和气格天，可以得到天地的智慧。"深爱婉容"之说来自《礼记》，原说是："孝子之有深爱者，必有和气，有和气者，必有愉色，有愉色者，必有婉容。"意思是孝敬父母深爱父母的人，身上就有一股和气，有和气的人必然有愉快之色，有愉快之色的人的面容必然温婉生动，好看。与父母说话"柔声下气"，口气温柔，语气不嚣张气躁，这样久久的习以为常。人就是和气本身，便与天地相似，便可以感应天地。

这样的人"出而事君，行一事，毋谓君不知而自恣也"。就是有这种涵养的人出去做事情，做每一件事，都不会说这事反正君长不知道，我就任着性子来吧。比如为官，觉得上面不知道，就私设刑堂，觉得自己干了，没人看见就行了。你要知道，"刑一人，毋谓君不知而作威也。"你惩罚一个人，不要说上面不知道，你就作威作福。

"事君如天，古人格论，此等处最关阴德。"侍奉君王如侍奉上天。古人格物立论，在这些事情上最能看出阴德。所以，身在公门好修德，阴德很重要。

"试看忠孝之家，子孙未有不绵远而昌盛者，切须慎之。"你看那些忠孝传家的人，子孙都好得很。一定要慎重呀。所以，事君如天，尊重尊长。内敬父母，外敬尊长。就是我们平常所谓的忠厚传家宝。

何谓爱惜物命？凡人之所以为人者，惟此恻隐之心而已；求

273

仁者求此，积德者积此。周礼，"孟春之月，牺牲毋用牝。"孟子谓君子远庖厨，所以全吾恻隐之心也。故前辈有四不食之戒，谓闻杀不食，见杀不食，自养者不食，专为我杀者不食。学者未能断肉，且当从此戒之。

渐渐增进，慈心愈长，不特杀生当戒，蠢动含灵，皆为物命。求丝煮茧，锄地杀虫，念衣食之由来，皆杀彼以自活。故暴殄之孽，当与杀生等。至于手所误伤，足所误践者，不知其几，皆当委曲防之。古诗云："爱鼠常留饭，怜蛾不点灯。"何其仁也！

抉微：民胞物与也。王阳明之四爱。

什么是爱惜物命呢？了凡认为，人之所以为人，就是有恻隐之心。求仁者求的是恻隐之心，积德者积的是恻隐之心。我们中国文化是最早提倡爱护动物的。《周礼》曰："孟春之月，牺牲毋用牝。"按周礼，在孟春的时候你去祭祀，不要用母牛，生怕母牛肚子里有孩子。过去据说有人做过一个实验，让人震撼。说为做试验，需要杀死一只母狗作标本。按说打两针母狗就应该倒下了，结果那天打了两针后，狗没有倒下。又再打两针，狗还没倒下，当时发现狗的眼里有眼泪。打到了八针狗还没倒下。他们觉得这是怎么回事？一般两针的剂量就够了呀！最后打了十针，这只狗才哀绝地倒下去了。后来一解剖，发现母狗肚子里有四个小狗在里面。做试验的人都哭了，母爱的力量有多大。我们中国古代就知道这个，爱惜物命。"孟子谓君子远庖厨，所以全吾恻隐之心也。"儒家也主张，君子不要靠近厨房，为的是保全恻隐之心。

"故前辈有四不食之戒,谓闻杀不食,见杀不食,自养者不食,专为我杀者不食。"过去前辈人有四种情况不吃的戒律。就是闻杀不食,闻是听见,听见杀这个动物,嗷嗷地叫的,做好了也不吃。见杀不食,见是看见,亲眼看见杀这个动物不食。自养者不食,比如自己家里养条狗,杀了,不吃。专为我杀者不食,"哎,你来了,杀只狗招待你。"专门为我杀的,不食。四不食。"学者未能断肉",如果学者想吃肉戒不掉,没有关系,"且当从此戒之。"可以从这四种情况入手不食。

"渐渐增进,慈心愈长,不特杀生当戒,蠢动含灵,皆为物命。"渐渐地你的慈心增长,不但杀生作为戒律,就是那些个小小动物如虫蚁,也都是有生命的东西,你都不要去伤害它。"求丝煮茧,锄地杀虫,念衣食之由来,皆杀彼以自活。"而念你穿的衣服都是从蚕命抽丝,吃的饭食都要锄地杀虫,都是杀它命来养活你。所以"暴殄之孽,当与杀生等",就是浪费奢侈,与杀生是一样的。"至于手所误伤,足所误践者,不知其几,皆当委曲防之。"就是我们出去,手上与脚下误伤一个小生物,不知道有多少,所以都要小心些,不要疏忽而伤害小生物。

"古诗云:'爱鼠常留饭,怜蛾不点灯。何其仁也!'"古诗说,为了老鼠,吃饭时不吃干净,常常留点饭。怜悯飞蛾常常不点灯,你一点灯,飞蛾赴火,就把它烧死了。古人在这种细微的地方,有这等仁心,让人感动。宋人张载说,民胞物与也。就是百姓都是同胞,万物都是朋友。王阳明说的四爱,爱别人,爱动物,爱

植物，爱瓦石，都是这一份仁心。

善行无穷，不能殚述；由此十事而推广之，则万德可备矣。

善行无穷无尽，不能一一尽述；由这典型的十个方面推而广之，就可以德行完备了。

最后，我们有个对照清单，供大家参考。有则肯定自我，缺乏则表示决心。

对照清单

为善八辨：有真，有假；有端，有曲；有阴，有阳；有是，有非；有偏，有正；有半，有满；有大，有小；有难，有易。

为善十德：第一，与人为善；第二，爱敬存心；第三，成人之美；第四，劝人为善；第五，救人危急；第六，兴建大利；第七，舍财作福；第八，护持正法；第九，敬重尊长；第十，爱惜物命。

期待通过对照扔掉你们的习气，发露你们的市心。有人曾经说，"了凡里面谈了不少鬼神。"听我讲完课之后，你们就懂得了古人借谈鬼神的寓意了。你看，我们的讲课没有涉及任何的迷信，都是一个真正的人和一个真正的好家长、好领导、好儿子、好同事应该做的。

第四篇　谦德之效

　　这三天，我们随《了凡四训》次第，前天上午从儒家、佛家、道家，这三家的了凡与立命谈起，殊途同归。到昨天上午学了凡的改过之方。人有过错，从事上改就像它的树叶，叶叶摘很难。从理上改就像它的枝。从心上改就像树的根，从根上砍，拔了根才能改过。包括昨天下午讲积善之方，是大家感触最深的。

　　了凡的价值前两段，即立命之学和改过之方，我们古圣先贤讲了很多，了凡用其一生经验演绎了这么一段道理。但是，真正地把握善恶的标准，善恶细微的地方如何去辨别价值，了凡有自己独特的判断体系。有时我们是善心，却反倒办了坏事。其实你不一定懂得怎么去做好事，就像父母不知道怎么去爱孩子。道家有句话叫作"恩生于害，害生于恩"。人世间每每谈恩爱，到最后不免生憎恶，到底为何？就像父母对孩子，你是有恩于他，你对他特别爱，特别好，但方式不对，其实你是害了他。因为你不知道什么是真正的好，你给孩子的精神营养或物质营养有时是错误的。譬如，你喜欢吃偏咸的食物，你的孩子也就喜欢吃偏咸的。

　　过去台湾有个朋友到我这里一起聊天，他说到糖尿病其实是家族食谱导致的。比如上一代人喜欢吃浓滋厚味，家族食谱中菜就比较容易偏咸偏腻，大体上就营造了孩子的胃口，孩子就喜欢这么吃。久而久之，渐渐地身体成长中糖尿病的影子就出现了。再加上父母个性情绪容易激动，孩子也容易如此。血糖高是一个应急状态，在场面需要调动能量来应对的时候，一着急，血糖就高了，场面过去之后，血糖自己想回去，还没回去你又急了，随后血糖一直居高。所以压力较大的人，身体自然的机制调动能量来应对场面，而总在这个生活场面里面，生活方式有问题，血糖就相应成了一种高能应对常态。这是身体自卫的一个反应，也是家族遗传的心态反应。所以你对孩子的培养，对夫妻，对下级，你认为你在行善，其实可能是在作恶。

昨天下午讲的八辨，我们过去所见的相关讲解，大多只是对此进行翻译。我是从每字每句，里里外外，从上到下，从古到今，从典故出处，义理精微，掰开了揉碎了讲，所以你们听得都很兴奋，回去一定要好好琢磨。我觉得这是了凡独有的贡献，是他独自的学术体系，是他实践行善时的体会以及阅人无数、行善无数的总结。你想他为官多年，行善无数，最后发现有时行善是在作恶，所以他便有了善恶的大小之辨，阴阳之辨，半满之辨，真假之辨，等等八辨。

我们在生活中人跟人的关系，要么就是对你好，要么就是对你坏，要么就是无好无坏的日常行为，比如吃饭啊，穿衣啊，等等，都无非此类。所以在你的智慧上、心理上，如果没有一个觉照和观察，你往往做了好事，别人还会怪你，你满肚子的冤屈，就像我昨天下午讲的种种情形。

那么《了凡四训》让你立命，让你改过，让你明白真正的积善，最后落实和表现为什么呢？这就是最后的一章，谦德之效，是你种种修行完了之后，到底显现出来的是什么？

宋人曾有三句话：救时不如蓄力，攻过不如养德，辩道不如平气。你老说你有本事去拯救天下，要去拯救众生，不如自我蓄力，你没有力量怎么去救天下。

记得有一年，我回江西老家莲花县。莲花县本属庐陵旧地，1992 年才划到萍乡市。所以我回家喜欢到吉安、井冈山一代旧地游览。那次在吉安的一个祠堂游览，我看到一个说法很有意思。说是毛泽东当年带领秋收起义的部队在吉安这个祠堂里，他本打算走，看到一副对联觉得特别开心，就把部队驻扎在这里。这副对联很触动我，后来我回到北京，在《光明日报》发表了一篇文章专门谈这副对联。对联叫"万里风云三尺剑，一庭花木半床书"。万里风云三尺剑，讲的就是"救时不如蓄力"。天下逐鹿，英雄并起，万里风云拼的是手中三尺剑，提三尺剑男儿闯天下。就是你自己有多大本事看你自己的了。说大白话：万里风云热闹着呢，你自己有这个本事出来混吗？所以"救时不如蓄力"，练好自己的内功。

"攻过不如养德"，你一天到晚说别人这个不行，那也不行，还不如把自己品德养好。"辩道不如平气"，你跟人高谈阔论，口沫横飞，如此种种。这个人一看，就知修行不一定很高，半桶水来回晃。与其辩道，不如心平气和，你一看这人心平气和，儒雅之气，有君子的谦谦之光，哎，此人便是高人。

所以我们讲谦德之效。就是所有的最后你的修行，回归到什么地方。了凡最后拎出一段讲谦德，而谦德又会如何影响你的言行，导致身上的吉凶。了凡先生甚至由此教给了我们一种方法。看一个人下一步能不能有大的发展，有没有好的运气，他树立了从谦德衍生的一种观人法。

相比较前面的例子，你会发现，了凡在谦德之效里举的多数是自己亲身经历的例子。有名有姓，有据可查。这是为什么呢？实学，儒佛精微，道家亦然，要落到实处。要让人可信，可实践，有实证，有实修，有实得。实际上这也包括对前面立命之学的一个呼应，就是了凡最后一章的观人观事，已经到了化境。整个《了凡四训》只提到了他追随孔先生多年，得了孔先生传的梅花易数。但没有一处提到他运用梅花易数去预测人事的。整个《袁了凡文集》20大卷，我也没有发现他用梅花易数作预测。如果读懂了《了凡四训》最后一章，你就明白了，了凡最后回到了孔孟之道的文化源头，那就是：即人即事，即体即用。

一、谦德之光

易曰："天道亏盈而益谦；地道变盈而流谦；鬼神害盈而福谦；人道恶盈而好谦。"是故谦之一卦，六爻皆吉。书曰："满招损，谦受益。"予屡同诸公应试，每见寒士将达，必有一段谦光可掬。

挟微：富贵前夕之光明乃是谦德。

首先谦德之效，要解释这个"谦"字。《易经》是怎么解释的呢？"'天道亏盈而益谦；地道变盈而流谦；鬼神害盈而福谦；人道恶盈而好谦。'是故谦之一卦，六爻皆吉。"这是什么意思呢？我们来看。《易经》64卦，讲天道的卦是乾卦，讲地道的卦是坤卦。我们认为宇宙之间，莫大乎天地，天地在《易经》里是乾坤二卦。而乾卦里面有一爻也是不好的，"上九，亢龙有悔"。乾卦是纯阳之卦，六爻中，"潜龙勿用"是好的，"见龙在田，利见大人"是好的，"夕惕若"也是好的，"或跃在渊"也还好，到"飞龙在天"最好。可是到上九是"亢龙有悔"，要后悔了，不好。为什么？因为他太刚了，一硬到底。这意味着什么？比如单位一把手，要刚柔并济，在九五已经是如日中天了。作为一把手一定要学会示弱，要柔一点。因为所有的功绩都是你的，所有的错误当然也要由你来承担。错误由你来承担，所以你要刚一点儿。因为所有的事都要你说了算，最后要你负责。但是所有的功绩也都归你，意味着你要柔一点，不要和部下抢功。"功皆归己，过皆归人"，这样的人是虚伪的人。

《论语》里提到微生高这个人很刚直，孔子说这个人欲望大，怎么会刚直呢？有一天，别人向他借醋，他没有醋了，他跑到另外一家人那里借了点醋给了这个人。你看这个人自己没醋，却去借醋给人，看上去这是很好的善行，是吧？你们比照昨天学的那个善，还记得子贡的为人之善吗？孔子认为微生高这个做法是有问题的。孔子为什么说微生高应该受批评？朱熹的一句话足以概括，"过皆归人，功皆归己"。你没醋就是没醋，你悄悄地把从别人那里借来的醋给了他，你把别人的好当成了自己的好。在这个细微的事情中蕴藏了人心的一种不真实，虚伪。孔子认为，这样的功皆归己，这一点点小的心态要不得。因为我们人啊，做一把手也是这样，我们作为一个单位的一把手很容易这样，功归自己，一硬到底。这一卦提醒我们"亢龙有悔"，不能纯刚过刚。整个《易经》里面都提醒你，不能过刚、过强，也不要过软过弱。坤卦也是，到最上面一爻上六的时候，"龙战于野，其血玄黄"。太阴了，阴到底也不对。就是强到底是不对的，弱到底也是不对的。

连乾坤二卦都有毛病，六十四卦里的谦卦却一点毛病都没有的。谦卦的上下卦是地山谦，上面是地，底下是山。从卦象上来看，《易经》是整个天地之道、人世之道的一个大宝库，是观察世界运化的一个宝库，古往今来没有人不承认它的神奇，包括国内国外对它的研究。那么从地山谦的卦象上来看，一般而言，山是在上面,地在下面,但地山谦却把高高的山放在了地下。大地在这儿,高高的山却能够把自己放到地之下。这就象征着君子位置很高,却把自己摆得很低,光明隐藏在里面。所以呢,山一般是止的意思,停止、阻挡的意思。地是顺的意思。就象征内心有所谦虚和光明,知止。《大学》讲"知止而后有定",知止就能带来外面的顺。所以这一卦实际上讲的是:君子如果得到很高的位置,也能够把自己放低。君子如果得不到位置也能知止守正。这就是地山谦。

所以地山谦这一卦每一爻都是吉祥的。不像乾卦和坤卦作为天地都有毛病。地山谦是人参与了天地之后,吸取了天地运化之道的精华,所得出的仁人的一种处世态度。地山谦的每一爻,你看初六这一爻叫谦谦君子。本来都是谦虚,谦虚里面的谦虚。谦谦君子。六二这一爻叫鸣谦,中心是光明的。九三这一爻叫劳谦,通过努力付出得到仍然谦虚。下卦这三个爻都是吉祥的。上卦三个爻都是利,都很有利益。六四叫扐谦,就是自己顺当,自然而然就把事情做好了。六五呢,这本是君王的位置,他内心也是谦虚的,如果君谦而不服,征战也是吉祥的。包括到最上面,上六爻,他征战的时候,不战而屈人之兵,即使把人打下来之后也能够谦虚地对待敌人。谦卦没有一爻是不好的。整个六十四卦里只有这一卦谦卦是最棒的。

所以《易》说:"天道亏盈而益谦",从天道来说如果这个东西太满了,这好比夏天太热了,马上秋天就来了。秋天过后,阴气多了,就闭藏到冬天了。冷到极致了,一阳来复,春天的小芽又冒出来了。天道也如此,天道把多的东西拿走就不溢了。《道德经》讲，天之道，损有余，补不足。就是过满就让它消盈，这是天道之谦。

"地道变盈而流谦"，地上有河谷有山川，这个水满了，它一转就流到别的地方去了，它是流动的。长江黄河都是这样，水满则溢，顺流而下，这叫地道流谦。

"鬼神害盈而福谦"，天地之鬼神阴阳，害盈，你有的太多了，藏的太多了，鬼神阴阳的变化就悄悄地给你弄走了。《袁了凡文集》里有这么一个例子，有一个当官的去赴任，晚住一旅店，要睡觉时发现一个鬼跪着说我是替你守财的鬼，财物就在你床下。那人发现床底下果然有一大堆银子。因为银子多他运不走，就先赴任了。等他在任上，贪污了十万两银子，回去再去挖他那些藏在床铺下的银子。一看，没了。而床下所藏之数，正是他任上所贪之数。这就叫"鬼神害盈而福谦"。这当然是一种假设，在某种意义上看这些东西的时候，我们一定要学会看古人讲故事，包括佛经里讲的各种比喻，他在告诉我们天道是平衡的。

"人道恶盈而好谦"，人道也是这样，名利太多了，你要谦虚，要富而好礼。别人问孔子，我有钱，富而无骄，不骄狂，怎么样？我们当下都是富而骄狂，有点钱不得了，富而骄狂。孔子说，"富而无骄，未若富而好礼也。"富有而不骄，不如富有还能好礼节，意味着不以富贵来轻慢别人，不被富贵污染，能回到一般人的状态。孟子说，"穷居不损，大行不加。"就是富有了之后，没增加什么，很穷也没失去什么。就是中国古代讲的舜，舜在山野之中，是个农民的时候，他没有丢失过什么，他是这样的。以至于有两个漂亮老婆。富有天下当了天子，好像也没增加什么。这就是古人所倡导的一种精神。不会因为富贵而污染自己，叫"穷居不损"。你穷没损害什么，富贵时也没增加什么。如果不明白这个道理，富贵了你死得快，有钱了就作孽，大吃大喝，使劲作，瞎吃瞎造，各种病就来了，甚至更危险。

现在有的老板，除了有钱之外就真的没有别的什么了。这样的人跟你在一起，天天就是洗澡按摩，花天酒地。没有别的东西，没有形成对富贵正确的态度，这样的人富贵对他来说其实就是一场劫难。很多人因为自己有权有钱，而使自己死得早，身上充满毛病。我们要养成内在光明的德行，在这个充满危险的世界里面，能安然行走，能够活得长久。那怎么去行走呢？只有按第四篇"谦德之效"这条道路走下去，就是"人道恶盈而好谦"。

"是故谦之一卦，六爻皆吉。书曰：'满招损，谦受益。'"书即《尚书》。《尚书》里讲，自古而来有多少荣华富贵之人都经历过这样的事情。满满的，心里满满的，什么东西都抓取得最多。满就意味着马上就会有人来收拾你了。满招损，各种东西在针对你。过去说你有钱，不是你一家所有，官家会惦记你的钱，贼会惦记你的钱，水火无情，会惦记你的钱，朋友也惦记你的钱，亲戚也惦记你的钱，你想想，稍微有一点钱，这几家都来惦记你。"满招损，谦受益。"但是你把自己放低一点。《道德经》里讲水"处众人之所恶"，水总处在别人不爱待的下游，越往下，所有的东西就都就着它来，这叫"谦受益"。

"予屡同诸公应试，每见寒士将达，必有一段谦光可掬。"

287

这话好，这话不要平常看过，这话蕴含着日常机密在里面。讲什么意思呢？了凡说我每每同诸位秀才应试，凡是即将考上进士或者即将升上更高级别的前夕，一定是"必有一段谦光可掬"。这些人必然在外相上显出一段谦光。这词儿用得多好啊！笑容可掬，谦光可掬，就是可以捧起来的感觉。我这里批了一句："富贵前夕之光明乃是谦德。"这没跑的，你看这个人如果下一步要发达，他这个阶段肯定是清净谦虚的。这个感觉是对的，但除了发横财的人除外。比如你偷偷地送给别人一百多万以得到一个更高的位置，那些人是没有谦光的，那些人反倒是硬硬的、紧紧的感觉。要么就很骄狂。骄者易折呀，天地都要他垮掉，这样的人死得快。

太极拳也是这样，一搭手，柔柔软软，松松绵绵，感觉不到东西，这叫谦。你全身肌肉放松下来，高手也伤不到你。如果你老紧张，绷绷的，不好，容易被别人伤到内脏。《列子》里讲了一个故事，有一人喝酒了，在车上，在马车的颠簸中摔下山崖，却啥事没有。而另一个人没喝酒，也是这个地方，同样的情形坠下山崖，摔死了。因为喝完酒的人无意无识，谦，浑身柔软。

老子说，"柔软者生之徒，坚强者死之徒。"柔软者是能长久生存的，坚硬者死得快。你的心是硬的，血管硬化那就快了，脸上坚硬，也是很丑的。无论你长得多漂亮，脸上笑容可掬，愉色婉容，哪怕五官不太好看，看着也舒服。天地之间无不如此。所以我们看一个人，言行举止，举手投足之间，看他是不是有一段谦光，谦虚，就吉祥。

二、谦德之应

辛未（西元 1571 年）计偕，我嘉善同袍凡十人，惟丁敬宇宾，年最少，极其谦虚。予告费锦坡曰："此兄今年必第。" 费曰："何以见之？"

予曰："惟谦受福。兄看十人中，有恂恂款款，不敢先人，如敬宇者乎？有恭敬顺承，小心谦畏，如敬宇者乎？有受侮不答，闻谤不辩，如敬宇者乎？人能如此，即天地鬼神，犹将佑之，岂有不发者？"及开榜，丁果中式。

抉微：观相观形知吉凶。

了凡家乡有个姓丁的，年纪很小，极其谦虚，了凡预言其当年一定高中科第。今天大家按此法，你们如果学会观人谦虚，也就一定能预言。以后谁去考试，你们一看他谦谦君子，礼节很好，预言他肯定能考上，结果真考上了，大家会说你真会算。其实大算不算，万物在平时。

前几天讲了观人观物观事的好多方法。过去好多人管我叫大师，说预人、预事特别准。我向来反对这种称谓，特别像走江湖的。其实我从来不起卦，很多事一看就知道。这就是了凡这种观人观事法。上次去苏州，我的一位弟子引荐一位先生请我们喝茶。那先生坐我对面，我对他说，"你最近最好别出门，要在家好好修养一下。"他问为什么？我说，你内心晃荡得厉害，气都在脸上。这样容易出事。当时大家不以为意，还以为我是算命的。我说我不是算命，我当时直接告诉他原因了。因为人和人头一次相见吧，前十几分钟二十几分钟一相迎一应对，气一上来，浮起来了，这是正常的。我们坐那儿喝茶两个小时，他那个气始终是在心口以上，脖子以下。这样很不好，开车容易出车祸，出行容易出灾祸。我就说了，他也不以为意，我也说说就忘了。结果过了一两个月，我弟子给我发短信说，老师，您也太厉害了，上次您说有灾祸那人，现在被人绑架了，要不是我去救他，他就死了。

其实孔子也说过子路死于道路，后来果然如此。老子说，强项者不得其死。说的都是这个道理。就像了凡此处并非算命，还没考试呢，只是看他谦虚，就说"此兄今年必第"。他说的话很绝对，就是必然会中进士。过去范进中举，中个举人都要疯掉，何况中进士。

为什么呢？别人问了凡。了凡说，"惟谦受福"，谦虚的人才会受福气。"兄看十人中，有恂恂款款，不敢先人，如敬宇者乎？"你看这次从嘉善一起来的同胞十人里面有没有恂恂，就是谦虚，款款，就是不着急的人像敬宇的吗？就像我倡导的儒家静坐，怎么在意观气动的守的过程中款款曲曲，找到一个节奏，让自己从容。因为你的举手投足，就是你的心象。

所以，"有恭敬顺承，小心谦畏，如敬宇者乎？有受侮不答，闻谤不辩，如敬宇者乎？"进一步观察，有恭敬小心像敬宇的吗？

有受了侮辱不回答、闻诽谤不辩解像敬宇的吗？大家注意，这也是一个修行法门。有时候你没办法解释各种各样关于你的谣言，要闻谤不辩。过去有一老和尚在一地方居住，有一个小姑娘怀孕了，那个年代一个小姑娘没结婚就怀孕，那是家庭的耻辱。家人觉得伤风败俗，逼问到底是谁干的这事？小姑娘说是老和尚。千人骂，万人骂，老混账，老流氓。和尚只是不说话。后来孩子生下来就丢给了老和尚。老和尚闻谤不辩，把孩子拉扯大了。后来小姑娘和孩子真正的父亲也结婚了，却一直没生孩子。这时候想到庙里去要回儿子，说这是我的儿子。一般人哪受得了那么大的屈辱，又已把孩子养大了，你还能抱回去吗？但老和尚却笑呵呵地把孩子送回去了。这个就叫德行。一般人是做不到的。闻谤不辩，百口莫辩。你辩了，就是个祥林嫂。到处逢人就说我冤枉，当真正受过冤枉之后是完全没办法的。

　　"'人能如此，即天地鬼神，犹将佑之，岂有不发者？'及开榜，丁果中式。"人如果能像敬宇这样，天地鬼神都会保佑他，岂有不发的？肯定发达。等到开榜，敬宇果然上了榜。所以我底下批了一句："观相观形知吉凶。"你们学会了以后也会看。如果在生活中看到任何一个人，谦谦君子，很有礼貌，这个人就是个吉祥的人，你也不用担心他危险。过去有的场合一酒桌吃饭，几方面的人都凑过来，有的人就意气洋洋，气一直往上扬，我也不好意思说，我就担心他出事。如果是很好的朋友，他能听，我就让别人给他开车，他要自己开车，绝对要出大事。因为他的气都是散的，往外溢的。他不在这出事，就在外面出事。

丁丑（西元 1577 年）在京，与冯开之同处，见其虚己敛容，大变其幼年之习。李霁岩直谅益友，时面攻其非，但见其平怀顺受，未尝有一言相报。予告之曰："福有福始，祸有祸先，此心果谦，天必相之，兄今年决第矣。"已而果然。

赵裕峰，光远，山东冠县人，童年举于乡，久不第。其父为嘉善三尹，随之任。慕钱明吾，而执文见之，明吾悉抹其文，赵不惟不怒，且心服而速改焉。明年，遂登第。

抉微：能谦则现报甚速。

了凡丁丑年在北京时，与冯开之同住。当时看冯开之"虚己敛容，大变其幼年之习"，大概冯开之少年时很骄狂，而此时很谦虚，满是内敛，已经变化气质了。

"李霁岩直谅益友，时面攻其非。"李霁岩这个人是直谅益友。什么是"直谅益友"？这是来自于《论语》里的一句话。孔子说，"益者三友：友直友谅友多闻"，什么意思呢？孔子认为有三种朋友是好朋友，能助益你，这三种朋友你一定要交往。友直，直接指出你的错误；友谅，总能宽容你；友多闻，朋友博学广识。这三种人，孔子说你一定要多交往，他会帮助你。李霁岩就是这样的"直谅益友"，他能够友直友谅，没说他多闻，他不一定很有知识，占了两个，也足以成好朋友。有一个优点就可以交往了。这个李霁岩"时面攻其非"，经常直接指出冯开之的缺点。"但见其平怀顺受"，冯开之以平静的心怀承受他，"未尝有一言相报"，没见有一句话反辩。我就跟他说了："福有福始，祸有祸先"。福气有福气的开始，就是谦虚之象，灾祸有灾祸的先兆。"此心果谦，天必相之"，你心里头真正谦虚的话，老天必会帮你。"兄今年决第矣"，你今年一定能考上。"已而果然"，后来果然考上了。

包括这个山东冠县人，叫赵裕峰，字光远，从童年举于乡，一直不能登第。"其父为嘉善三尹，随之任。"赵裕峰的父亲做过嘉善的县官，就随父上任去嘉善。"慕钱明吾，而执文见之，明吾悉抹其文，赵不惟不怒，且心服而速改焉。明年，遂登第。"赵裕峰仰慕钱明吾，带着文章去拜会钱明吾。钱明吾给他改文章时，把赵的文章都否定了。一般文人相轻，心里会不服。但赵裕峰不仅不生气，而且心服速改。第二年就登第了。这也是发生在了凡身边的事。

我们这几天学了凡，我希望你们贯穿起来学。贯穿起来对于你们更有利益。我们再回到了凡最核心的修行点上，就是"立命之学"的修行点，我反复强调给你们的正负对冲法，就是阴和阳，正和负，由二归一之学。归之则无，无则必谦，谦而有光，光必吉祥！那个谦虚，就是让你往下走。尊外不失内，由这个正负一对冲，形成一个当下清明，就像道家画的那个葫芦，无思无虑，无前无后，上下相等。

谦虚，谦光，就是回零的状态。谦虚就是有若无，实若虚，犯而不校。这是孔子对谦的一个解释。我有很多钱，却看不出我有钱。我有很高的官位，但是我没有这个官气，不把自己当作官。

293

所以大人物呀，他身上没有官的感觉，没有官气。我少年得志，曾经也有官气，我二十八九岁当社长，底下都是正编审，教授级，我中级职称就当社长了，那我就得装。其实这个装，全被大家看在眼里，小嫩毛，装什么装？但是我那个时候就装。装，他就不谦，就是有若有了。有若有，不是最高的境界。就好像我有点钱，动不动就跟你谈话，我新买的车一百多万，我的手表八九十万，这种人你跟他聊几句就不想和他聊了，对不对？有要若无，实要若虚，犯而不校，你有触犯我，我也不计较你。

谦，我们放到前面来看，就是无思无虑这一笔，就是把自己放低，用现代话讲就叫归零。能谦，就能马上吉祥，现报甚速。

壬辰岁（西元1592年），予入觐，晤夏建所，见其人气虚意下，谦光逼人，归而告友人曰："凡天将发斯人也，未发其福，先发其慧；此慧一发，则浮者自实，肆者自敛；建所温良若此，天启之矣。"及开榜，果中式。

江阴张畏岩，积学工文，有声艺林。甲午（西元1594年），南京乡试，寓一寺中，揭晓无名，大骂试官，以为眛目。时有一道者，在傍微笑，张遽移怒道者。道者曰："相公文必不佳。"张怒曰："汝不见我文，乌知不佳？"

道者曰："闻作文，贵心气和平，今听公骂詈，不平甚矣，文安得工？"张不觉屈服，因就而请教焉。道者曰："中全要命；命不该中，文虽工，无益也。须自己做个转变。"张曰："既是命，如何转变？"道者曰："造命者天，立命者我；力行善事，广积

294

阴德，何福不可求哉？"张曰："我贫士，何能为？"

道者曰："善事阴功，皆由心造，常存此心，功德无量，且如谦虚一节，并不费钱，你如何不自反而骂试官乎？"

抉微：原来皆在心上，此意深矣。

在壬辰年的时候，了凡被皇上召见入觐，顺便访问夏建所。当时见夏气质谦虚，诚心谦下，可谓谦光逼人。回去就告诉友人说：凡上天将让某人发达，还没给他世俗的福报之前，会先让他的智慧打开。注意了，了凡以为，福慧原来是连到一起的。原来，智慧的发达，才是长久的发达。没智慧的发达就是土豪，就是一时间有点实力，会很快土崩瓦解。"此慧一发，则浮者自实"，智慧打开了，轻浮起来的东西就慢慢下降，这个人就知行合一了。"肆者自敛"，骄狂的人也就收敛起来了。"建所温良若此，天启之矣。"了凡认为，夏建所变得如此温良，必有福报。"及开榜，果中式。"到开榜的时候，夏建所果然登第。

还有个反例就是江阴的张畏岩。这个人，"积学工文，有声艺林。甲午年，南京乡试，寓一寺中，揭榜无名。"这个人本来文采很高，大家都认为他积学有年，工于文章，没考试前已经名声在外。就像当年的王阳明，王阳明的父亲王华是当朝状元。王阳明的才气在没有考试前已誉满朝野，大家认为他一定能考得上进士，结果王阳明前后两次落榜，都是谦光不够，才气够了，老是一副肯定能考上的样子，结果老也考不上。这个张畏岩呢？在甲午年的南京乡试中落榜了。"寓一寺中，揭晓无名，大骂试官，以为眯目。"他住在一个寺庙里，因为落榜而骂考官瞎了眼睛了。

"时有一道者，在傍微笑，张遽移怒道者。"注意了，昨天我讲过一个"迁怒于人"，记得吧？比方说你今天和老婆吵架，跑到单位还特别生气，把下属叫来训斥一顿，这个叫迁怒于人。下属本没错，你是移怒于他。就像我们俩人打架，有人来劝架，你反而去打劝架的人，这都是没有修养的人。张移怒于道者。道者曰："相公文必不佳。"说你不会写文章。这挺刺激人的，你文章写得不行。张怒曰："汝不见我文，乌知不佳？"这张畏岩骂道士，你没看我文章，你怎么知道我文章写得不好？张说的也有道理，聪明人有聪明人的骨气，聪明人就是这样，你来一句，他很快就能反击一句。"道者曰：闻作文，贵心气和平，今听公骂詈，不平甚矣，文安得工？"那道者说，我听别人说，作文最贵的是心气平和，现在听你这么骂考官，内心一点也不平和，所以你的文章怎么可能写得好？

注意了，原来写文章也是心意的外展和显现，心浮气躁的人写出的文章就是漂浮无根的。文如其人。"张不觉屈服"，张畏岩一听有道理，他是聪明的，"因就而请教焉。"马上向道者请教。道者说，"中全要命"，考中全是要靠在命上。"命不该中，文虽工，无益也。"命要不好，文章写得好，没用的。"

这话了凡当时也说过，叫作转命。转命就是立命之学。我们学习后面的东西，一定要把前面的串起来，这等于我们不断地复习《了凡四训》中的东西。学通之后，能通了凡法了，以后就了凡于心了。"张曰：'既是命，如何转变？'"你看和了凡当年犯的错误一样，当年了凡不也是这么说嘛。

"道者曰：造命者天，立命者我。"这也是了凡的话。命虽在天，但立命在我，我们要突破这个枷锁。"力行善事，广积阴德，何福不可求哉？"也是和他的功过格一样，行善事，福就可以自求。

张曰："我贫士，何能为？"这张畏岩说，做善事得有钱，我没钱，我能做啥呀？道者曰："善事阴功，皆由心造，常存此心，功德无量，且如谦虚一节，并不费钱，你如何不自反而骂试官乎？"那道者很高明，不光说理论，而是结合他自身去说，要他自己反省自己，不能去骂考官。认为所有的善事也好，阴功也好，都是从心上造的。如果能够常存此心，就能够功德无量。就像谦虚，与钱有什么关系？我批了一句："原来皆在心上，此意深矣。"也就是张畏岩的问题还是在心上，不在别处，我们要从这里面去参。

张由此折节自持，善日加修，德日加厚。丁酉（西元 1597 年），梦至一高房，得试录一册，中多缺行。问旁人，曰："此今科试录。"问："何多缺名？"曰："科第阴间三年一考较，须积德无咎者，方有名。如前所缺，皆系旧该中式，因新有薄行而去之者也。"后指一行云："汝三年来，持身颇慎，或当补此，幸自爱。"是科果中一百五名。

由此观之，举头三尺，决有神明；趋吉避凶，断然由我。须使我存心制行，毫不得罪于天地鬼神，而虚心屈己，使天地鬼神，时时怜我，方有受福之基。彼气盈者，必非远器，纵发亦无受用。

稍有识见之士，必不忍自狭其量，而自拒其福也，况谦则受教有地，而取善无穷，尤修业者所必不可少者也。

抉微：此道家《太上感应篇》之真意也。

张畏岩由此低调内敛，行善加多，修德加厚。丁酉年，他有次做梦，梦见到了一个高房子里面，看见试录一册，中间缺了很多行。就是说发榜之前，登第的名字本来排好了，但又现给抹掉了，他就问怎么回事，中间有些人的名字怎么被抹了呢？

你看这个玄妙何在？旁人说，这是今年的科试录，有功名的人的目录。这科第三年一考较，积累德行并无过者，方才有名。"如前所缺，皆系旧该中式"，你看见的被抹去的名字，本来应当上去。"因新有薄行而去之者也。"因为这些人刚刚犯有缺德之行才把名字除掉了。"后指一行云"，说这话的人指着后面一行说，"你三年来，修身颇为谨慎，有可能补位在这，你要自爱呀。"果然张畏岩后来中科在一百第五名。

这里面也是一个暗喻。我们但凡看这些东西，要看出背后它实际上想说明什么，主张什么？实际上在人世间什么道理都能讲得清楚，就是我前面讲的，我反复强调的如何自心觉悟。你们还记得我上节课反复强调的一个观点吗？就是无思无虑。内在清静、安静的时候，都是给自己一个新的开始，新的世界。那么也就是说，你此时的一秒，当下的这个状态，吉祥，你下一个状态就吉祥。你当下的状态心烦意乱，各种乱，下一个状态就很凶。这个地方也是在讲这个道理。

所以这在中国的传统哲学里面，对于人性论认识的发展轨迹是一致的。过去我们曾经最早认为人性是恶的，也有人认为人性是善的。最早的时候《易经》讲人性无善无恶，是超越伦理意义的善恶。后来到孔孟讲人性是善的，到荀子讲人性是恶的，到董仲舒讲人性有善有恶，到韩愈的时候讲人性里有性三品，分三个层次，到宋朝基本达到一个高度，认为每个人的人性里面有天赋之性和气质之性。气质之性就是我们的人之性，天赋之性就是上天赋予我们纯粹的东西。那么我们人，龙生九子，子子不同。生下来之后，有好的修行和好的家庭，激发你的善性，你就会成为好人，就把天性打开了，属于率性之谓道。这是中国古代哲学认识的一个最高的高度。

到明清之后，又进一步的发展。那么就是王夫之讲性是日生日成，你今天是好人，明天可能就是坏人，性是在日常养成中。所以后来戴震认为性就在日常血气五行中。在那个时代里面慢慢形成的在哲学认识上的一个高度，必然是在民间有所反应。反应到类如《了凡四训》里面，就是这些东西，它托喻变成了鬼神故事，老百姓听起来明白。像我刚才讲学术，老百姓听不明白，一讲这个，老百姓一下就明白了。就是说，你今天是好人，不意味着你明天是好人。你今天是好人，明天上午你干点坏事，你命里该有的东西也被取消掉了。原来性是日生日成，它蕴含了这个意思在里面。

如果性是日生日成还不好懂的话，那么，你从另一个角度去理解。"性日生日成"反对的就是这个人天生性善，天生性恶，已经抛弃了这种僵化固定的论调了，而是回到生活实际看人性。

也就是曾国藩后来讲过一句话，也许"子时为君子，丑时可能为小人"。或丑时为君子，卯时可能为小人。就是上一个时间清清静静，我什么都没做，很好，下一个时辰我一念作恶，我干了坏事，杀人放火，我就是小人。所以说性在日生日成中。

这种观点其实给了我们一个极大的信心。如果你们会去看的话，你们将通过这一点去领悟，你们比谁都不差。不管他家里有多少钱，别人比你有多好，他不明白这个道理的话，他也比不上你。你明白了这个道理，就知道，原来所有的无限积累的过去，都是个空的东西。而随时的，当下的一念清静和自在，可以构建一个完整的重新开始，可以构造一个完整的新世界。懂我的意思吧？这就是上天给予每个人最公平的机会。天，连囚犯都没有放弃，何况我们现在在座的诸位。

前年冬天，我到沈阳一个大学去讲课。他们带我去沈阳故宫参观，看得我心潮澎湃，我回来写了一首诗，这里分享给你们：

《游沈阳故宫》（七古）

冬来塞外溯风旷，信步盛京旧祉堂。

构凸山岳河川色，迹非关外游牧郎。

若非勤正审时动，谁云此地不蛮荒。

大明自信江山固，从来惟命不于常。

心慕华夏文教盛，继绍自家绳武光。

以家作国师受室，五妃堂中出孝庄。

康乾岂是虚名教，追远慎思省亲长。

祖先建构犹蛮制，后贤风物移优良。

四库修成增祖色，大道自古重时航。

故国今日期重昌，鉴古前朝辨弛张。

北国风雪八百里，斯人独揽叹古方。

盛京中华喉咽地，叹息唯余经济忙。

思接三百勘余绪，长膺天理密如商。

刘郎素衣屠龙意，化作一壶书生狂。

  我什么感慨呢？就是中华的泱泱文明，在明朝也是非常之鼎盛，他凭什么就被一个小小的满族给灭掉了呢？我到沈阳故宫看，满族当时就是关外的一个很小的少数民族，弄几个蒙古包在那里，其形制与当时的明朝大中华比起来简直就是过家家。他们居然把整个大明王朝给掀翻了，入主中原。他凭的是什么？天道有没有根？富贵有没有根？爱情有没有根？我们要去思考。

  谁有根呢？谁无根呢？当下就是根。不要相信一直有根。说到这里，我给你们讲个小小插曲。我20出头的时候，跟我爱人去北京琉璃厂逛，看见书法家都本基先生的工作室。当时都先生还不算有名，有个女同志在工作室门口对我们说，我家先生有一本事是，你报出名字来，他能把你的名字变成一副对联。我那个时候年轻气盛，我说请问你家先生叫什么名字？她说我家先生叫都本基，号秋实。我说你家先生这么厉害，我也用他的名字作一副对联。叫"都本无基，秋来有实"。我说为什么是"都本无基"呢？

如果首都有基的话，北京就永远是首都，为什么中国传统的首都一会儿在南京，一会儿在长安，所以"都本无基"。这就是我刚才讲的富贵无根。我们老相信富贵有根，老相信秦始皇一传万年，没这事。性是日生日成的，吉祥是随时变化的。但你付出努力了，例如都先生书法很有气势，是他付出努力的必然结果，这就叫"秋来有实"。我在都先生的名字里，加了个"无"，在他的号"秋实"里加了个"来"与"有"，加了三个字，作了一副对联。我那时候还小，有点年少轻狂，没有对都先生不敬的意思。当时可能是新婚，又是中午小酌之后，逢人如此说话，一时才子气起，也是讨夫人一个开心而已。

我借这个小插曲讲首都本无根基，其实一切富贵都无根基。我们老说我家里存了点款，这是基，这是家业，听起来也是个基。我们总把过去拥有的当一个基础，由此把我们的幸福感也架到这个"基"上。而且我们认为这"基"要得以巩固，有些人就可以躺在上面睡觉。真正的大智慧人是没有这种观念的，这个基随时有可能会被毁掉的，性是日生日成的。天地之道如此，天地之道就是日生日成。

所以，沈阳故宫那个地方看得我心酸。我一直在思考，为什么中山先生他们后来起来驱除鞑虏，复我中华，他觉得满族人是中断中华文明的，有各种说法啊。确确实实，你大，老天在睁眼看着你。但天不会去干涉你的，不存在天来保护你的富贵，你只要堕落了，坏掉了，根是坏的，你就有再好的宝器也没有用。满人当时励精图治，十分注重礼，只此一善，天下就归了他们。所以，基无用，当下之善，不断给万化重启。

就比如在"文革"，多好的东西，就是王羲之的字，在红卫兵手里头都要被烧掉。烧掉的时候他还没有任何感觉。一切崇高和伟大，以及所谓的基础，都是浮云。只有当下的这一正念，才是永恒的富贵，才是真正的富贵。

著名画家黄永玉先生说，我要是三个月不画画，我也画不过别人。毛泽东到晚年去世之前还读书。你们说老师学识渊博，我随时都在读书。咱们的林杰先生，这两天为你们治病，几乎没有没被他治过的了吧？都帮你们看了。在北京你要见他很难见，找不着他。但是在这里你看，每天给你摸一下，给他治一下，正是这样老动，手上的功夫才能更精纯。所以是常用、常有、常下手，性是日生日成。今天你们弄明白这个道理，对于你们日后的所有的东西将会有革命性的变化，就是了凡了。

要了这个凡，就是"根"不是存在那里的，"根"会断掉的。老天不会保护你大明王朝的，野蛮民族，满族这个小小民族，他就能够窃我中华大位。他一旦坐上江山，他就是中华之代表。我们写历史是无法忽略的。我一个朋友就说清朝历史不好，我说没有这事，清朝也是中华历史不可割裂的一段，在他手里历史版图扩大了不少。所以，很多人心里有很多委屈啊，我是名校毕业的呀，我是种种种种，凭什么我现在这个命啊，难受啊。难受你活该！一定是要从这个点上去体会。我本来有一个亿呀，一不小心炒股票就没了，一天到晚纠结、恨呀。活该，也是活该。一切是因为你有一个属于你的根的想法，那个根是随时在变，随时在老，跟岁月相关。所以在《易经》里面讲"时之义大哉"，一切跟时间的哲学相匹配。

"由此观之，举头三尺，决有神明。"了凡借用道家《太上感应篇》的观点说，由这一切看来，头顶三尺必然是有神明的。"趋吉避凶，断然由我"，吉凶完全由自己做主。这又是孟子所言"一切祸福无不自己求之者"。所以，举头三尺有神明，懂得一切神、佛也好，包括其他的这些东西也好，他是智慧的一个代表，不要着相，不要去外寻觅。

前段时间有天早上起来，我还跟夫人说，我梦里面梦见我是弥勒佛，行化世间，走过好多地方，正好早晨她一叫我我就醒了。回忆梦里自己反复叩问，感觉就是弥勒佛无疑，而且在梦里随时四边就有菩萨站在那儿，我就坐在中间，梦里看得清清楚楚。醒来后我哈哈大笑。我知道这是怎么回事。我不认为这是什么，不能迷信化。那就是一个梦而已。我做过各种各样奇奇怪怪的梦。当我读儒家的书的时候，文王、孔子经常在梦里。当我读老子庄子的书的时候，老庄总在梦里。当我思考国家的大事的时候，很多领导人总在梦里。梦见自己是弥勒佛，那是因为前一段时间阅《大藏经》的缘故。所以"头顶三尺有神明"也好，梦见佛陀也罢，不能迷信。人自称佛陀，或者自己显示各种神通，那都是心迷意乱导致的。所以不被梦暗示，不被各种所谓神通暗示，清清朗朗，直立于天地之间才是最好的。人其实是通天地的。我们古人讲过"天生烝民，有物有则"，就是每一个人身上都有慧命和光明，所以"趋吉避凶，断然由我"。

　　"须使我存心制行，毫不得罪于天地鬼神，而虚心屈己，使天地鬼神，时时怜我，方有受福之基。"了凡认为，一个谦虚的人，有心控制自己的行为，使得自己不亏天地，不紊乱阴阳，虚心并克制自己，这样天地本身都会爱你，这是受福的基础。

　　"彼气盈者，必非远器，纵发亦无受用。"记住了，彼气盈者，盈就是满。什么钱要挣更多，官要当更大？这个是舍本逐末，是所谓气盈。我反复讲，先修天爵，再有人爵。心性修好了，官运财运随之而来。没有这个东西，那就是暂时的土豪，暂时的一时天地。这个道理你们要记住。

　　所以"气盈者必非远器"，气浮在外面的，不是远大之器，成不了大格局。"纵发亦无受用"，就是早先你发达得快，比如你的级别升得比别人的快。比如我们国家有个银行行长，很年轻就当上了副部级，后来好多年没动，再后来好像经济上也有问题，就给判刑了。"稍有识见之士，必不忍自狭其量，而自拒其福也"。稍微有见识的人，必然不会因为这些表面的得失把自己格局弄小了，从而真正的福气反倒没了。男人一定要气宇开阔，心地谦虚，才有大事业、大胸襟、大格局。

　　"况谦则受教有地，而取善无穷，尤修业者所必不可少者也。"记住这句话，也把自己放下来，谦，取善无穷，泽福无穷。这个观点来自于《太上感应篇》，了凡是用自己的文字重新概括了一下《太上感应篇》，把这个道理做了一个印契。

三、剖明心地

古语云："有志于功名者，必得功名；有志于富贵者，必得富贵。"人之有志，如树之有根，立定此志，须念念谦虚，尘尘方便，自然感动天地，而造福由我。今之求登科第者，初未尝有真志，不过一时意兴耳；兴到则求，兴阑则止。孟子曰："王之好乐甚，齐其庶几乎？"予于科名亦然。

抉微：了凡云：赋命在天，造命由人。科名如乐，以艺佐道。

最后收语，我们来看这一段。古语云："有志于功名者，必得功名；有志于富贵者，必得富贵。"这话说得斩钉截铁，毫无犹豫。我今天告诉你们，就是这么回事。你想要功名，你就能得功名，你想要富贵，你就能得富贵。我经常开玩笑说，我从小到大就不太敢动念头，一动念头就实现，想来什么来什么，从小到大就是这样。你们有人可能也有过这个经验，但可能是时有时无。这也不是迷信，这就是孔子讲的"求仁而得仁"。只不过是我们总不以心性修行作基础去求外在荣华，自然难以相应。这一点我也一样，以欲望去期待，求不来的。

其实天地和心念是相应的。人一定要有志，"人之有志，如树之有根"。什么叫志？志就是心也，志就是了凡。就是不要做血色、血肉之身，而要做义理之身。得义理之身，你就能够参赞天地，通天地造化。"立定此志，须念念谦虚，尘尘方便。"这个志一立之后，"念念谦虚，尘尘方便"。念念不忘谦虚，在哪都能得道方便。在日常生活中，如果无论经历什么样的环境，都能够这么坚持。"自然感动天地，而造福由我。"这里落在一个"造福由我"上。大家注意，福气都来自于自己。"今之求登科第者，初未尝有真志，不过一时意兴耳。"了凡认为如今的求登第的人，最初是想谋点荣华富贵，也是一时之意兴起。"兴到则求，兴阑则止。"兴起了就求，没兴趣了就不求了。

孟子曰："'王之好乐甚，齐其庶几乎？'予于科名亦然。"你看，《了凡四训》最后两句话落在儒家上。在《孟子》里讲到齐王，齐王说自己特别喜欢音乐，孟子说，如果你特别喜欢音乐，那齐国就差不多了。意思是齐王那么喜欢音乐，齐国一定治理得差不多了。因为古人认为"成于乐"。而了凡说自己对于科名，也就是人间的功名富贵也是如此。为什么这么说呢？收语如此，又有什么深意呢？

古人认为六艺可以调身，对礼乐尤其推崇。康德说过，艺术应当成为人的第二生命。古人认为，音乐的"乐"，也是快乐的乐。"乐"者，也是药也，古代音乐的乐是这么写的："藥"，也是药的来源。原来音乐可以作药。我上次去以色列海法大学访问，他们有个音乐治疗中心，我谈了中国的乐教，他们特别惊讶中国古人对音乐有如此深刻的认识，音乐原来是心上的药。所以古人没有特殊原因是不会把琴撤掉的。这次我给你们讲课，我就带了把古琴放在住处，昨天晚上跟你们聊完 11 点多，前天聊完到半夜 1 点多，睡觉前我抚一曲琴才睡觉。

古人的琴，处处有说法与来历。古琴上圆下方，象征天圆地方，也象征一阴一阳谓之道。琴上有十三个白点，就是十三个徽位。十二个徽位象征十二个月，加一个徽位是闰月，共十三。宫商角徵羽，象征金木水火土五行，也对应心肝脾肺肾，是古人用此来沟通天地之道的。所以，每天你再忙再累，一曲抚开，一指下去，清静回归。使你身上的五行，回到琴上的五行，琴上的五行就是天地的五行，一下睡觉就安然了。所以古人"士无故不撤琴瑟"，没有特殊理由不会把琴撤了的，或者家里有重大变故，或者人生有重大变故，才暂时停一下琴。日常是要通过琴来治心、养性的。

所以音乐，我们人一高兴精神爽，就会哼哼，很开心。高兴就会哼曲，对不对？所以乐者成也，只有成了，才有乐，只有真正的成功才有乐。所以中国古代在制乐的时候，一定是建国大业已成，舜有韶乐，熏风自南来。韶乐就是韶风，指南风的意思，滋养万物。所以，"子闻韶乐"，孔子听《韶》这个音乐，"三月不知肉味"，就完全沉浸在舜教化的这个世界里。

中国古琴的曲子，可以模拟天地一切的音声。有的曲子，我一进去就是一片花海，就是一片空灵的天地，特别特别美。有一次弹琴，有个人为了试我的心动不动，看外力会不会影响我，趴在我背上，整个人身体附在我背上。他要做个试验，他看看这样会不会影响我弹。因为这个时候是我全身在动，而他是一种外在的存在。一般我是不会同意别人这么做的。而且两个大男人如此有点怪，我也没有龙阳之好。那天也想试试自己的定力。于是我先与他的体重和接触点同步，通过太极的柔化劲粘住他，然后，渐渐把他化为一体，然后下指来弹。弹完之后，他居然说，哎，我怎么感觉来到了一片空阔地带，感觉一只大雁在飞来飞去的。此人素不通音乐，初见古琴以为是古筝。我心想如此相隔，竟然也能听出来这个曲子，很好。因为我弹的就是《平沙落雁》。他一时能如此，后来过了一段时间，仍然问我，你上次弹那个曲子叫什么鸟儿飞来着。着实负我清雅。

了凡引用孟子说的，"王之好乐甚，齐其庶几乎？"你真正喜欢音乐，治理国家就差不多了。为什么接着说，"予于科名亦然。"为什么收尾是这句话呢？我们回看了凡，通过别人给算命，命里没有儿子，没有寿命，没有高官。自我觉醒之后我得了功利，得了儿子，寿命也不短。普通人，或者后世人读我的《了凡四训》，如果仅仅是从这个层次去读我，你们是误解了我袁了凡了。我袁了凡"予于科名亦然"，原来我对科名就像孟子对齐王论述音乐一样。科名像一把古琴一样，是我求道的工具，最后心灵的自由和慧命的上达，悟到无上智慧，达到自由快乐，才是真正我想求的，就像我对音乐的态度。

所以最后落在"乐"上，来形容"予于科名亦然"，盖"成者，乐也，乐者，成也"。就这意思。"立于礼，成于乐。"这是孔子讲的。成于乐，也就代表着你做任何事情，内心不快乐，那肯定是个假事。如孟子所言，"行有不慊之心，则馁矣。"心里不快乐，这个事情就瘪下去了，瘪下去那个事就是个假事。就像一个女孩子跟一个男孩子马上就结婚去了，一看她心里痛苦不快，有点难受。那就不是真正的感情，你埋下了一个苗子，你最好不要跟她结婚。或者是今年不要登记，明年再说，因为你还没有准备好。

任何事情在内心有点点瘪，有点点不舒服，行有不慊之心，就容易瘪掉，就容易出事。所以儒家之教，原来蕴含着这么一个东西，在乐里面是快乐之教。快乐之教有一个基本点，就是你不快乐，你不可能给别人真正的快乐，所谓"未有枉己而正人者也"。你们学了凡后一定要通这个，你自己弯弯绕绕，想把别人弄直了，不可能。你自己特别难受去伺候别人，让别人舒服，这一定不是长久的快乐。蕴含目的去对待别人，要么就是极度压抑自己，获得一个地位之后，你会极度放肆自己。所以真正快乐的根源，就是彼此快乐，自己快乐，别人也快乐。母子之间、夫妻之间、上下级之间莫不如此，这就是《大学》里讲的"絜矩之道"，就是上下左右前后，都能达到一个综合平衡，大家都很好。这是平天下的最高境界，就是"成于乐"。

但了凡的究竟之意还有一层更深的寓意。

科名如乐。但科名是辅助践行大道的工具，也就是功名富贵是践行大道的工具。一如乐，不是道本身。而是通向大道的工具。也就是乐不是成本身，成于乐，靠乐而成。道才是成。所以儒家认为，六艺非道，是佐道的。

所以我在抉微的文字上最后批为："赋命在天，造命由人。科名如乐，以艺佐道。"

我们用三天整的时间，已经把这个文本讲完了。据说昨天晚上高教授和林杰还有曲直三人到12点多，特别兴奋地把立命之学、改过之法、积善之方又在那里学了一遍，缕了一遍。我昨天回房间之前，听见唐秋云说，要把"了凡"推向全世界！我们此次讲座，天津宝坻区委、宝坻新闻出版广电局还有天津袁黄研究会提供了很多支持与保障，在此一并致谢！这几天天空无片云，也是吉祥之象，感谢诸位！

311

结　语

了凡法（大纲）

总则：赋命由天，造命由人。

一、血肉身（过去法）

　　对照旧命找问题，卸下包袱去枷锁（随时发现，随时对照）

　　掌握方法，内外双泯

　　过去总法：无法可得，知立命之学

二、义理身（现在法）

　　1.日常改过方法：发三心，改三法

　　2.积善之方（八辨别）

　　现在总法：现在，真心发露

三、意生身（将来法）

　　1.谦德之光，修己验人之和气法

　　2.将来保任，自立自由

　　将来总法：一念直达，此为自由

　　我们最后把了凡法再简单总结几句，这是我要送给你们的，也是我提炼出来的了凡法。精髓在前面的课里已经讲了。日后在生活中，看到这个路径和表格，如果烦了，累了，不舒服了，对着这个表格做一遍练习，你就有好处，身心可以得到放松。

我们来总结一下，所谓了凡法，你一定要相信，赋命由天，造命由己。你可以改变自己的命运，这个要确信。了凡法在儒家，是将血肉之身转化成义理之身。在佛法上是将过去、现在和未来，贯通为一体，当体即空，无思无虑。在道法上功过分明，头顶三尺，决有神明鉴之，所以要一心深入，一笔立新。

在座诸位的过去，至少目前在我看来，虽然境界有高低，但多数是血肉之身、血气之身，自己做不了主，一生气火就上来了，一会儿高兴一会儿难受，有的身体状态也不是特别好，也不明白自己奋斗是为了什么，好多事情想不清楚，想不明白。随着红尘大浪在里面翻滚，这就是过去。

破过去怎么破？了凡提供的方法是"对照旧命找问题，卸下包袱去枷锁"，这是我提炼的两句话。对照旧命，你的父母给了你什么，你过去的老师给了你什么，你的朋友曾经影响过你什么，就是前面的"表一"，记得"表一"吧？把"表一"糅进去对照，包括你的老师，正向反向，这个"表一"里的内容。"对照旧命找问题，卸下包袱去枷锁"。随时发现，随时对照。

掌握的方法还记得吗？我把它命名为正负对冲法。要内外双泯，由二归一，正负相冲。我反复跟你们说过，你唯有自知。所以掌握过去总体的方法叫"无法可得，知立命之学"。这很有意思。什么叫无法可得？就是原来过去的一切世俗的斗争方法，包括算命的方法呀，求功名的方法啊，别人的这些东西，其实都是空的。你如果读懂了之后，我第一天晚上叫你们做的功课就叫"了世俗法"，回过头来看，你们记得我晚上总结的话吗？我说，期待你们有一天能说出来一句话就是，你转过头来看看你无数的过去，突然发现这个过去跟现在已经没有必然的关联了，空了，这目的就达到了。

这就是了凡说的深达罪源，深入到达你过去内心不安的根源，然后看清楚它，照亮它，然后就一下切断了。他就可以逃出孔先生给他算的命。记得吧？形象地讲，他跑出去被拽回来，跑出去又被拽回来，框得半死，突然他自己一做主，自己一参与，主体一觉醒，造命由我，一觉醒，孔先生的算命不灵了。这不对呀，为什么？普通人都如孔先生算的命，受自然界的阴阳五行这个规律束缚。只有自己一做主，天就不做主了，听懂这个意思了吗？

你自己一做主，天就不控了，你做主了，你就变成天了。这个话很重要哦。自信的人就是天，这是中国哲学最高境界的认知。熊十力先生讲过，天即人，功夫就是本体。到达这种境界，就能够把过去的垃圾扫得干干净净。你们现在很多人的脸上都带着过去的垃圾，一看脸就知道了，你的眉目紧锁，包括你的气色，包括你眼睛里的惊恐，各种各样的东西无不显现你的现状。把这些慢慢卸掉之后，通常这个脸是轻活的，是自在的，一看很平和安静。所以过去无法可得，要知立命之学，这是对待过去的方法。

第二个法就是对待现在的方法，就是义理上怎么去领悟，就是现在法。

路径是什么，我们想想，在日常生活中，我们可能不断地犯错，我们需要不断地行善。日常修行生活无非此二端。所以要随时发三心改过：发耻心，发畏心，发勇心。在日常改过要从事上改、理上改、心上改，心改为究竟。同时在日常行善，要有为善的智慧，要有八辨。哪八辨？为善之真假，端曲，阴阳，是非，偏正，半满，大小，难易。很好，要把这八种方法掌握。那么现在的总法就是就在当下，真心发露，明白心不可能没错，能随时觉照就是真心发露。要在义理上要格透它。

第三个法就是未来法，我用了一个佛家的词叫意生身，就是将来法。意生身就是你生命觉醒之后，在你纯粹的精神世界里光明之后，你对自己的一个塑造。用今天的话来说是保持先进性。当我自我的生命觉醒了之后，你能够塑造自己的生命，就是了凡后来完全自己做主的命运，尽管尘世间的命运有起伏，没关系。"风雨如晦，鸡鸣不已。"你已经有了一个自由生命。

孔子也是这样，孔子的生命一旦打开之后，他经历过多少灾难已经不重要了，他的快乐比谁都多，一天到晚不知老之将至，老了他也一天到晚高兴得不行，身体也好。所以意生身是将来法，就落在谦德之光。就是我们今天上午讲的，"修己验人之和气法"，就是先修好自己一团和气，待人也要一团和气。观人验其和气知其吉凶。一团和气的人能接着好运。一团戾气的人，财来的不明，官得的不正，未来走也走不远。

将来还需要自己保任，什么是保任？所谓保任，就是保持它，不能丢掉它。因为我们有时领悟这个道理，但保持不了，一会儿又变回去了。比如，今天你们听我讲课，有人已得到很好的觉受，气色也好多了，表情也非常放松，非常好。但回去后，单位上的事，生意上的事，又像之前那样了。就没法保任。所以要保任这份自立与自由。

　　将来法的总的方法是，一念直达，此为自由。其实天地无非一念，"我欲仁，斯仁至矣。"未来就在现在这一念，一念直达，当下自由。

附录：《了凡四训》原文全文

第一篇　立命之学

余童年丧父，老母命弃举业学医，谓可以养生，可以济人，且习一艺以成名，尔父夙心也。

后余在慈云寺，遇一老者，修髯伟貌，飘飘若仙，余敬礼之。语余曰："子仕路中人也，明年即进学，何不读书？"

余告以故，并叩老者姓氏里居。

曰："吾姓孔，云南人也。得邵子皇极数正传，数该传汝。"

余引之归，告母。

母曰："善待之。"

试其数，纤悉皆验。余遂启读书之念，谋之表兄沈称，言："郁海谷先生，在沈友夫家开馆，我送汝寄学甚便。

余遂礼郁为师。孔为余起数：县考童生，当十四名；府考七十一名，提学考第九名。明年赴考，三处名数皆合。复为卜终身休咎，言：某年考第几名，某年当补廪，某年当贡，贡后某年，当选四川一大尹，在任三年半，即宜告归。五十三岁八月十四日丑时，当终于正寝，惜无子。余备录而谨记之。

自此以后，凡遇考校，其名数先后，皆不出孔公所悬定者。独算余食廪米九十一石五斗当出贡；及食米七十一石，屠宗师即批准补贡，余窃疑之。后果为署印杨公所驳，直至丁卯年（西元1567年），殷秋溟宗师见余场中备卷，叹曰："五策，即五篇奏议也，岂可使博洽淹贯之儒，老于窗下乎！"遂依县申文准贡，连前食米计之，实九十一石五斗也。

余因此益信进退有命，迟速有时，澹然无求矣。

贡入燕都，留京一年，终日静坐，不阅文字。己巳（西元1569年）归，游南雍，未入监，先访云谷会禅师于栖霞山中，对坐一室，凡三昼夜不瞑目。

云谷问曰："凡人所以不得作圣者，只为妄念相缠耳。汝坐三日，不见起一妄念，何也？"

余曰："吾为孔先生算定，荣辱生死，皆有定数，即要妄想，亦无可妄想。"

云谷笑曰："我待汝是豪杰，原来只是凡夫。"

问其故？

曰："人未能无心，终为阴阳所缚，安得无数？但惟凡人有数；极善之人，数固拘他不定；极恶之人，数亦拘他不定。汝二十年来，被他算定，不曾转动一毫，岂非是凡夫？"

余问曰："然则数可逃乎？"

曰："命由我作，福自己求。诗书所称，的为明训。我教典中说：'求富贵得富贵，求男女得男女，求长寿得长寿。'夫妄语乃释迦大戒，诸佛菩萨，岂诳语欺人？"

余进曰："孟子言：'求则得之'，是求在我者也。道德仁义可以力求；功名富贵，如何求得？"

云谷曰："孟子之言不错，汝自错解耳。汝不见六祖说：'一切福田，不离方寸；从心而觅，感无不通。'求在我，不独得道德仁义，亦得功名富贵；内外双得，是求有益于得也。

若不反躬内省，而徒向外驰求，则求之有道，而得之有命矣，内外双失，故无益。"

因问："孔公算汝终身若何？"

余以实告。

云谷曰："汝自揣应得科第否？应生子否？"

余追省良久，曰："不应也。科第中人，有福相，余福薄，又不能积功累行，以基厚福；兼不耐烦剧，不能容人；时或以才智盖人，直心直行，轻言妄谈。凡此皆薄福之相也，岂宜科第哉。

地之秽者多生物，水之清者常无鱼；余好洁，宜无子者一；和气能育万物，余善怒，宜无子者二；爱为生生之本，忍为不育之根；余矜惜名节，常不能舍己救人，宜无子者三；多言耗气，宜无子者四；喜饮铄精，宜无子者五；好彻夜长坐，而不知葆元毓神，宜无子者六。其余过恶尚多，不能悉数。"

云谷曰："岂惟科第哉。世间享千金之者，定是千金人物；享百金之产者，定是百金人物；应饿死者，定是饿死人物；天不过因材而笃，几曾加纤毫意思。

即如生子，有百世之德者，定有百世子孙保之；有十世之德者，定有十世子孙保之；有三世二世之德者，定有三世二世子孙保之；

319

其斩焉无后者，德至薄也。

汝今既知非。将向来不发科第，及不生子之相，尽情改刷；务要积德，务要包荒，务要和爱，务要惜精神。从前种种，譬如昨日死；从后种种，譬如今日生；此义理再生之身。

夫血肉之身，尚然有数；义理之身，岂不能格天。太甲曰：'天作孽，犹可违；自作孽，不可活。'诗云：'永言配命，自求多福。'孔先生算汝不登科第，不生子者，此天作之孽，犹可得而违；汝今扩充德性，力行善事，多积阴德，此自己所作之福也，安得而不受享乎？

易为君子谋，趋吉避凶；若言天命有常，吉何可趋，凶何可避？开章第一义，便说：'积善之家，必有余庆。'汝信得及否？"

余信其言，拜而受教。因将往日之罪，佛前尽情发露，为疏一通，先求登科；誓行善事三千条，以报天地祖宗之德。

云谷出功过格示余，令所行之事，逐日登记；善则记数，恶则退除，且教持准提咒，以期必验。

语余曰："符箓家有云：'不会书符，被鬼神笑。'此有秘传，只是不动念也。执笔书符，先把万缘放下，一尘不起。从此念头不动处，下一点，谓之混沌开基。由此而一笔挥成，更无思虑，此符便灵。凡祈天立命，都要从无思无虑处感格。

孟子论立命之学，而曰：'夭寿不贰。'夫夭寿，至贰者也。当其不动念时，孰为夭，孰为寿？细分之，丰歉不贰，然后可立贫富之命；穷通不贰，然后可立贵贱之命；夭寿不贰，然后可立生死之命。人生世间，惟死生为重，曰夭寿，则一切顺逆皆该之矣。

至修身以俟之，乃积德祈天之事。曰修，则身有过恶，皆当治而去之；曰俟，则一毫觊觎，一毫将迎，皆当斩绝之矣。到此地位，直造先天之境，即此便是实学。

汝未能无心，但能持准提咒，无记无数。不令间断，持得纯熟，于持中不持，于不持中持。到得念头不动，则灵验矣。"

余初号学海，是日改号了凡；盖悟立命之说，而不欲落凡夫窠臼也。从此而后，终日兢兢，便觉与前不同。前日只是悠悠放任，到此自有战兢惕厉景象，在暗室屋漏中，常恐得罪天地鬼神；遇人憎我毁我，自能恬然容受。

到明年（西元 1570 年）礼部考科举，孔先生算该第三，忽考第一；其言不验，而秋闱中式矣。然行义未纯，检身多误；或见善而行之不勇，或救人而心常自疑；或身勉为善，而口有过言；或醒时操持，而醉后放逸；以过折功，日常虚度。自己巳岁（西元 1569 年）发愿，直至己卯岁（西元 1579 年），历十余年，而三千善行始完。

时方从李渐庵入关，未及回向。庚辰（西元 1580 年）南还。始请性空，慧空诸上人，就东塔禅堂回向。遂起求子愿，亦许行三千善事。辛巳（西元 1581 年），生男天启。

余行一事，随以笔记；汝母不能书，每行一事，辄用鹅毛管，印一朱圈于历 日之上。或施食贫人，或放生命，一日有多至十余者。至癸未（西元 1583 年）八月，三千之数已满。复请性空辈，就家庭回向。九月十三日，复起求中进士愿，许行善事一万条，丙戌（西元 1586 年）登第，授宝坻知县。

余置空格一册，名曰治心篇。晨起坐堂，家人携付门役，置案上，所行善恶，纤悉必记。夜则设桌于庭，效赵阅道焚香告帝。

汝母见所行不多，辄颦蹙曰："我前在家，相助为善，故三千之数得完；今许一万，衙中无事可行，何时得圆满乎？"

夜间偶梦见一神人，余言善事难完之故。神曰："只减粮一节，万行俱完矣。"盖宝坻之田，每亩二分三厘七毫。余为区处，减至一分四厘六毫，委有此事，心颇惊疑。适幻余禅师自五台来，余以梦告之，且问此事宜信否？

师曰："善心真切，即一行可当万善，况合县减粮，万民受福乎？"

吾即捐俸银，请其就五台山斋僧一万而回向之。

孔公算予五十三岁有厄，余未尝祈寿，是岁竟无恙，今六十九矣。书曰："天难谌，命靡常。"又云："惟命不于常"，皆非诳语。吾于是而知，凡称祸福自己求之者，乃圣贤之言。若谓祸福惟天所命，则世俗之论矣。

汝之命，未知若何？即命当荣显，常作落寞想；即时当顺利，常作拂逆想；即眼前足食，常作贫窭想；即人相爱敬，常作恐惧想；即家世望重，常作卑下想；即学问颇优，常作浅陋想。

远思扬德，近思盖父母之愆；上思报国之恩，下思造家之福；外思济人之急，内思闲己之邪。

务要日日知非，日日改过；一日不知非，即一日安于自是；一日无过可改，即一日无步可进；天下聪明俊秀不少，所以德不加修，业不加广者，只为因循二字，耽搁一生。

云谷禅师所授立命之说，乃至精至邃，至真至正之理，其熟玩而勉行之，毋自旷也。

第二篇　改过之法

春秋诸大夫，见人言动，亿而谈其祸福，靡不验者，左国诸记可观也。

大都吉凶之兆，萌乎心而动乎四体，其过于厚者常获福，过于薄者常近祸，俗眼多翳，谓有未定而不可测者。

至诚合天，福之将至，观而必先知之矣。祸之将至，观其不善而必先知之矣。今欲获福而远祸，未论行善，先须改过。

但改过者，第一，要发耻心。思古之圣贤，与我同为丈夫，彼何以百世可师？我何以一身瓦裂？耽染尘情，私行不义，谓人不知，傲然无愧，将日沦于禽兽而不自知矣；世之可羞可耻者，莫大乎此。孟子曰：耻之于人大矣。以其得之则圣贤，失之则禽兽耳。此改过之要机也。

第二，要发畏心。天地在上，鬼神难欺，吾虽过在隐微，而天地鬼神，实鉴临之，重则降之百殃，轻则损其现福，吾何可以不惧？不惟此也。闲居之地，指视昭然；吾虽掩之甚密，文之甚巧，而肺肝早露，终难自欺；被人觑破，不值一文矣，乌得不懔懔？不惟是也。一息尚存，弥天之恶，犹可悔改；古人有一生作恶，临死悔悟，发一善念，遂得善终者。谓一念猛厉，足以涤百年之恶也。譬如千年幽谷，一灯才照，则千年之暗俱除；故过不论久近，

323

惟以改为贵。但尘世无常，肉身易殒，一息不属，欲改无由矣。明则千百年担负恶名，虽孝子慈孙，不能洗涤；幽则千百劫沉沦狱报，虽圣贤佛菩萨，不能援引。乌得不畏？

第三，须发勇心。人不改过，多是因循退缩；吾须奋然振作，不用迟疑，不烦等待。小者如芒刺在肉，速与抉剔；大者如毒蛇啮指，速与斩除，无丝毫凝滞，此风雷之所以为益也。

具是三心，则有过斯改，如春冰遇日，何患不消乎？然人之过，有从事上改者，有从理上改者，有从心上改者；工夫不同，效验亦异。

如前日杀生，今戒不杀；前日怒詈，今戒不怒；此就其事而改之者也。强制于外，其难百倍，且病根终在，东灭西生，非究竟廓然之道也。

善改过者，未禁其事，先明其理；如过在杀生，即思曰：上帝好生，物皆恋命，杀彼养己，岂能自安？且彼之杀也，既受屠割，复入鼎镬，种种痛苦，彻入骨髓；己之养也，珍膏罗列，食过即空，疏食菜羹，尽可充腹，何必戕彼之生，损己之福哉？又思血气之属，皆含灵知，既有灵知，皆我一体；纵不能躬修至德，使之尊我亲我，岂可日戕物命，使之仇我憾我于无穷也？一思及此，将有对食痛心，不能下咽者矣。

如前日好怒，必思曰：人有不及，情所宜矜；悖理相干，于我何与？本无可怒者。又思天下无自是之豪杰，亦无尤人之学问；有不得，皆己之德未修，感未至也。吾悉以自反，则谤毁之来，皆磨炼玉成之地；我将欢然受赐，何怒之有？

又闻而不怒，虽谗焰薰天，如举火焚空，终将自息；闻谤而怒，虽巧心力辩，如春蚕作茧，自取缠绵；怒不惟无益，且有害也。其余种种过恶，皆当据理思之。

此理既明，过将自止。

何谓从心而改？过有千端，惟心所造；吾心不动，过安从生？学者于好色，好名，好货，好怒，种种诸过，不必逐类寻求；但当一心为善，正念现前，邪念自然污染不上。如太阳当空，魍魉潜消，此精一之真传也。过由心造，亦由心改，如斩毒树，直断其根，奚必枝枝而伐，叶叶而摘哉？

大抵最上治心，当下清净；才动即觉，觉之即无；苟未能然，须明理以遣之；又未能然，须随事以禁之；以上事而兼行下功，未为失策。执下而昧上，则拙矣。

顾发愿改过，明须良朋提醒，幽须鬼神证明；一心忏悔，昼夜不懈，经一七，二七，以至一月，二月，三月，必有效验。

或觉心神恬旷；或觉智慧顿开；或处冗沓而触念皆通；或遇怨仇而回镇作喜；或梦吐黑物；或梦往圣先贤，提携接引；或梦飞步太虚；或梦幢幡宝盖，种种胜事，皆过消灭之象也。然不得执此自高，画而不进。

昔蘧伯玉当二十岁时，已觉前日之非而尽改之矣。至二十一岁，乃知前之所改，未尽也；及二十二岁，回视二十一岁，犹在梦中，岁复一岁，递递改之，行年五十，而犹知四十九年之非，古人改过之学如此。

吾辈身为凡流，过恶猬集，而回思往事，常若不见其有过者，心粗而眼翳也。然人之过恶深重者，亦有效验：或心神昏塞，转头即忘；或无事而常烦恼；或见君子而赧然相沮；或闻正论而不乐；或施惠而人反怨；或夜梦颠倒，甚则妄言失志；皆作孽之相也，苟一类此，即须奋发，舍旧图新，幸勿自误。

第三篇　积善之方

易曰："积善之家，必有余庆。"昔颜氏将以女妻叔梁纥，而历叙其祖宗积德之长，逆知其子孙必有兴者。孔子称舜之大孝，曰："宗庙飨之，子孙保之"，皆至论也。试以往事徵之。

杨少师荣，建宁人。世以济渡为生，久雨溪涨，横流冲毁民居，溺死者顺流而下，他舟皆捞取货物，独少师曾祖及祖，惟救人，而货物一无所取，乡人嗤其愚。

逮少师父生，家渐裕，有神人化为道者，语之曰："汝祖父有阴功，子孙当贵显，宜葬某地。遂依其所指而窆之，即今白兔坟也。后生少师，弱冠登第，位至三公，加曾祖，祖，父，如其官。子孙贵盛，至今尚多贤者。

鄞人杨自惩，初为县吏，存心仁厚，守法公平。时县宰严肃，偶挞一囚，血流满前，而怒犹未息，杨跪而宽解之。宰曰："怎奈此人越法悖理，不由人不怒。"

自惩叩首曰："上失其道，民散久矣，如得其情，哀矜勿喜；喜且不可，而况怒乎？"宰为之霁颜。

家甚贫，馈遗一无所取，遇囚人乏粮，常多方以济之。一日，有新囚数人待哺，家又缺米；给囚则家人无食；自顾则囚人堪悯；与其妇商之。

妇曰："囚从何来？"

曰："自杭而来。沿路忍饥，菜色可掬。"

因撤己之米，煮粥以食囚。后生二子，长曰守陈，次曰守址，为南北吏部侍郎；长孙为刑部侍郎；次孙为四川廉宪，又俱为名臣；今楚亭，德政，亦其裔也。

昔正统间，邓茂七倡乱于福建，士民从贼者甚众；朝廷起鄞县张都宪楷南征，以计擒贼，后委布政司谢都事，搜杀东路贼党；谢求贼中党附册籍，凡不附贼者，密授以白布小旗，约兵至日，插旗门首，戒军兵无妄杀，全活万人；后谢之子迁，中状元，为宰辅；孙丕，复中探花。

莆田林氏，先世有老母好善，常作粉团施人，求取即与之，无倦色；一仙化为道人，每旦索食六七团。每日日与之，终三年如一日，乃知其诚也。因谓之曰："吾食汝三年粉团，何以报汝？府后有一地，葬之，子孙官爵，有一升麻子之数。"

其子依所点葬之，初世即有九人登第，累代簪缨甚盛，福建有无林不开榜之谣。

冯琢庵太史之父，为邑庠生。隆冬早起赴学，路遇一人，倒卧雪中，扪之，半僵矣。遂解己绵裘衣之，且扶归救苏。梦神告之曰："汝救人一命，出至诚心，吾遣韩琦为汝子。"及生琢庵，遂名琦。

台州应尚书，壮年习业于山中。夜鬼啸集，往往惊人，公不惧也；一夕闻鬼云："某妇以夫久客不归，翁姑逼其嫁人。明夜当缢死于此，吾得代矣。"公潜卖田，得银四两。即伪作其夫之书，寄银还家；其父母见书，以手迹不类，疑之。

既而曰："书可假，银不可假，想儿无恙。"妇遂不嫁。其子后归，夫妇相保如初。

公又闻鬼语曰："我当得代，奈此秀才坏吾事。"

旁一鬼曰："尔何不祸之？"

曰："上帝以此人心好，命作阴德尚书矣，吾何得而祸之？"

应公因此益自努励，善日加修，德日加厚；遇岁饥，辄捐谷以赈之；遇亲戚有急，辄委曲维持；遇有横逆，辄反躬自责，怡然顺受；子孙登科第者，今累累也。

常熟徐凤竹，枑其父素富，偶遇年荒，先捐租以为同邑之倡，又分谷以赈贫乏，夜闻鬼唱于门曰："千不诳，万不诳；徐家秀才，做到了举人郎。"相续而呼，连夜不断。是岁，凤竹果举于乡，其父因而益积德，孳孳不怠，修桥修路，斋僧接众，凡有利益，无不尽心。后又闻鬼唱于门曰："千不诳，万不诳；徐家举人，直做到都堂。"凤竹官终两浙巡抚。

喜兴屠康僖公，初为刑部主事，宿狱中，细询诸囚情状，得无辜者若干人，公不自以为功，密疏其事，以白堂官。后朝审，堂官摘其语，以讯诸囚，无不服者，释冤抑十余人。一时辇下咸颂尚书之明。

公复禀曰："辇毂之下，尚多冤民，四海之广，兆民之众，岂无枉者？宜五年差一减刑官，核实而平反之。"

尚书为奏，允其议。时公亦差减刑之列，梦一神告之曰："汝命无子，今减刑之议，深合天心，上帝赐汝三子，皆衣紫腰金。"是夕夫人有娠，后生应埙，应坤，应埈，皆显官。

嘉兴包凭，字信之，其父为池阳太守，生七子，凭最少，赘平湖袁氏，与吾父往来甚厚，博学高才，累举不第，留心二氏之学。一日东游泖湖，偶至一村寺中，见观音像，淋漓露立，即解囊中十金，授主僧，令修屋宇，僧告以功大银少，不能竣事；复取松布四疋（pi），检箧中衣七件与之，内纻褶，系新置，其仆请已之。

凭曰："但得圣像无恙，吾虽裸裎何伤？"

僧垂泪曰："舍银及衣布，犹非难事。只此一点心，如何易得。"

后功完，拉老父同游，宿寺中。公梦伽蓝来谢曰："汝子当享世禄矣。"后子汴，孙柽芳，皆登第，作显官。

嘉善支立之父，为刑房吏，有囚无辜陷重辟，意哀之，欲求其生。囚语其妻曰："支公嘉意，愧无以报，明日延之下乡，汝以身事之，彼或肯用意，则我可生也。"其妻泣而听命。及至，妻自出劝酒，具告以夫意。支不听，卒为尽力平反之。囚出狱，夫妻登门叩谢曰："公如此厚德，晚世所稀，今无子，吾有弱女，送为箕帚妾，此则礼之可通者。"支为备礼而纳之，生立，弱冠中魁，官至翰林孔目，立生高，高生禄，皆贡为学博。禄生大纶，登第。

凡此十条，所行不同，同归于善而已。若复精而言之，则善有真，有假；有端，有曲；有阴，有阳；有是，有非；有偏，有正；有半，有满；有大，有小；有难，有易；皆当深辨。为善而不穷理，则自谓行持，岂知造孽，枉费苦心，无益也。

何谓真假？昔有儒生数辈，谒中峰和尚，问曰："佛氏论善恶报应，如影随形。今某人善，而子孙不兴；某人恶，而家门隆盛；佛说无稽矣。"

中峰云："凡情未涤，正眼未开，认善为恶，指恶为善，往往有之。不憾己之是非颠倒，而反怨天之报应有差乎？"

众曰："善恶何致相反？"

中峰令试言。

一人谓"詈人殴人是恶；敬人礼人是善。"

中峰云："未必然也。"

一人谓"贪财妄取是恶，廉洁有守是善。"

中峰云："未必然也。"

众人历言其状，中峰皆谓不然。因请问。

中峰告之曰："有益于人，是善；有益于己，是恶。有益于人，则殴人，詈 li 人皆善也；有益于己，则敬人，礼人皆恶也。是故人之行善，利人者公，公则为真；利己者私，私则为假。又根心者真，袭迹者假；又无为而为者真，有为而为者假；皆当自考。"

何谓端曲？今人见谨愿之士，类称为善而取之；圣人则宁取狂狷。至于谨愿之士，虽一乡皆好，而必以为德之贼；是世人之善恶，分明与圣人相反。推此一端，种种取舍，无有不谬；天地鬼神之福善祸淫，皆与圣人同是非，而不与世俗同取舍。凡欲积善，决不可徇耳目，惟从心源隐微处，默默洗涤，纯是济世之心，则为端；苟有一毫媚世之心，即为曲；纯是爱人之心，则为端；有一毫愤世之心，即为曲；纯是敬人之心，则为端；有一毫玩世之心，即为曲；皆当细辨。

何谓阴阳？凡为善而人知之，则为阳善；为善而人不知，则为阴德。阴德，天报之；阳善，享世名。名，亦福也。名者，造物所忌；世之享盛名而实不副者，多有奇祸；人之无过咎而横被恶名者，子孙往往骤发，阴阳之际微矣哉。

何谓是非？鲁国之法，鲁人有赎人臣妾于诸侯，皆受金于府，子贡赎人而不受金。孔子闻而恶之曰："赐失之矣。夫圣人举事，可以移风易俗，而教道可施于百姓，非独适己之行也。今鲁国富者寡而贫者众，受金则为不廉，何以相赎乎？自今以后，不复赎人于诸侯矣。"

子路拯人于溺，其人谢之以牛，子路受之。孔子喜曰："自今鲁国多拯人于溺矣。"自俗眼观之，子贡不受金为优，子路之受牛为劣；孔子则取由而黜赐焉。乃知人之为善，不论现行而论流弊；不论一时而论久远；不论一身而论天下。现行虽善，其流足以害人；则似善而实非也；现行虽不善，而其流足以济人，则非善而实是也。然此就一节论之耳。他如非义之义，非礼之礼，非信之信，非慈之慈，皆当抉择。

何谓偏正？昔吕文懿公，初辞相位，归故里，海内仰之，如泰山北斗。有一乡人，醉而詈之，吕公不动，谓其仆曰："醉者勿与较也。"闭门谢之。逾年，其人犯死刑入狱。吕公始悔之曰："使当时稍与计较，送公家责治，可以小惩而大戒；吾当时只欲存心于厚，不谓养成其恶，以至于此。"此以善心而行恶事者也。

331

又有以恶心而行善事者。如某家大富，值岁荒，穷民白昼抢粟于市；告之县，县不理，穷民愈肆，遂私执而困辱之，众始定；不然，几乱矣。故善者为正，恶者为偏，人皆知之；其以善心行恶事者，正中偏也；以恶心而行善事者，偏中正也；不可不知也。

何谓半满？易曰："善不积，不足以成名；恶不积，不足以灭身。"书曰："商罪贯盈，如贮物于器。"勤而积之，则满；懈而不积，则不满。此一说也。

昔有某氏女入寺，欲施而无财，止有钱二文，捐而与之，主席者亲为忏悔；及后入宫富贵，携数千金入寺舍之，主僧惟令其徒回向而已。

因问曰："吾前施钱二文，师亲为忏悔，今施数千金，而师不回向，何也？"

曰："前者物虽薄，而施心甚真，非老僧亲忏，不足报德；今物虽厚，而施心不若前日之切，令人代忏足矣。"此千金为半，而二文为满也。

钟离授丹于吕祖，点铁为金，可以济世。

吕问曰："终变否？"

曰："五百年后，当复本质。"

吕曰："如此则害五百年后人矣，吾不愿为也。"

曰："修仙要积三千功行，汝此一言，三千功行已满矣。"此又一说也。

又为善而心不着善，则随所成就，皆得圆满。心着于善，虽终身勤励，止于半善而已。譬如以财济人，内不见己，外不见人，中不见所施之物，是谓三轮体空，是谓一心清净，则斗粟可以种无涯之福，一文可以消千劫之罪，倘此心未忘，虽黄金万镒，福不满也。此又一说也。

何谓大小？昔卫仲达为馆职，被摄至冥司，主者命吏呈善恶二录，比至，则恶录盈庭，其善录一轴，仅如筋而已。索秤称之，则盈庭者反轻，而如筋者反重。

仲达曰："某年未四十，安得过恶如是多乎？"

曰："一念不正即是，不待犯也。"

因问轴中所书何事？

曰："朝廷尝兴大工，修三山石桥，君上疏谏之，此疏稿也。"

仲达曰："某虽言，朝廷不从，于事无补，而能有如是之力。"

曰："朝廷虽不从，君之一念，已在万民；向使听从，善力更大矣。"

故志在天下国家，则善虽少而大；苟在一身，虽多亦小。

何谓难易？先儒谓克己须从难克处克将去。夫子论为仁，亦曰先难。必如江西舒翁，舍二年仅得之束修，代偿官银，而全人夫妇；与邯郸张翁，舍十年所积之钱，代完赎银，而活人妻子，皆所谓难舍处能舍也。如镇江靳翁，虽年老无子，不忍以幼女为妾，而还之邻，此难忍处能忍也；故天降之福亦厚。凡有财有势者，其立德皆易，易而不为，是为自暴。贫贱作福皆难，难而能为，斯可贵耳。

随缘济众，其类至繁，约言其纲，大约有十：第一，与人为善；第二，爱敬存心；第三，成人之美；第四，劝人为善；第五，救人危急；第六，兴建大利；第七，舍财作福；第八，护持正法；第九，敬重尊长；第十，爱惜物命。

何谓与人为善？昔舜在雷泽，见渔者皆取深潭厚泽，而老弱则渔于急流浅滩之中，恻然哀之，往而渔焉；见争者皆匿其过而不谈，见有让者，则揄扬而取法之。期年，皆以深潭厚泽相让矣。夫以舜之明哲，岂不能出一言教众人哉？乃不以言教而以身转之，此良工苦心也。

吾辈处末世，勿以己之长而盖人；勿以己之善而形人；勿以己之多能而困人。收敛才智，若无若虚；见人过失，且涵容而掩覆之。一则令其可改，一则令其有所顾忌而不敢纵，见人有微长可取，小善可录，翻然舍己而从之；且为艳称而广述之。凡日用间，发一言，行一事，全不为自己起念，全是为物立则；此大人天下为公之度也。

何谓爱敬存心？君子与小人，就形迹观，常易相混，惟一点存心处，则善恶悬绝，判然如黑白之相反。故曰：君子所以异于人者，以其存心也。君子所存之心，只是爱人敬人之心。盖人有亲疏贵贱，有智愚贤不肖；万品不齐，皆吾同胞，皆吾一体，孰非当敬爱者？爱敬众人，即是爱敬圣贤；能通众人之志，即是通圣贤之志。何者？圣贤之志，本欲斯世斯人，各得其所。吾合爱合敬，而安一世之人，即是为圣贤而安之也。

何谓成人之美？玉之在石，抵掷则瓦砾，追琢则圭璋；故凡见人行一善事，或其人志可取而资可进，皆须诱掖而成就之。或为之奖借，或为之维持；或为白其诬而分其谤；务使成立而后已。

大抵人各恶其非类，乡人之善者少，不善者多。善人在俗，亦难自立。且豪杰铮铮，不甚修形迹，多易指摘；故善事常易败，而善人常得谤；惟仁人长者，匡直而辅翼之，其功德最宏。

何谓劝人为善？生为人类，孰无良心？世路役役，最易没溺。凡与人相处，当方便提撕，开其迷惑。譬犹长夜大梦，而令之一觉；譬犹久陷烦恼，而拔之清凉，为惠最溥。韩愈云："一时劝人以口，百世劝人以书。"较之与人为善，虽有形迹，然对证发药，时有奇效，不可废也；失言失人，当反吾智。

何谓救人危急？患难颠沛，人所时有。偶一遇之，当如痌瘝之在身，速为解救。或以一言伸其屈抑；或以多方济其颠连。崔子曰："惠不在大，赴人之急可也。"盖仁人之言哉。

何谓兴建大利？小而一乡之内，大而一邑之中，凡有利益，最宜兴建；或开渠导水，或筑堤防患；或修桥梁，以便行旅；或施茶饭，以济饥渴；随缘劝导，协力兴修，勿避嫌疑，勿辞劳怨。

何谓舍财作福？释门万行，以布施为先。所谓布施者，只是舍之一字耳。达者内舍六根，外舍六尘，一切所有，无不舍者。苟非能然，先从财上布施。世人以衣食为命，故财为最重。吾从而舍之，内以破吾之悭，外以济人之急；始而勉强，终则泰然，最可以荡涤私情，祛除执吝。

何谓护持正法？法者，万世生灵之眼目也。不有正法，何以参赞天地？何以裁成万物？何以脱尘离缚？何以经世出世？故凡见圣贤庙貌，经书典籍，皆当敬重而修饬之。至于举扬正法，上报佛恩，尤当勉励。

何谓敬重尊长？家之父兄，国之君长，与凡年高，德高，位高，识高者，皆当加意奉事。在家而奉侍父母，使深爱婉容，柔声下气，习以成性，便是和气格天之本。出而事君，行一事，毋谓君不知而自恣也。刑一人，毋谓君不知而作威也。事君如天，古人格论，此等处最关阴德。试看忠孝之家，子孙未有不绵远而昌盛者，切须慎之。

何谓爱惜物命？凡人之所以为人者，惟此恻隐之心而已；求仁者求此，积德者积此。周礼，"孟春之月，牺牲毋用牝。"孟子谓君子远庖厨，所以全吾恻隐之心也。故前辈有四不食之戒，谓闻杀不食，见杀不食，自养者不食，专为我杀者不食。学者未能断肉，且当从此戒之。

渐渐增进，慈心愈长，不特杀生当戒，蠢动含灵，皆为物命。求丝煮茧，锄地杀虫，念衣食之由来，皆杀彼以自活。故暴殄之孽，当与杀生等。至于手所误伤，足所误践者，不知其几，皆当委曲防之。古诗云："爱鼠常留饭，怜蛾不点灯。"何其仁也！

善行无穷，不能殚述；由此十事而推广之，则万德可备矣。

第四篇　谦德之效

易曰："天道亏盈而益谦；地道变盈而流谦；鬼神害盈而福谦；人道恶盈而好谦。"是故谦之一卦，六爻皆吉。书曰："满招损，谦受益。"予屡同诸公应试，每见寒士将达，必有一段谦光可掬。

辛未（西元1571年）计偕，我嘉善同袍凡十人，惟丁敬宇宾，年最少，极其谦虚。

予告费锦坡曰："此兄今年必第。"

费曰："何以见之？"

予曰："惟谦受福。兄看十人中，有恂恂款款，不敢先人，如敬宇者乎？有恭敬顺承，小心谦畏，如敬宇者乎？有受侮不答，闻谤不辩，如敬宇者乎？人能如此，即天地鬼神，犹将佑之，岂有不发者？"

及开榜，丁果中式。

丁丑（西元1577年）在京，与冯开之同处，见其虚己敛容，大变其幼年之习。李霁岩直谅益友，时面攻其非，但见其平怀顺受，未尝有一言相报。予告之曰："福有福始，祸有祸先，此心果谦，天必相之，兄今年决第矣。"已而果然。

赵裕峰，光远，山东冠县人，童年举于乡，久不第。其父为嘉善三尹，随之任。慕钱明吾，而执文见之，明吾悉抹其文，赵不惟不怒，且心服而速改焉。明年，遂登第。

壬辰岁（西元1592年），予入觐，晤夏建所，见其人气虚意下，谦光逼人，归而告友人曰："凡天将发斯人也，未发其福，先发其慧；此慧一发，则浮者自实，肆者自敛；建所温良若此，天启之矣。"及开榜，果中式。

江阴张畏岩，积学工文，有声艺林。甲午（西元1594年），南京乡试，寓一寺中，揭晓无名，大骂试官，以为眯目。时有一道者，在傍微笑，张遽移怒道者。道者曰："相公文必不佳。"

张怒曰："汝不见我文，乌知不佳？"

337

道者曰："闻作文，贵心气和平，今听公骂詈，不平甚矣，文安得工？"

张不觉屈服，因就而请教焉。

道者曰："中全要命；命不该中，文虽工，无益也。须自己做个转变。"

张曰："既是命，如何转变？"

道者曰："造命者天，立命者我；力行善事，广积阴德，何福不可求哉？"

张曰："我贫士，何能为？"

道者曰："善事阴功，皆由心造，常存此心，功德无量，且如谦虚一节，并不费钱，你如何不自反而骂试官乎？"

张由此折节自持，善日加修，德日加厚。丁酉（西元 1597 年），梦至一高房，得试录一册，中多缺行。问旁人，曰："此今科试录。"

问："何多缺名？"

曰："科第阴间三年一考较，须积德无咎者，方有名。如前所缺，皆系旧该中式，因新有薄行而去之者也。"

后指一行云："汝三年来，持身颇慎，或当补此，幸自爱。"是科果中一百五名。

由此观之，举头三尺，决有神明；趋吉避凶，断然由我。须使我存心制行，毫不得罪于天地鬼神，而虚心屈己，使天地鬼神，时时怜我，方有受福之基。彼气盈者，必非远器，纵发亦无受用。稍有识见之士，必不忍自狭其量，而自拒其福也，况谦则受教有地，而取善无穷，尤修业者所必不可少者也。

古语云："有志于功名者，必得功名；有志于富贵者，必得富贵。"人之有志，如树之有根，立定此志，须念念谦虚，尘尘方便，自然感动天地，而造福由我。今之求登科第者，初未尝有真志，不过一时意兴耳；兴到则求，兴阑则止。

孟子曰："王之好乐甚，齐其庶几乎？"予于科名亦然。

《了凡四训》专题讲座分享节选

到我们这个年纪，每个人都有一些经历、一些感悟。听伟见先生讲《了凡四训》最深的体会就是，我们人要多一些夭寿不贰，修身以俟之。或者说是丰歉不贰，以立穷通之命。就是我们去发展事业的时候，不要想着我以后能赚多少钱，能发展多大。你抱着一个真诚、认真做事的心去做，相对超越得失，那么你的事业自然而然就会大起来了。接下来我的人生目标就是做慈善，我觉得一个人最终的目的是要塑造高尚的人格。"我理解这就叫"赋命在天，造命在己"。

——唐秋云　苏州市吉安商会会长、江苏省建工集团有限公司苏州

分公司　总经理

伟见老师讲《了凡四训》，让我更加明白了本源的问题，道在哪？道就在源头！道在哪？就在生活！伟见老师第一天点评我们的学习体悟，老师不满意；昨天晚上分享，老师非常满意。回来我就想，为什么？分享，要触及心灵最柔软之处，要直指本源。我头一天在这讲，讲的官话套话多多，那东西都是被壳包着。道是什么？道是生活，离你很近，就是活泼泼的生活，你感觉远，

其实很近。我们党要回归源头，汲取力量，再出发；社会也要回归源头，重塑本真；一个人也要回归源头，回归家庭去反照自己，从家庭反照，就是强调生活，就是强调当下。当下的事情，当下的家庭，当下的总总。伟见老师的一句诗：一切如爱，事事如灯！把自己的爱拿出来，善待周围的一切；让每件事都成为明灯，指引着我们前行。

——康德鸿　天津宝坻区文化广播电视局局长

伟见老师讲《了凡四训》给了我一个全新的世界。当老师在讲到"让物回到物"，"正号和负号对冲，归零，又是一个崭新的世界"。特别是老师拿起那个杯子，移动到这个位置，放下杯子的瞬间，说了一句"让物回到物"。那一刻，内心受到极大的震动：不管以前怎样，现在既然看到了，知道不对了，又从《了凡四训》中知道了什么是对的，对冲归零，重新开始就好了。于是心里面一抖，现在说话的这一刻，我的心里面还在抖。抖在哪儿呢？就是这句话"让物回到物"。而以前，很多我的世界里的很多物被我的自私扭曲了。感谢林杰师引领我认识了伟见老师，成为伟见老师的弟子，听到了老师很多的教诲。下一步呢，我要摆脱开那种"异化"的环境和能量，用更多的精力学习实践国学经典，把国学智慧化到自己的生活中，化到自己的工作中。

——高贤峰　教授、博士，北京大学汇丰商学院原领导力中心副主任

341

　　伟见老师从儒释道三角度，掰开了揉碎了讲《了凡四训》，老师有一句话特别触动我，就是当下这一念立新就是永恒的富贵，我想我如果能抓住当下这一念，可以让我的心性自生自成，把这种方法贯穿到日常。我想在老师的引领下，我可以最终把我这个血肉之躯找回我的那个义理之躯。我要学习一直在做功过格的严真友师兄，他其实早就在实践《了凡四训》了。我想回家也可以通过这个方法，向他学习。

——姜瑞琴　北汽福田股份有限公司

　　伟见老师讲《了凡四训》，大家都觉得非常好，但这个好是深度的，纵向的。最浅表的层次是把文字的字面意思做些注解或者翻译；再深一点的层次就是把文字与事对应起来，事的义理清晰明白。伟见老师触及了另一个层次的东西，清晰透彻，无可比拟。我觉得这是《了凡四训》最深的层次，那就是"道上的"、"次第花开的"、"身心呼应"的对照状态，了凡真正地活了起来。在这个状态下，教者与听者身心打通了，有一种奇异的妙处难以言说。

——杨艳萍　北京邮电大学副教授、哲学博士

　　跟先生学《了凡四训》，此学不是一时之学，也不是一天之学，而是一世之学。我追随先生学国学已经两年，是老师的第二批弟子。但这一次的学习，是我第一次感觉全身心的，我的心是开的，

342

就感觉先生的每一句话直接打进身体里。甚至我上课的时候，都不敢大声地喘气，生怕我的气息会带走我听课的思路，真正感受到快乐的学。好长时间没写诗了，在今天中午听先生的讲话，忽然有得，写了一首，分享如下："心负昨尘日日烘，混沌半世如潭中。千年寒冰一念释，秘在汝边当下空。"

——李静　中医针灸师

听老师讲《了凡四训》，感觉咱们国家这么好的东西，不能在我们这些做教育的人手里中断，我们明明就是在做教育，我们就应该传播这些好的东西。如果相反，我们成了扼杀者，仅仅是为了眼前的分数，就会成为罪人。所以，学《了凡四训》的感觉特别好，从老师的点拨当中，我又找到我前进的动力，哪怕会遇到很多的坎坷和挫折，我会反求诸己，是不是我做得不够谦和，是不是太咄咄逼人了，是不是我平时给别人造成了很多伤害。我希望今后从我自己做起，内心仁义，仁慈，先修天爵。

刘丽　中学团委书记、语文老师

作为一名基层文化工作者，作为袁黄（了凡）研究会的会员，学习了凡，研究了凡，是我的责任，更是我的使命。在听伟见先生讲《了凡四训》之前，我虽然看了大量袁了凡的文献资料，但比较泛泛，没有深入学习领会《了凡四训》的精义，甚至连一知半解也算不上。听了三天的课，我觉得这三天是非常美妙的时光。应该说，是刘伟见先生开发、启蒙了我。下一步，我将对照了凡课本，深入地读了凡之书，践行真善之美。听了三天的讲座，我给自己确立今后乃至终生的目标，就是学了凡，做了凡，弘扬了凡精神。同时也向大家学习，向古代先贤学习，见贤思齐，知行合一，逐渐由凡入圣，力争成为草根圣贤，立志成为向上向善的文化使者。

——杨松　天津宝坻袁黄（了凡）研究会 秘书长

三天来学习《了凡四训》讲座，聆听刘教授真诚的讲解感觉受益匪浅。古人说"知难行易"，今天我方明白这个道理。"知"可以说是袁黄先生的思想，可以说是刘教授的真知灼见，如果不是刘教授深入细致地讲解分析，我恐怕还要摸索很长时间。既然已明白道理，接下来就是"行"。

——阮洪臣　天津袁黄研究会会员

《了凡四训》之前听过别的老师讲过几次，但此次跟以前的感受大不一样，包括老师第一天第二天讲了很多很多，就像点中了我的很多穴位。有时候我都是流着眼泪在听，那么多年，没有这样的被触动过。我以前很自以为是，每次讲课也都是几十上百人，大的也有几百人的场。说实在的，我现在想来真的很汗颜，为钱在做事情，没有深度的，我觉得我以前好像都在忽悠，在忽悠我的学员。其实我觉得我们传统文化真的缺失了，我觉得在我们的生命过程当中，有伟见老师这样大师级的好老师，引领大家，能让很多的朋友有新的开始。我看到我们很多师门的朋友，在跟随刘老师的过程中的很多变化，真的非常感动。

——王佳　北京诚智达信息咨询有限公司

我是名军人。伟见老师讲《了凡四训》、讲了凡之法，一开始，我好像在过一个独木桥，颤颤巍巍的。可一旦走过去，一下子见到了草原，觉得非常兴奋。兴奋没过多久到了积善之方的时候，我又迷茫了，尤其是这个八善八辨，对我来讲，简直就像一个大诛心之论。原来为善是很难的，无知、无智、无恒，很多时候，是名为行善，实为害人。老师讲大了断，大机缘，了凡，了凡，了起来是很难的，必须要大断。感谢老师。我要从心上了凡。

——李广智　军旅作家、新疆军区干部，文职二级

这三天学习《了凡四训》，有一种被强烈打磨的感受，非常超强度的打磨。第一天伟见老师在上面讲立命之学，了凡的话，老师的话，一句句像机关枪射击似的打在我身上，好像都是冲着我来的。我守住自己，认真聆听，全面接受，每一句话都往身心

345

里面进。接受着，思考着，双眼总有一亮一亮的感觉。三天来我的收获很多，我感到自己身体里那装满能量的桶，桶底漏了，嘀嗒嘀嗒往下漏，明显的，自己的身体软了下来。

———曲直　编辑

本来想写一篇《了凡四训与无比的喜悦》。在前两天的学习和分享过程中，从立命之说到改过之说，已经非常有收获，用伟见老师的话来讲，是次第花开的感觉。加上今天讲的最后一部分"谦德篇"，我觉得从中我找到了今后人生修行的一个方向或者方法。

———郭毅　北京国瑞金泉投资有限公司

听伟见老师讲《了凡四训》有一种大象无形的感觉。当老师讲到"从无思虑处感格"时，我就觉得我的思维一下子就和老师定在了一起，我的那种感觉就是无思无虑，没有得也没有失，没有喜也没有悲，就是没有对立。可能不思善不思恶，乃大德本来之面目。可是就是半秒钟的时间，很短。我感觉这种念头要永远保持下去的话，可能就能够达到老师的那种境界。我能感觉老师讲的背后的心的层次上的东西，我觉得我只把握到冰山一角，但我已经非常喜悦了。

———刘雅丽　公司职员

　　伟见老师讲《了凡四训》讲得那么好，谈到性和命，谈到真善恶，等等，都是正知正见正解，和我以前听的想的都不一样。老师讲到"造命者天，立命者我"的内涵时，我觉得对我震动特别大，有了这种大自信，今后无论对工作还是家庭，都能做一个无私的人，努力改过行善，像毛泽东说的那样，做一个高尚的人，一个纯粹的人，一个有道德的人，一个有益于人民的人。即便做不到，也一定努力去做。《了凡四训》是家训，是发自内心的。

　　　　　　　　——王军　国家人力资源和社会保障部党委宣传部部长

后　　记

　　本书系根据我在天津宝坻区主讲的为期三天的"《了凡四训》专题讲座"讲稿整理而成。讲座缘起于我的一位老朋友，在天津宝坻区挂职，因感于袁黄善文化对当今社会有积极的助益作用，遂积极推动《了凡四训》的专题讲座在天津宝坻区进行。本书的出版得到了天津宝坻区委、天津市宝坻区文化广播电视局的大力支持。在此特别致谢。

　　我的国学师门的部分学生参加了专题讲座，其中有的同时参与了本书的录音整理，没有参加讲座的学生有的部分参加了本书稿的整理。他们是：曲直、蒋益秀、刘晓欧、亓霞、于亚梅、陈思、马明昱、冯娟、李丞、高贤峰、汤连成、王丽、王阿智、蒋环、高凤娟、于淇、吴涵颖、梁芳，他们在讲座过后春节前后就将初稿整理出来了。特此致谢！

　　尤其需要特别致谢的是我的几位一直加班加点帮助我校对整理书稿的学生。其中曲直、蒋益秀在全书的统校上一直伴随始终，处于一种高强度的状态。于淇在出版的编务上分担了不少工作，在此一并致谢！

　　同时要致谢的是线装书局总经理王利明先生、本书责任编辑赵鹰女士、人民日报出版社编审杨忠诚先生，是他们的大力支持，使得本书能够更好地出版面世。

接近大半年的寒暑，我几乎都是在了凡的世界里，讲了凡，写了凡，修改关于了凡的稿子，默默陪伴并给予帮助的妻子杨艳萍，女儿悠悠，给了我无私的支持。在此亦要言谢！

没有他们，我是无法在如此短的时间完成这部书稿的。一并再次致谢！

刘伟见

2016 年 7 月 16 日